EUL VERLAG

EINZELSCHRIFTEN

Lena Katharina Fitzen
Kooperatives Distributionsmanagement und Distributionserfolg – Eine empirische Analyse aus Sicht des Automobilhandels
Lohmar – Köln 2011 ◆ 412 S. ◆ € 67,- (D) ◆ ISBN 978-3-8441-0105-8

Simone Kreyer
Multikulturelle Teams in interkulturellen B2B-Verhandlungen – Eine empirische Untersuchung am Beispiel der deutschen und französischen Kultur
Lohmar – Köln 2011 ◆ 380 S. ◆ € 65,- (D) ◆ ISBN 978-3-8441-0106-5

Tanja Schlösser
Problemkreditmanagement im deutschen Kreditgeschäft
Lohmar – Köln 2011 ◆ 388 S. ◆ € 65,- (D) ◆ ISBN 978-3-8441-0108-9

Thomas Holtfort
Moderne Finanzanalyse – Von der Fundamentalanalyse zur Biofinance
Lohmar – Köln 2011 ◆ 92 S. ◆ € 38,- (D) ◆ ISBN 978-3-8441-0112-6

Volker Eickenberg
Marketingorientierte Potenzialentwicklung selbstständiger Versicherungsvertreter – Eine empirische Analyse
Lohmar – Köln 2012 ◆ 168 S. ◆ € 47,- (D) ◆ ISBN 978-3-8441-0113-3

Richard Vahrenkamp
The Logistic Revolution – The Rise of Logistics in the Mass Consumption Society
Lohmar – Köln 2012 ◆ 292 S. ◆ € 59,- (D) ◆ ISBN 978-3-8441-0118-8

Andreas Förster
Internationaler Dienstleistungshandel – Auswirkungen auf Löhne und Beschäftigung
Lohmar – Köln 2012 ◆ 336 S. ◆ € 63,- (D) ◆ ISBN 978-3-8441-0124-9

Achim Schiebel
Dynamische Ressourceneinsatzplanung bei administrativen Workflow Management Systemen
Lohmar – Köln 2012 ◆ 212 S. ◆ € 55,- (D) ◆ ISBN 978-3-8441-0131-7

Dr. Achim Schiebel

Dynamische Ressourceneinsatzplanung bei administrativen Workflow Management Systemen

EUL VERLAG

Bibliografische Information der Deutschen Nationalbibliothek

Die Deutsche Nationalbibliothek verzeichnet diese Publikation in der Deutschen Nationalbibliografie; detaillierte bibliografische Daten sind im Internet über <http://dnb.d-nb.de> abrufbar.

Dissertation, Bergische Universität Wuppertal, 2012

ISBN 978-3-8441-0131-7
1. Auflage Februar 2012

JOSEF EUL VERLAG GmbH
Brandsberg 6
53797 Lohmar
Tel.: 0 22 05 / 90 10 6-6
Fax: 0 22 05 / 90 10 6-88
E-Mail: info@eul-verlag.de
http://www.eul-verlag.de

Bei der Herstellung unserer Bücher möchten wir die Umwelt schonen. Dieses Buch ist daher auf säurefreiem, 100% chlorfrei gebleichtem, alterungsbeständigem Papier nach DIN 6738 gedruckt.

Vorwort

Ich bedanke mich ganz herzlich bei Hr. Prof. S. Bock und Prof. M. Wolff, die mir zahlreiche Anregungen gegeben haben und mir somit meine externe Promotion möglich gemacht haben. Ebenso bedanke ich mich bei Herr Prof. N. Koubek für die Erstellung des Zweitgutachtens.
Ein besonderer Dank gilt meiner Frau Jessica, die über den gesamten Zeitraum Verständnis für mein Vorhaben hatte.

Frankfurt, den 1. Februar 2012
Achim Schiebel

Inhaltsverzeichnis

Abbildungsverzeichnis

Tabellenverzeichnis

Abkürzungsverzeichnis

Akt_1	Aktivitäten, deren vorgesehene optimale Ressource dem WfMS vom Algorithmus bereits kommuniziert wurde
Akt_2	Aktivitäten, die derzeit von einer Ressource bearbeitet werden
APS	Arbeitsplatzsystem
API	Application Programming Interface
AMPL	A Modeling Language for Mathematical Programming
bzw.	Beziehungsweise
d.h.	das heißt
DBMS	Datenbanksystem (Database Management System)
DF	Definition
etc.	et cetera
ff	fortfolgende
FPDS	Folgeplanungsdatensatz
ggf.	gegebenenfalls
HR	Human Resource
Hrsg.	Herausgeber
ID	Identifier
i.d.R.	in der Regel
IT	Information Technology
Kap.	Kapitel
KPDS	Komplettplanungsdatensatz
LP	Lineare Programmierung
LOP	lineares Optimierungsproblem
LGS	Lineares Gleichungssystem
NB	Nebenbedingung im Algorithmus
Nr.	Nummer
o.Ä.	oder Ähnliche(s)
OM	Organisational Model (Aufbauorganisationsmodell)
OMG	Object Management Group
OrgE	Organisationseinheit
PDA	Personal Digital Assistant
PDS	Planungsdatensatz
PP	Planungsperiode im Prognosemodul
PPS	Produktionsplanung und -steuerung
Prof.	Professor

RCPSP	Resource Constrained Project Scheduling Problem
RfP	Request for Proposal
RMF	Resource Management Facility
RTDS	Real Time Decision System
s.	Siehe
S.	Seite
SLA	Service Level Agreement
TPDS	Teilplanungsplanungsdatensatz
u.	und
u.a.	und andere
UIMS	Benutzeroberfläche (User Interface Management System)
vgl.	vergleiche
WAPI	Workflow Application Programming Interface
WARIA	Workflow and Reengineering International Association
WE	Währungseinheit
WfMC	Workflow Management Coalition
WFI	Workflowinstanz
WfMS	Workflow Management System(e)
WPDL	Workflow Process Definition Language
ZF	Zielfunktion im Algorithmus

1 Einleitung

Die zunehmende Globalisierung sowie die schnelle Ausbreitung des Internets und der damit verbundenen überregionalen Transparenz haben in den vergangenen Jahren in den westlichen Industriegesellschaften das Kaufverhalten und das Anspruchdenken der Menschen erheblich verändert. Dienstleistungen und Produkte, die im Übermaß angeboten werden, können unter diesen neuen Rahmenbedingungen von jedermann zu Hause hinsichtlich unterschiedlicher Kriterien überregional verglichen und auch erworben werden; die Wettbewerbssituation der Unternehmen hat sich entsprechend verschärft. Die Unternehmen geraten immer mehr unter Druck, sich kostengünstig den sich schnell ändernden Kundenanforderungen und Marktkonditionen anzupassen. Zugleich werden die Geschäftsprozesse immer komplexer, da die Leistungserbringung an mehreren geographischen Standorten erfolgt und entsprechend zu koordinieren ist.[1] Um dem steigenden Wettbewerbsdruck standzuhalten und gleichzeitig die zunehmende Komplexität zu steuern, müssen Unternehmen ihre Produktionsfaktoren immer effizienter einsetzen, diese aber gleichzeitig flexibel halten. Einer der Produktionsfaktoren ist der Elementarfaktor „Arbeit", dessen Einsatz im Rahmen dieser Arbeit dynamisch geplant werden soll, um den veränderten Marktanforderungen gerecht zu werden und somit den Erfolg von Unternehmen, insbesondere im Dienstleistungsbereich, langfristig zu sichern.

1.1 Problemstellung

Eine Dienstleistung resultiert aus einer Abfolge von Tätigkeiten, die von menschlichen Ressourcen (Elementarfaktor „Arbeit") zu einem Zeitpunkt oder über einen Zeitraum erbracht werden. Dienstleistungen sind immaterielle Güter, die nicht gelagert und demzufolge auch nicht auf Vorrat produziert werden können. Diese Eigenschaft hat zur Konsequenz, dass eine Dienstleistung nur erbracht werden kann, wenn genügend Ressourcen mit der erforderlichen Qualifikation zum Zeitpunkt der Leistungserbringung zur Verfügung gestellt werden können. Die damit verbundenen Koordinationsaufgaben werden in der Regel von einem Disponenten wahrgenommen, der gleichzeitig dafür verantwortlich ist, die Wartezeiten der Ressourcen zwischen Einsätzen so klein wie möglich zu halten, um die damit verbundenen Vorhaltekosten zu minimieren.

Die Problemstellung der Ressourceneinsatzplanung für einen Disponenten wird im Folgenden am Beispiel eines IT-Dienstleisters vertieft, der bei einem Unternehmen für die Bereitstellung und den Support von 2.000 Arbeitsplatzsystemen (APS) mit entsprechender Standardsoftware

[1] Vgl. Purvis, Purvis, Lemalu 2001 /Framework/ S. 1.

(Betriebssystem, Office Paket, etc.) sowie 1.200 Drucker verantwortlich ist, die gleichmäßig über mehrere Standorte des Unternehmens verteilt sind.

Bestandteil der Leistungserbringung ist auch der Betrieb einer Hotline, welche den APS-Nutzern (Usern) für die Aufnahme von Störungsmeldungen, Anfragen oder Beauftragungen, wie beispielsweise einer Softwareinstallation, zur Verfügung steht. Die Mitarbeiter der Hotline erfassen das Anliegen der User in so genannten Tickets und leiten diese über ein Ticketsystem (IT-System) an die Mitarbeiter des Field Service an Hand deren Rollen zu. Innerhalb des Field Service sind insgesamt drei Rollen definiert, die von Mitarbeitern mit unterschiedlichen Qualifikationen wahrgenommen werden; ein Rollentausch ist nur in Einzelfällen möglich.

Die Mitarbeiter sowohl im Field Service als auch in der Hotline haben, neben den durch die Ticketbearbeitung bedingten Ad-hoc-Einsätzen, Regelleistungen zu erbringen, wie beispielsweise das Monitoring von IT-Anwendungen, die Domainadministration, die Erstinstallation und die Stilllegung von Arbeitsplatzsystemen sowie das Einspielen von Security-Patches. Der zeitliche Anteil der Regeltätigkeiten beträgt verteilt über alle Ressourcen etwa 65 Prozent, die Bearbeitung von Tickets entsprechend 35 Prozent. Soweit technisch möglich, kann die Ticketbearbeitung durch Remote-Administration erbracht werden, d.h. standortunabhängig durch den Einsatz spezieller Software.

Im einem zwischen dem Unternehmen und dem IT-Dienstleister abgeschlossenen Service Level Agreement (SLA) sind folgende Eckpunkte vereinbart:

- Servicezeiten des Field Service und der Hotline: 08:00 bis 18:00 Uhr.
- Reaktionszeit der Hotline bei Telefonanrufen: 100 Sekunden.
- Reaktionszeit des Field Service bei Störungen: 2 Stunden.

Im vergangenen Jahr wurden bei der Hotline durchschnittlich 100 Tickets pro Arbeitstag geöffnet, wobei die Anzahl zwischen 60 und 250 Tickets pro Arbeitstag schwankte. Für die Erfassung eines Tickets benötigten die Mitarbeiter der Hotline durchschnittlich zehn Minuten, die Mitarbeiter des Field Service für die entsprechende Bearbeitung zwanzig Minuten.[2]

Um die vertraglich vereinbarten Servicezeiten einhalten zu können, erstellt der Disponent wöchentlich einen Dienstplan für alle ihm zur Verfügung stehenden Mitarbeiter; Zahlen, inwieweit die auf die Standorte verteilten Mitarbeiter des Field Service und der Hotline wirklich ausgelastet sind, stehen ihm nicht zur Verfügung. Die Auswertungen des Ticketsystems geben lediglich Aufschluss über die im Rahmen der Bearbeitung von Tickets erbrachten Leistungen, also nur von 35 Prozent.

[2] Tickets sind in die Kategoerien „normal“ und „komplex“ eingestuft; die Bearbeitung eines komplexen Tickets dauert durchschnittlich 180 Minuten.

Der Disponent hatte im vergangenen Jahr drei Mitarbeiter in der Hotline sowie 15 Mitarbeiter im Field Service für die Erbringung der vertraglich vereinbarten Dienstleistungen zur Verfügung. Auf Grund eines Kosteneinsparungsprogramms hat er im folgenden Jahr dieselben Leistungen durch eine optimierte Ressourceneinsatzplanung mit zwei Ressourcen weniger zu erbringen. Um den neuen Anforderungen gerecht werden zu können und eine dynamische Ressourceneinsatzplanung zu erzielen, sind vom Disponenten im Wesentlichen folgende vier Voraussetzungen zu schaffen:

1. Schaffung von Transparenz hinsichtlich der Leistungserbringung jeder einzelnen Ressource durch das Erstellen von individuellen Einsatzplänen auf Aktivitätenebene. Die Einsatzpläne müssen sowohl die Regeltätigkeiten als auch die anfallenden Tätigkeiten bei der Ticketbearbeitung enthalten. Auf Grund der sich kontinuierlich verändernden Rahmenbedingungen, beispielsweise durch immer neu eingehende Tickets oder möglichen Verzögerungen bei der Bearbeitung von Tätigkeiten, müssen die Einsatzpläne unter Berücksichtigung der neuen Rahmenbedingungen in regelmäßigen kurzen Abständen aktualisiert werden (rollende Planung).
2. Erhöhung der Einsatzflexibilität der vorhandenen Mitarbeiter durch Schulungen für rollenfremde Tätigkeiten, um auf Schwankungen bei den Ressourcenanforderungen besser reagieren zu können.
3. Formulierung von Nebenbedingungen, die bei der dynamischen Ressourceneinsatzplanung berücksichtigt werden müssen. Hierzu zählen beispielsweise die Einhaltung vorgegebener Bearbeitungsreihenfolgen von Aktivitäten bei Regeltätigkeiten oder die termingerechte Erbringung von Leistungen, wie die Auslieferung eines neuen Arbeitsplatzsystems oder das tägliche Durchführen von Datensicherungen des Mailsystems.
4. Die Ressourceneinsatzplanung muss in Abhängigkeit der aktuellen Ressourcensituation nach unterschiedlichen Kriterien erfolgen können. Bei einer normalen Ressourcenauslastung soll die Einsatzplanung unter Einhaltung aller Nebenbedingungen zu möglichst niedrigen Kosten erfolgen. Sind die Ressourcen nicht ausreichend ausgelastet, so ist eine Weiterqualifikation der Mitarbeiter durch gegenseitige Schulungen im Rahmen des Vieraugenprinzips zur Steigerung der Ressourceneinsatzflexibilität anzustreben. Im Falle einer Ressourcenüberlastung hat die Einsatzplanung so zu erfolgen, dass die Bearbeitungszeiten möglichst kurz sind, um das Gesamtsystem wieder in einen Normalzustand hinsichtlich Ressourcenauslastung zu überführen.

Die beispielhaft dargestellte Aufgabenstellung der Ressourceneinsatzplanung bei einem IT-Dienstleister, in welchem die Mitarbeiter sowohl Regeltätigkeiten im Rahmen vorgegebener

Geschäftsprozesse als auch Ad-hoc-Tätigkeiten in täglich mehrfach vorkommenden Ausnahmesituationen erbringen, ist auch bei anderen dienstleistungsorientierten Unternehmen wie der öffentliche Nahverkehr, Krankenhäuser, Energieanbieter oder Telekommunikationsunternehmen an der Tagesordnung. Die Rahmenbedingungen sind hierbei nahezu identisch: nicht ausreichende Verfügbarkeit qualifizierter Ressourcen, zunehmender Kostendruck und hohe Erwartungshaltung der Kunden hinsichtlich Reaktionszeit und Qualität sowie verstärkter Wettbewerb.

Um die immer komplexer werdende Ressourceneinsatzplanung zu bewerkstelligen, werden in Unternehmen zunehmend Workflow Management Systeme (WfMS) eingesetzt, die seit Anfang der neunziger Jahre angeboten werden. In WfMS werden zunächst die zu steuernden Geschäftsprozesse modelliert; später im operativen Betrieb übernehmen WfMS dann die Zuordnung der in den modellierten Geschäftsprozessen definierten Aktivitäten an Ressourcen sowie das Monitoring und die Steuerung der laufenden operativen Geschäftsprozesse.[3] Die Ressourcenzuordnung erfolgt bei WfMS und Ticketsystemen nach statisch vorgegebenen Regeln, üblicherweise in Abhängigkeit von wahrgenommenen Rollen der Ressourcen oder deren organisatorischen Zugehörigkeit. Dynamische Aspekte zur Verbesserung der Einhaltung von Lieferterminen, zur Verhinderung von Ressourcenengpässen durch flexible Ressourceneinsätze und alternative Aufgabenzuordnungen werden nicht berücksichtigt. Statische und ineffiziente Ressourceneinsätze sind die Folge.[4]

Im Beispiel des IT-Dienstleisters sind die Funktionalitäten eines reinen Ticketsystems nicht ausreichend, um den Ressourceneinsatz sowohl für Regeltätigkeiten als auch die Ticketbearbeitung effizient zu planen und zu steuern. Der Einsatz eines WfMS für eine ganzheitliche Ressourceneinsatzsteuerung bietet sich an, zumindest um dem Disponenten die noch fehlende Transparenz über die Verteilung der Leistungserbringung auf die Ressourcen zu verschaffen.

1.2 Zielsetzung

Die Arbeit verfolgt das Ziel, kommerzielle Workflow Management Systeme durch eine Funktionserweiterung in die Lage zu versetzen, dynamische Aspekte bei der Ressourcenzuordnung zu berücksichtigen und somit den Produktionsfaktor „Mensch" effizient bei der Erstellung von Dienstleistungen und Produkten situationsbedingt einzusetzen.

Hinter dieser Zielsetzung verbergen sich fünf Teilziele:

---

[3] Vgl. Voß, Gutenschwager 2001 /Informationsmanagement/ S. 371ff.

[4] Vgl. Shen, Tzeng, Liu 2002 /Assignment/ S. 1.

1. **Einsatzeffizienz**: Kompensation der Schwachstellen beim Einsatz administrativer WfMS hinsichtlich dynamischer Planung eines effizienten Ressourceneinsatzes.
2. **Flexibilität**: Förderung des Kompetenzausbaus von Ressourcen bei der Einsatzplanung, um deren Einsatzmöglichkeiten zu erweitern und somit die Flexibilität, auf veränderte Rahmenbedingungen reagieren zu können, zu vergrößern.
3. **Prognose**: Um beizeiten Kapazitätsanpassungen einleiten zu können, sind dem Disponenten die zu erwartende Ressourcenauslastungen der verfügbaren Ressourcen frühzeitig mitzuteilen.
4. **Echtzeitplanung**: Umgehende Herbeiführung notwendig gewordener Anpassungen beim Ressourceneinsatz im operativen Umfeld nach Veränderungen der Ressourcenanforderungen, Plan-Ist-Abweichungen oder Ressourcenausfällen.
5. **Konfigurierbarkeit**: Die Ressourceneinsatzplanung muss unter Berücksichtigung der jeweiligen Situation innerhalb eines Handlungsspielraums erfolgen können, der vom Disponenten vorgegeben und jederzeit wieder verändert werden kann.

Die dargestellte Funktionserweiterung von WfMS soll durch einen Algorithmus erfolgen, der über eine standardisierte Schnittstelle an das WfMS angebunden wird. Der Algorithmus erhält in kurzen Abständen (Zeitintervallen), im quasi Echtzeitbetrieb, aus dem WfMS Informationen über den Status der momentan bearbeiteten sowie über neu gestartete Aktivitäten. Unter Berücksichtigung der neuen Rahmenbedingungen ermittelt er unmittelbar nach Erhalt der Statusmeldungen die neue Ressourceneinsatzplanung mittels eines linearen Optimierungsproblems (LOP) und leitet diese an das WfMS weiter. Die Nebenbedingungen des LOPs können situationsbedingt vom Algorithmus in einem vom Disponenten vorgegebenen Rahmen angepasst werden.

Als Kriterien für die Zielfunktion stehen dem Algorithmus die Minimierung der Bearbeitungszeit, die Minimierung der variabeln Ressourceneinsatzkosten sowie die Maximierung der Ressourceneinsatzflexibilität zur Auswahl. Für jedes der drei Kriterien wird in einer Nebenbedingung die jeweilige Ober- beziehungsweise Untergrenze vom Disponenten vorgegeben.

Weitere Nebenbedingungen sind termingerechte Leistungserbringung, Abarbeitung der Aktivitäten in der vorgegebenen Ablaufreihenfolge, die Berücksichtigung der für die Bearbeitung erforderlichen Qualifikation der Ressourcen sowie die Überschreitung einer vom Disponenten festzulegenden Auslastungsuntergrenze pro Ressource.

Im Rahmen dieser Arbeit wird ein Algorithmus entwickelt, der bei gleichzeitigem Einsatz eines oder mehrerer Workflow Management Systemen einen effizienten Einsatz menschlicher

Ressourcen mittels eines dynamischen Planungsverfahrens im quasi Echtzeitbetrieb herbeiführt. Betriebsrechtliche Aspekte, wie beispielsweise die mit dem Systemeinsatz verbundene mögliche Leistungskontrolle, sind nicht Gegenstand der Arbeit.

1.3 Argumentationslinie und Methodik

Im Anschluss an die Einleitung werden in Kapitel 2 nach einer kurzen allgemeinen Einführung in WfMS die Kritikpunkte der Ressourceneinsatzplanung in WfMS aufgezeigt, welche durch mangelnde Flexibilität sowie fehlender Dynamik zu einem ineffizienten Ressourceneinsatz führen. Danach wird der im Rahmen der Arbeit verfolgte Lösungsansatz dargestellt, wie die aufgezeigten Schwachstellen mittels des Algorithmus im operativen Einsatz kompensiert werden sowie die hierfür erforderlichen Voraussetzungen und getroffenen Annahmen.

Im darauf folgenden Kapitel werden die von der Workflow Management Coalition (WfMC) gesetzten Standards für WfMS dargestellt, auf denen die Arbeit aufsetzt.

In Kapitel 4 werden die Optimierungskriterien des LOP, die zugrunde liegende Methodik des Algorithmus sowie die Anforderungen an die Ressourceneinsatzplanung beschrieben.

Die wahrzunehmenden Aufgaben werden innerhalb des Algorithmus auf das Planungs-, das Prognose- und das Kommunikationsmodul verteilt. Wie die Abarbeitung der einzelnen Aufgaben innerhalb jedes einzelnen Moduls erfolgt und welche Methodik sich dahinter verbirgt, ist Gegenstand der Kapitel 5 bis 7.

In Kapitel 8 werden die durch den parallelen Einsatz von WfMS und Algorithmus verbundenen Vor- und Nachteile hinsichtlich Ressourceeinsatzplanung herausgearbeitet sowie der momentane Planungsstand für den weiteren operativen Einsatz des Algorithmus skizziert.

Kapitel 9 gibt die wesentlichen Erkenntnisse der vorliegenden Arbeit im Rahmen einer Zusammenfassung wieder.

2 Ressourcensteuerung in WfMS

In kommerziellen WfMS kann in der Regel zwischen mehreren Möglichkeiten der Zuordnung von Ressourcen zu Aktivitäten ausgewählt werden. Dazu zählen neben den beiden von der Workflow Management Coalition (WfMC) standardisierten Wegen, die Ressourcenzuordnung an Hand der Organisationszugehörigkeit durchzuführen (siehe Kapitel 3.5.1) auch die von der WfMC eingeräumte Möglichkeit proprietäre Lösungen, wenn auch mit gewissen Einschränkungen, einzusetzen (siehe Kapitel 3.5.2).[5] Letztere scheitern jedoch in der Praxis häufig auf Grund nicht zuverlässig gestalteter Regelauflösungen, machen beim parallelen Einsatz von WfMS unterschiedlicher Hersteller eine systemübergreifende optimale Ressourceneinsatzplanung beinahe unmöglich und werden im Rahmen der Arbeit nicht weiter verfolgt.[6]

In diesem Kapitel wird zunächst eine Übersicht über die für die Arbeit erforderlichen Grundlagen von WMS sowie deren Einsatzmöglichkeiten in Unternehmen gegeben. Dann werden die Kritikpunkte an den von der WfMC gegebenen Standards sowie kommerziellen WfMS hinsichtlich einer Ressourcensteuerung dargestellt sowie der im Rahmen der Arbeit verfolgte Ansatz, diese Kritikpunkte in kommerziellen WfMS zu kompensieren.

2.1 Workflow Management Systeme

Nach einer Übersicht der unterschiedlichen Ausprägungen folgt eine Vertiefung des Aufbaus von WfMS sowie deren Einsatzmöglichkeiten. Hierbei wird ebenfalls auf PPS-Systeme (Produktionsplanung und –steuerung) eingegangen, welche auf Grund der bestehenden Gemeinsamkeiten immer mehr mit WfMS zusammenwachsen.[7]

2.1.1 Ausprägungen

Ein WfMS ist ein reaktives Basissoftwaresystem zur Steuerung von Arbeitsflüssen zwischen Organisationseinheiten, menschlichen Ressourcen oder Applikationen nach Vorgaben einer Ablaufspezifikation.[8] In ihm werden zunächst die Abläufe der im Workflow durchzuführenden Aktivitätentypen im so genannten Workflowmodell definiert, dessen Instanzen dann später im operativen Betrieb entsprechend vom WfMS gesteuert werden. Das WfMS stellt Informationen und Applikationen für die Ausführung der Aktivitäten zur Verfügung und proto-

---

[5] Vgl. WfMC 1999 /Process/ S. 54.

[6] Vgl. Rickayzen, u.a. 2006 /Workflow/ S. 324 und zur Mühlen 1999 /Modeling/ S. 139.

[7] Vgl. Gadatsch. 2007 /Geschäftsprozesse/ S. 267.

kolliert während der Laufzeit einer Instanz den jeweiligen Status.[9] WfMS beinhalten im Wesentlichen folgende Funktionalitäten:[10]

- Modellierung und Simulation von Workflows,
- Instanziierung und Ausführung von Workflowinstanzen sowie
- Monitoring laufender Vorgänge und anschließende Analyse.

Der Einsatz von WfMS in Unternehmen ermöglicht eine zunehmende Abwicklungsverbesserung bei sich wiederholenden Prozessen an Hand besserer Überwachungs- und Kontrollmöglichkeiten. Das WfMS kann dies durch erhöhte Transparenz der Arbeitssituation jeder einzeln gesteuerten Ressource sowie durch bessere Steuerungsmöglichkeiten von räumlich verteilten und zeitlich verschieden eingesetzten Ressourcen erreichen. Transparenz bedeutet auch, dass im WfMS Daten über die Leistungserbringung von Mitarbeitern gesammelt und entsprechend ausgewertet werden können.[11]

Gemäß Frequenz und Strukturierungsgrad der zu steuernden Geschäftsprozesse lassen sich WfMS in Produktions-, Kollaborations- und Ad-hoc-WfMS kategorisieren. Produktions-WfMS werden bei sich häufig wiederholenden, stark strukturierbaren Prozessen eingesetzt und werden im Rahmen dieser Arbeit hinsichtlich einer effizienteren Ressourceneinsatzplanung verbessert.[12]

2.1.2 Aufbau von WfMS

Nach Aalst und Hee entstanden WfMS im Rahmen einer Evolution von IT-Architekturen, bei welcher generische Komponenten aus Applikationen herausgelöst wurden:[13]

1. Trennung von Betriebssystem und Applikation in den Jahren 1965 bis 1975.
2. Herauslösung der Daten aus der Applikation durch den Einsatz von Datenbanksystemen (DBMS = Database Management System) im Zeitraum von 1975 bis 1985, wodurch unterschiedliche Applikationen auf dieselben Daten zurückgreifen können.
3. Separate Entwicklung von Benutzeroberflächen (UIMS = User Interface Management System) von 1985 bis 1995, welche generisch und unabhängig von der Applikation entwickelt werden. Hierdurch konnte eine Vereinheitlichung der Benutzeroberfläche und eine

[8] Vgl. Jablonski, Böhm, Schulze 1999 /Workflow/ S. 491.

[9] Vgl. Österle, Vogler 1996 /Workflow/ S. 345 ff.

[10] Vgl. Voß, Gutenschwager 2001 /Informationsmanagement/ S. 371ff.

[11] Vgl. Richter-von Hagen, Stucky 2004 /Process/ S. 43.

[12] Vgl. Voß, Gutenschwager 2001 /Informationsmanagement/ S. 374.

[13] Vgl. Aalst, W. van der; Hee, K. van 2002 /Workflow/ S. 25 ff.

Reduzierung der Entwicklungskosten und –dauer durch Wiederverwendung existierender Benutzeroberflächen erzielt werden.

4. Absonderung der Komponenten aus Applikationen, in welchen Prozessabläufe abgebildet sind durch die Einführung von WfMS in den Jahren 1995 bis 2005. Dabei entstand die Idee, generische Tools zur Unterstützung von Geschäftsprozessen einzusetzen, bereits 1970; sie konnte jedoch auf Grund fehlender technischer Voraussetzungen, wie beispielsweise der fehlenden Vernetzung der Bearbeiter, nicht implementiert werden.

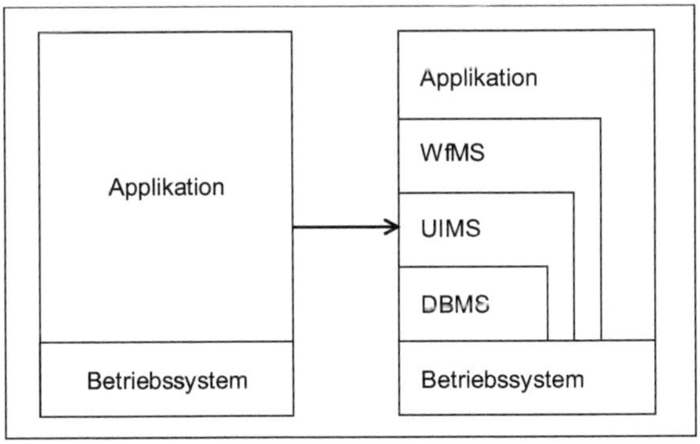

Abbildung 1: Aufteilung von generischen Funktionalitäten[14]

WfMS sind nach Aalst und Hee mit einem Betriebssystem vergleichbar, welches Workflows zwischen verschiedenen Ressourcen (Menschen oder Applikationen) kontrolliert.[15] Ein WfMS verfügt hierfür über Funktionalitäten, die zur Definition und graphischen Verfolgung von Workflows eingesetzt werden, um sowohl den Bearbeitungsfortschritt als auch die Struktur des Workflows selbst transparent zu machen.

Das Ziel von WfMS ist es Medienbrüche innerhalb von Geschäftsprozessen zu vermeiden und somit Durchlaufzeiten, Liege- und Bearbeitungszeiten erheblich zu reduzieren.[16] Die zeitnahe Bearbeitung aller anstehenden Aktivitäten soll dabei durch die qualifizierten zur Verfügung stehenden Ressourcen erfolgen. Mögliche Zuordnungen von Aktivitäten zu Ressourcen erfolgen an Hand so genannter Ressourcenklassifikationstools, welche Bestandteil der in der WfMC definierten Process Definition Tools sind (s. Kapitel 3.2.2).[17] Die Priorisierung, welche Aktivität zuerst bearbeitet werden soll, kann an Hand unterschiedlicher Ansätze

[14] Vgl. Aalst, W. van der; Hee, K. van 2002 /Workflow/ S. 25.

[15] Vgl. Aalst, W. van der; Hee, K. van 2002 /Workflow/ S. 27.

[16] Vgl. Voß, Gutenschwager 2001 /Informationsmanagement/ S. 373.

[17] Vgl. Aalst, W. van der; Hee, K. van 2002 /Workflow/ S. 84 und 153.

resultieren, wo beispielhaft FIFO (First In First Out), SRPT (Shortest Rest-Processing Time) und EDD (Earliest Due Date) an dieser Stelle genannt werden. Die Ressourcenauswahl für die Bearbeitung der operativen Aktivitäten selbst erfolgt bei WfMS entweder über einen Push-Mechanismus, bei welchem den Ressourcen vom WfMS eine Aktivität zugeordnet wird, oder einem Pull-Mechanismus, in welchem die Ressourcen aus einer Liste selbst eine Aktivität aussuchen können.[18] In der Regel erfolgt die Zuordnung mit einer Mischung aus beiden Ansätzen.

WfMS verfügen über eine große Anzahl von Komponenten, welche im operativen Betrieb Informationen austauschen müssen; die dahinter liegenden Daten, in der Regel in ein Datenbanksystem ausgelagert, können in acht Kategorien unterteilt werden:[19]

1. Daten für die Prozessdefinitionen.
2. Daten für die Beschreibung der Ressourcenqualifikationen.
3. Analysedaten, also Ergebnisse aus einer vom System durchgeführten Analyse, wie beispielsweise von einer Simulation.
4. Operative Managementdaten, welche für den Administrator des WfMS von Interesse sind, wie beispielsweise die Konfigurationsdaten vom System.
5. Historische Daten, welche Informationen von bereits gestarteten oder beendeten Workflowinstanzen enthalten, um beispielsweise Performanceanalysen nachträglich durchführen zu können.
6. Applikationsdaten, auf welche nur von Applikationen, nicht aber von WfMS, zugegriffen werden kann.
7. Interne Daten, welche vom WfMS für interne Zwecke verwendet werden und nicht in einem direkten Zusammenhang mit den Workflows stehen.
8. Logistische Managementdaten, welche den Status inklusive der Attribute aller Workflowinstanzen und Ressourcen enthalten.

2.1.3 PPS-Systeme

PPS-Systeme werden bereits seit den sechziger Jahren in Industrieunternehmen eingesetzt, um den Gesamtprozess der Planung und der Ausführung von Fertigungsaufträgen zu optimieren.[20]

---

[18] Vgl. Aalst, W. van der; Hee, K. van 2002 /Workflow/ S. 87 und Voß, Gutenschwager 2001 /Informationsmanagement/ S. 374.

[19] Vgl. Aalst, W. van der; Hee, K. van 2002 /Workflow/ S. 161 ff.

[20] Vgl. Stahlknecht, Hasenkamp 2003 /Wirtschaftsinformatik/ S. 358.

Die Planungsbereiche von PPS-Systemen werden typischerweise in sieben Komponenten, so genannte Module, zerlegt:

Modul	Aufgabe
Grunddatenverwaltung	Integrierte Verwaltung aller Planungsdaten.
Produktionsprogrammplanung	Ermittlung des Primärbedarfs.
Mengenplanung	Materialbedarfsermittlung, Bestellmengenplanung, Losgrößenermittlung.
Termin- und Kapazitätsplanung	Durchlaufterminierung, Kapazitätsterminierung.
Werkstattsteuerung	Auftragsveranlassung.
Betriebsdatenerfassung	Auftragsüberwachung.
Vertriebssteuerung	Steuerung Produktionsdistribution.

Tabelle 1: PPS-Module und deren Aufgabe[21]

Traditionelle PPS-Systeme basieren auf einem sukzessiven Planungskonzept. Die Aufgaben der Produktionsplanung und -steuerung werden in Teilprobleme zerlegt, die nacheinander gelöst werden.

Unter der Annahme, dass ausreichend Fertigungskapazitäten zur Verfügung stehen, wird bei der Termin- und Kapazitätsplanung zunächst die Durchlaufterminierung mittels der Vorwärts- und Rückwärts- und beziehungsweise oder der Mittelpunktsterminierung berechnet. Die Kombination von Vorwärts- und Rückwärtsterminierung ermöglicht in einem zweiten Schritt so genannte Puffer zu erkennen. Diese Methode wird in der Praxis am häufigsten eingesetzt.[22] Die vorgegebene Bearbeitungsreihenfolge wird bereits in der Durchlaufterminierung berücksichtigt.[23]

Im Anschluss an die Durchlaufterminierung werden im Rahmen der Kapazitätsplanung die wirklich vorhandenen Ressourcen berücksichtigt. Das Ergebnis ist in der Regel weit von einem optimalen Plan entfernt, da das oberste Ziel darin besteht, einen mit den vorhandenen Kapazitäten übereinstimmenden Produktionsplan zu finden.[24]

Stärken von traditionellen PPS-Systemen liegen in der Verwaltung umfangreicher Datenmengen und der Lösung von klar strukturierten, quantitativen Problemen, wie beispielsweise der Ermittlung der optimalen Losgröße.[25] Sie beschränken sich in der Regel auf die kurzfristige

---

[21] Vgl. Wöhe 2005 /Betriebswirtschaftslehre/ S. 429.

[22] Vgl. Fandel, François, Gubitz 1997 /PPS-Systeme/ S. 278 ff.

[23] Vgl. Wöhe 2005 /Betriebswirtschaftslehre/ S. 411-414.

[24] Vgl. Wöhe 2005 /Betriebswirtschaftslehre/ S. 428.

[25] Vgl. Wöhe 2005 /Betriebswirtschaftslehre/ S. 425.

Mengen- und Zeitplanung. Strategische Daten erhält das operative PPS-System als Vorgabe aus anderen Systemen. Da der mengenmäßige und zeitliche Produktionsablauf bereits vorliegt, ist das oberste Ziel die Minimierung der Produktionskosten. Aus Vereinfachungsgründen wird häufig nach abgeleiteten Teilzielen optimiert, wie Minimierung der Durchlaufzeit, Minimierung der Terminabweichungen, Maximierung der Kapazitätsauslastung oder Minimierung der Lagerbestände.

2.1.4 Einsatz von WfMS

In den vergangenen Jahren sind die Einsatzmöglichkeiten von WfMS stets erweitert worden, so dass WfMS zunehmend Einsatz in Unternehmen finden. Der Einsatz erfolgt in der Regel bei sich wiederholenden Prozessen, obwohl dieser prinzipiell auch bei Ad-hoc-Prozessen möglich ist (siehe Kapitel 2.1.1). Als Einsatzbeispiel sei an dieser Stelle die Versicherungswirtschaft genannt, in welcher WfMS in Verbindung mit Dokumentenmanagementsystemen bereits Anfang der neunziger Jahre eingesetzt wurden. Sie standardisierte die wesentlichen Geschäftsvorfälle mit einheitlich gestalteten Formularen, Meldungen, Verträgen, etc.[26]

Die Workflow and Reengineering International Association (WARIA) vergibt in Zusammenarbeit mit der WfMC seit 1998 einmal jährlich einen Preis (Excellence Awards) an Unternehmen, welche nachweisbar „exzellente Lösungen“ von Workflow und Business Process Management implementiert haben und veröffentlicht diese. Die Gewinner werden an Hand von drei Kriterien ermittelt: „excellence in innovation“, „excellence in implementation“ und „excellence in strategic impact to the organisation“.[27] Beispielhaft sei an dieser Stelle das im Jahr 2003 ausgezeichnete ungarische Telekommunikationsunternehmen Matáv genannt:

Ein WfMS wurde dort im Jahr 2002 für alle Tätigkeiten um die Netzwerkkomponenten im Mobilfunknetz eingeführt. Im WfMS werden die Zustände, die Verfügbarkeit sowie weitere kaufmännische und technische Informationen der Komponenten zentral gespeichert. Sämtliche Informationen stehen seither dem Backend (Netzwerküberwachung, Wartung, Support), Frontend (Kundenzentrum) sowie den Technikern vor Ort einheitlich zur Verfügung. Letzteren werden die relevanten aktuellen Informationen sowie der aktuelle Einsatzplan über PDA (Personal Digital Assistant) zur Verfügung gestellt. Vor Einführung des WfMS erfolgten alle Prozesse in den 52 Kundengebieten nach unterschiedlichen Regeln, was einen Ressourcenaustausch zwischen den Zentren unmöglich machte. Alle Prozesse in den drei genannten Ein-

[26] Vgl. Stahlknecht, Hasenkamp 2003 /Wirtschaftsinformatik/ S. 381.

[27] Fischer 2003 /Excellence/ S. 7.

heiten verlaufen seit der Einführung des WfMS in ganz Ungarn einheitlich und dank der Ablösung der Aufträge und technischen Dokumenten auf Papier durch Einsatz von modernen PDAs im Kundendienst auch erheblich flexibler.[28]

Nach Jablonski werden heute in praktisch allen Teilen der Produktion, wenn auch nur partiell, WfMS eingesetzt. Eine Aussage, inwieweit kommerzielle Systeme mögliche Potenziale dabei wirklich nutzen, ist auf Grund der in der Regel sehr individuellen Ansätze und schweren Vergleichbarkeit der Systeme nicht möglich.[29]

2.2 Kritik an existierenden Lösungsansätzen

Die heutigen WfMS bieten in der Regel nur sehr beschränkte Möglichkeiten, potenzielle Ressourcen Aktivitäten für die Bearbeitung zuzuordnen und zu entscheiden, in welcher Reihenfolge Aktivitäten von den Ressourcen bearbeitet werden sollen; Besonderheiten bei menschlichen Ressourcen gegenüber Maschinen werden nicht beachtet.[30] Dabei wäre es möglich durch die Integration von spezifischer Planungssoftware, welche moderne Ansätze aus den Bereichen „Operations Research" oder „Künstliche Intelligenz" nutzt, eine effizientere Ressourceneinsatzplaung zu erreichen; allerdings stehen die hierfür erforderlichen Daten nicht vollständig in WfMS zur Verfügung.[31]

Als Folge davon erfolgt gemäß der WfMC die Zuordnung von Ressourcen zu Aktivitäten an Hand der Organisationszugehörigkeit oder den wahrgenommenen Rollen, also statischen Zuordnungsregeln. Die daraus resultierende fehlende Dynamik und mangelnde Flexibilität auf beispielsweise Ressourcenengpässe zu reagieren, führen insgesamt zu einem ineffizienten Ressourceneinsatz, was durch Revisionen belegt werden kann.

Bereits 1999 forderte Cummins in einem Request for Proposal (RfP) die Mitglieder der OMG auf, Vorschläge für die Spezifikation einer so genannten Resource Management Facility (RMF) einzureichen, welche durch eine Erweiterung der Kriterien für die Ressourcenselektion, wie beispielsweise Verfügbarkeit und Qualifikation, dynamische Aspekte berücksichtigt.[32] Ebenso forderten 2002 Shen, Tzeng und Liu eine stärkere Berücksichtigung von individuellen Aspekten der Ressourcen, insbesondere Eignung und momentane Auslastung.[33]

---

[28] Vgl. Fischer 2003 /Excellence/ S. 209 ff.

[29] Auszug einer Diskussion mit Prof. Jablonski Ende 2004.

[30] Vgl. Aalst, W. van der; Hee, K. van 2002 /Workflow/ S. 202 ff.

[31] Vgl. Aalst, W. van der; Hee, K. van 2002 /Workflow/ S. 202 ff.

[32] Vgl. Cummins, F. A. 1999 /Facility/ S. 1 und S. 6.

[33] Vgl. Shen, Tzeng, Liu 2002 /Assignment/ S. 1.

Ein weiterer Kritikpunkt an kommerziellen WfMS ist, dass diese nicht mit Unsicherheiten und fehlenden Informationen hinsichtlich Ressourcen umgehen können.[34] Sie können von daher beispielsweise keinen Unterschied zwischen immer einzuhaltenden und möglicherweise vernachlässigbaren Nebenbedingungen machen, was zu unflexiblen Systemen führt, die Ausnahmen und Ausnahmesituationen nicht behandeln können.

Schwächen bei traditionellen PPS-Systemen sind die fehlenden Rückkopplungen zwischen den einzelnen Modulen, die Partialisierung der Entscheidungen, welche eine Vernachlässigung von Interdependenzen zur Folge haben sowie der Einsatz einfacher Heuristiken.[35] „Die Trennung und sukzessive Planung von Materialbedarfs- und Losgrößenplanung auf der einen und Termin- und Kapazitätsplanung auf der anderen Seite ist ein strukturelles Problem der konventionellen PPS-Systeme.“ [36]

Neuere PPS-Systeme streben an, die aufgezeigten Schwachstellen durch den Einsatz verbesserter Planungstechniken zu umgehen; sie versuchen den Engpassbereich der Planung ausfindig zu machen und durch eine engpassorientierte Planung den Zielerreichungsgrad zu erhöhen. Nach Schulte verfolgen sie im Wesentlichen fünf Ziele:[37]

- Niedrige Bestände.
- Kurze Durchlaufzeiten.
- Hohe Kapazitätsauslastung.
- Hohe Flexibilität.
- Hohe Termintreue.

Neue kapazitätsorientierte PPS-Systeme führen entsprechend das Hauptproduktionsprogramm unter Berücksichtigung der verfügbaren Ressourcen durch.[38] Die Sukzessivplanung wird jedoch unverändert fortgeführt.[39]

2.3 Vorgeschlagener Lösungsansatz

Im folgenden Kapitel wird der im Rahmen der Arbeit verfolgte Ansatz beschrieben, wie mittels eines Algorithmus die aufgezeigten Schwachstellen von kommerziellen WfMS hinsichtlich Ressourceneinsatzplanung umgangen werden können; ebenso werden die verwendete

---

[34] Vgl. Governatori, Rotolo, Sadiq 2004 /Allocation/ S. 197.

[35] Vgl. Wöhe 2005 /Betriebswirtschaftslehre/ S. 429.

[36] Vgl. Küpper, Helber 2004 /Ablauforganisation/ S. 279.

[37] Vgl. Schulte 2001 /Logistikmanagement/ S. 318.

[38] Vgl. Küpper, Helber 2004 /Ablauforganisation/ S. 291

[39] Vgl. Wöhe 2005 /Betriebswirtschaftslehre/ S. 430.

Struktur des Algorithmus sowie die für den operativen Einsatz getroffenen Voraussetzungen und Annahmen dargestellt.

2.3.1 Dynamische Ressourcenoptimierung

Die Arbeit zielt darauf ab, die in Kapitel 2.1 dargestellten Einschränkungen bei der Ressourceneinsatzplanung zu umgehen, indem sie auf das standardisierte minimale Organisationsmodell der WfMC aufsetzt, mittels eines Algorithmus eine effiziente Ressourceneinsatzplanung ermittelt (s. Kapitel 4.2.3) und diese dem WfMS zur Verfügung stellt. Hierfür wird das minimale Organisationsmodell um wenige Attribute ergänzt, die vom Disponenten beim Erststart des Algorithmus manuell einmalig mit Werten zu ergänzen sind. Mit diesem Ansatz wird der Algorithmus in die Lage versetzt, herstellerunabhängig einen effizienten Ressourceneinsatzplan festzulegen, auch wenn Ressourcen parallel in WfMS unterschiedlicher Hersteller gesteuert werden.

Um eine effiziente Planung durchführen zu können, erhebt der Algorithmus statistische Daten im operativen System von den agierenden Ressourcen, den bearbeiteten Workflowinstanzen und deren Aktivitäten. An Hand der ausgewerteten statistischen Daten, den voraussichtlichen Ressourcenverfügbarkeiten sowie den zu erwartenden Ressourcenanforderungen prognostiziert der Algorithmus die Ressourcensituation, also ob sich das Gesamtsystem im Normalbetrieb befindet oder ob mit einem Ressourcenengpass, -mangel oder -überhang zu rechnen ist. In einem vom Disponenten vorgegebenem Spielraum kann der Algorithmus vom Normalbetrieb abweichenden Situationen, beispielsweise durch den Einsatz alternativer Ressourcen oder verstärkten Schulungen, entgegentreten. Ist dieser Spielraum zur Herbeiführung des Normalbetriebs nicht ausreichend, so wird der Disponent über die sich andeutende Situation vom Algorithmus informiert und kann mittels der Prognose frühzeitig die verfügbaren Ressourcenkapazitäten den notwendigen Ressourcenanforderungen anpassen oder gegebenenfalls einzelne Workflowinstanzen abbrechen.

Der Algorithmus wiederholt sowohl die Prognose als auch die Ressourceneinsatzplanung in kurzen Intervallabständen, um Veränderungen bei Ressourcenanforderungen oder Störungen in der von den Ressourcen erbrachten Leistungserbringung ummittelbar zu erkennen und diesen in einer modifizierten Ressourceneinsatzplanung so früh wie möglich Rechnung tragen zu können.

Die Kommunikation zwischen WfMS und Algorithmus erfolgt über das von der WfMC standardisierte WAPI-Interface (Workflow Application Programming Interface, siehe Kapitel 3.4) sowie einer im WfMS eingebetteten Bibliotheksfunktion (siehe Kapitel 3.5.2). Bei diesem

Ansatz gibt das WfMS die Verantwortung der Ressourceneinsatzplanung vollständig an den Algorithmus ab.

2.3.2 Die Struktur des Algorithmus

Der Algorithmus führt für die Ermittlung eines effizienten Ressourceneinsatzes eine Vielzahl von Tätigkeiten durch, die zur Reduzierung der Komplexität entsprechend den wesentlichen Aufgaben auf drei Module verteilt werden:

1. Kommunikationsmodul: Informationsaustausch mit dem WfMS, dem HR-System (Human Resource), dem Disponenten sowie den Bearbeitern.
2. Prognosemodul: Prognose, inwieweit die zu erwartenden Aufträge durch die vorhandenen Ressourcen termingerecht abgearbeitet werden können und gegebenenfalls Anpassung von Rahmenparametern in einem vom Disponenten vorgegebenem Spielraum. Daneben Pflege von statistischen Daten, wie beispielsweise der Bearbeitungs- und Durchführungsdauer von Aktivitäten und Workflowinstanzen.
3. Planungsmodul: Ermittlung eines effizienten Ressourceneinsatzplans unter den vom Prognosemodul in so genannten Planungsdatensätzen vorgegebenen Rahmenbedingungen.

Der erforderliche Informationsaustausch zwischen den Modulen erfolgt über globale Variabeln, eine direkte Kommunikation zwischen den Modulen ist nicht vorgesehen. Ein Überblick über die drei Module und deren Interaktionen ist in folgender Abbildung dargestellt.

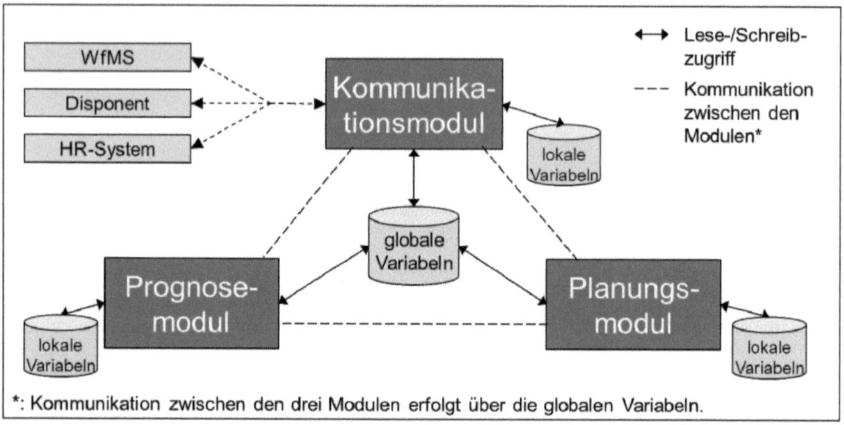

Abbildung 2: Die drei Module des Algorithmus

Der Planungszeitraum des Algorithmus wird sowohl für die Prognose als auch für die Bestimmung der Ressourceneinsatzplanung in drei gleichlange so genannte Planungsperioden aufgeteilt (s. Kapitel 6.3). Da sämtliche Berechnungen und Analysen des Algorithmus zeitdiskret erfolgen, werden die Planungsperioden wiederum in kurze gleichlange Zeitintervalle zerlegt (s. Kapitel 4.1.3).

Das Kommunikationsmodul stellt einerseits dem Prognose- und dem Planungsmodul Informationen vom WfMS (einmal pro Zeitintervall), Disponenten und HR-System (z.B. Ressourcenverfügbarkeit) bereit und leitet andererseits Ergebnisse der Module, wie den vom Planungsmodul berechneten Ressourceneinsatzplan, an das WfMS, den Disponenten und den menschlichen Ressourcen (Bearbeitern) weiter. Die Abwesenheitszeiten der Bearbeiter können vom HR-System oder in Form von Dienstplänen bereitgestellt werden; im Rahmen der Arbeit jedoch wird in diesem Zusammenhang immer der Ausdruck HR-System verwendet.

Das Prognosemodul analysiert die über das Kommunikationsmodul erhaltenen operativen Daten, stellt aufgetretene Veränderungen in der gemeinsamen Datenstruktur ein und berechnet wie in traditionellen PPS-Systemen (Produktionsplanung und –steuerung) ohne Berücksichtigung der vorhandenen Ressourcenkapazitäten alle Bearbeitungsstart und -endzeitpunkte der Aktivitäten zur Einhaltung der angeforderten Liefertermine. Darauf aufbauend erstellt es eine Prognose, inwieweit die anstehenden Instanzen mit den zur Verfügung stehenden Ressourcen termingerecht abgearbeitet werden können und ermittelt daraus den Betriebszustand (s. Kapitel 4.1.2) pro Planungsperiode; die Prognose erfolgt in jedem Zeitintervall für die erste Planungsperiode (kurzfristige Planung) und nur einmal täglich für die beiden zeitlich weiter entfernt gelegenen Planungsperioden (mittelfristige Planung).[40]

Befindet sich das WfMS gemäß dem Prognosemodul im Normalbetrieb, so können voraussichtlich in der jeweiligen Planungsperiode alle Workflowinstanzen termingerecht mit den vorhandenen Ressourcen bearbeitet werden. Wird ein Ressourcenengpass prognostiziert, so erweitert das Prognosemodul den Kreis möglicher Bearbeiter um alternative Ressourcen für die so genannten kritischen Aktivitätentypen, welche regulär nicht für deren Bearbeitung vorgesehen sind, jedoch die erforderliche Qualifikation aufweisen. Steht ein Ressourcenmangel an, so stehen prinzipiell drei Möglichkeiten zur Verfügung diesem entgegen zu wirken und das Gesamtsystem wieder in den Normalbetrieb überzuführen:

1. Anpassung der Verfügbarkeit vorhandener Ressourcen durch Kapazitätserhöhung (Überstunden oder Zusatzschichten).[41]
2. Anpassung des Ressourcenbedarfs mittels einer Belastungsverminderung in der oder den jeweiligen Planungsperioden durch die Verschiebung von Lieferterminen.[42]

---

[40] Die Berechnung erfolgt nicht, wenn im vorangegangenen Zeitintervall keine für die Ressourceneinsatzplanung relevanten Ereignisse eingetreten sind.

[41] Vgl. Wöhe 2005 /Betriebswirtschaftslehre/ S. 416-417.

3. Kapazitätsanpassung durch Einsatz von zusätzlichen Ressourcen, deren Einsatzplanung nicht innerhalb des WfMS erfolgt.

Bleibt das System trotz dieser Maßnahmen im Betriebszustand „Ressourcenmangel“, so erstellt das Prognosemodul dem Disponenten einen Vorschlag für dessen Umgehung, indem es die Liefertermine von Workflowinstanzen geringer Priorität nach hinten verschiebt oder gegebenenfalls ganz streicht; das Gesamtsystem soll mit den Maßnahmen wieder in den Normalbetrieb zurückgeführt werden.[43]

Das Planungsmodul berechnet einen effizienten Ressourceneinsatzplan mittels eines Projektplanungsansatzes an Hand der vom Prognosemodul vorgegebenen Rahmenbedingungen und ermittelten Start- und Endterminen. Die Berechnung erfolgt, wie beim Prognosemodul, in jedem Zeitintervall für die kurzfristige und einmal täglich für die mittelfristige Planung unter Einhaltung von Nebenbedingungen, wie beispielsweise der Wirtschaftlichkeit und der Termintreue. Eine langfristige Planung, welche beispielsweise Personalauf- oder Personalabbau beinhaltet, erfolgt im Rahmen der strategischen Planung und ist nicht Gegenstand dieser Arbeit.

Die kurzfristige Ressourceneinsatzplanung verfolgt das Ziel mit den vorhandenen Kapazitäten ein Optimum zu erzielen; mit der mittelfristigen Planung bereits können, wenn auch nur in beschränktem Maße, die Kapazitäten angepasst werden.[44]

Die kurz- und mittelfristige Ressourceneinsatzplanung erfolgen im Algorithmus nach demselben Schema.

2.3.3 Adaption von Zielgrößen

Für den Fall, dass der Algorithmus trotz dem zusätzlichen Einsatz von Alternativressourcen und den in Kapitel 2.3.2 beschriebenen Maßnahmen keine effiziente Ressourceneinsatzplanung ermitteln kann (Stufe eins), erfolgt eine Anpassung von fünf Zielgrößen im LOP in den Stufen zwei und drei. Diese Adaption impliziert eine Abschwächung der Anforderungen an das LOP und führt in der Regel zu einem weniger effizienten Ressourceneinsatz, der jedoch mit dem Hintergrund in Kauf gewonnen wird, dass ein Produktionsstillstand auf Grund einer fehlenden Ressourceneinsatzplanung unbedingt zu vermeiden ist, da er zu so genannten Leerkosten führt.

---

[42] Vgl. Wöhe 2005 /Betriebswirtschaftslehre/ S. 416-417.

[43] Maßnahmen eins und zwei können kurzfristig und in einem vorgegebenen Rahmen vom Algorithmus eigenständig umgesetzt werden. Maßnahme drei kann nur mittelfristig durch den Einsatz oder Abbau von Externen realisiert und muss letzen Endes durch den Disponenten herbeigeführt werden.

[44] Vgl. Wöhe 2005 /Betriebswirtschaftslehre/ S. 386.

Die Adaption der Zielgrößen erfolgt durch den Algorithmus innerhalb eines vom Disponenten vorgegebenen Spielraums, wobei einzelne Parameter in einigen Nebenbedingungen angepasst werden beziehungsweise vereinzelte Nebenbedingungen ganz gestrichen werden (s. Kapitel 5.3.1); kann trotz der oben beschriebenen Anpassungen das LOP nicht gelöst werden, verschiebt der Algorithmus Liefertermine einzelner Workflowinstanzen mit geringer Priorität nach hinten oder stoppt deren Bearbeitung ganz.

Folgende Tabelle gibt eine Übersicht der fünf Nebenbedingungen aus dem später in Kapitel 5.2 detailliert beschriebenen LOP und deren jeweilige Anpassungsart.

Nebenbedingung	Stufe 2	Stufe 3
Obergrenze für die durchschnittliche Bearbeitungsdauer.	anpassen	anpassen
Obergrenze für die durchschnittlichen Bearbeitungskosten.	anpassen	anpassen
Anzahlobergrenze für erfahrene Ressourcen, Instanzen desselben Aktivitätentyps zu bearbeiten (Flexibilität).	anpassen	streichen
Anzahluntergrenze für Schülereinsätze (Flexibilität).	anpassen	streichen
Auslastungsuntergrenze.	anpassen	streichen

Tabelle 2: Adaption von Nebenbedingungen erfolgt in zwei Stufen

2.3.4 Voraussetzungen und Annahmen

Der Algorithmus unterliegt Restriktionen, die in Form von Annahmen und Voraussetzungen in diesem Kapitel zusammengefasst sind.

1. Konformität der WfMS mit WfMC:

   Der Algorithmus soll zusammen mit existierenden kommerziellen WfMS eingesetzt werden, wobei ein bidirektionaler Austausch von Informationen zwischen dem bzw. den WfMS und dem Algorithmus über standardisierte Schnittstellen erforderlich ist. Standards von WfMS und deren Schnittstellen wurden maßgeblich von der WfMC getrieben (s. Kapitel 3.2). Um einen parallelen Einsatz mehrerer WfMS und dem Algorithmus zu ermöglichen, müssen die eingesetzten WfMS den von der WfMC gesetzten Anforderungen entsprechen.

   In WfMS erfolgt die Beschreibung der Beziehungen zwischen Organisationseinheit, Mensch, Rolle und System im so genannten Organisationsmodell. Die in den Spezifikationen der WfMC mögliche Anbindung eines externen Organisationsmodells muss ausgeschlossen werden, da es sich hierbei um nicht spezifizierte herstellerspezifische Modelle handelt, die individuell zu betrachten wären. Entsprechend ist das von der WfMC spezifizierte minimale Organisationsmodell bei der Prozessmodellierung zu verwenden (s. Kapitel 3.3.4).

2. Eindeutigkeit der Workflowmodellierung:

   Die Definition der Workflows, deren Aktivitätentypen und deren Abläufe sowie die Performer, welche die verschiedenen instanziierten Aktivitätentypen bearbeiten können, erfolgt im Meta-Modell (s. Kapitel 3.3.1). Dabei werden alle Workflows und Aktivitätentypen jeweils mit einem einzigartigen Identifier versehen. Um eine eindeutige Zuordnung der Instanzen zu den übergeordneten Definitionen zu gewährleisten, darf ein Aktivitätentyp nur einmal in einem Workflow verwendet werden. Sollte ein inhaltlich identischer Aktivitätentyp mehrmals in einem oder in mehreren Workflows auftreten, so ist er entsprechend mehrmals im Meta-Modell mit unterschiedlichen Identifiern zu definieren. Diese eindeutige Zuordnung ist beispielsweise für statistische Auswertungen für einen spezifischen Workflow oder Aktivitätentyp erforderlich.

   Eine weitere Anforderung ist, dass jeder Workflow und jeder Aktivitätentyp einen definierten Start- und einen definierten Endpunkt haben, um im operativen Betrieb bei den Instanzen immer wissen zu können, in welchem Status sich diese befinden.

3. Keine Teilbarkeit von Aktivitäten und -typen:

   Aktivitätentypen mit den darin enthaltenen Tätigkeiten sind so zu definieren, dass eine Aufteilung eines Aktivitätentyps keinen wirtschaftlichen Vorteil bringt. Darüber hinaus hat die Bearbeitung der daraus instanziierten Aktivitäten jeweils durch eine Ressource zu erfolgen. Mit dieser Einschränkung wird eindeutig festgelegt, welche Aufgaben durch eine der Aktivität zugeordneten Ressource zu erbringen sind; es entstehen dadurch zwischen den Ressourcen kein weiterer Abstimmungsbedarf und keine Wartezeiten, bis alle Ressourcen zur Bearbeitung der Aktivität verfügbar sind. Erbrachte Leistungen werden gleichzeitig im Rahmen der statistischen Auswertungen vergleichbar, wie beispielsweise hinsichtlich Bearbeitungsdauer.

   Eine Ausnahme bezüglich der gleichzeitigen Bearbeitung einer Aktivität bildet das im Algorithmus vorgesehene Vieraugenprinzip, durch welches Ressourcen „on the job“ weitere Qualifikationen mit einer vom Disponenten als „Lehrer“ eingestuften Ressource aufbauen; hierbei wird explizit eine gleichzeitige Bearbeitung von zwei Ressourcen gefordert.

   Um dennoch eine sich noch in Arbeit befindliche Aktivität durch eine andere Ressource bearbeiten zu lassen, kann alternativ die Bearbeitung einer Aktivität vom Algorithmus gestoppt werden und diese dann einer neuen Ressource zugeordnet werden. Dabei kann die Bearbeitung jederzeit ohne Verzögerung abgebrochen und von einer anderen qualifizierten Ressource sofort oder zeitversetzt übernommen werden.

4. Ausschluss offener endogener Entscheidungsprozesse:
   Die Ressourceneinsatzplanung im Algorithmus folgt einem produktmengenorientierten Input-Output-Ansatz und erlaubt keine endogene Entscheidungsprozesse, beispielsweise der menschlichen Ressourcen. Mit dieser Einschränkung erfolgt die Ermittlung einer effizienten Ressourceneinsatzplanung innerhalb eines geschlossenen Steuerungshorizonts[45], was zu einer Reduzierung der Komplexität gegenüber dem offenen endogenen Entscheidungsansatz führt. Dadurch werden offene Prozessmodellierungen, wie bedingte Verknüpfungen (XOR) oder Schleifen (LOOP), im Workflowmodell ausgeschlossen.
5. Verfügbarkeit von Informationen über Ressourcen:
   Zur Ermittlung des Ressourceneinsatzes benötigt der Algorithmus von allen im WfMS zu verwaltenden Ressourcen spezifische Informationen, wie die jeweiligen über den Planungszeitraum verteilten Verfügbarkeiten sowie bei menschlichen Ressourcen deren Löhne und Gehälter, um daraus die Einsatzkosten pro Zeitintervall zu Zwecken der Kostenoptimierung berechnen zu können. Da diese Informationen nicht im WfMS zur Verfügung stehen, wird davon ausgegangen, dass diese kontinuierlich aus einem oder mehreren externen IT-Systemen (HR-Systeme) über eine nicht weiter zu betrachtende Schnittstelle dem Algorithmus bereitgestellt werden.
6. Kurze Abwesenheit von Ressourcen:
   Bei der Ermittlung einer effizienten Ressourceneinsatzplanung sind dem Algorithmus kurze und unregelmäßige Abwesenheiten von menschlichen Ressourcen, wie beispielsweise Toiletten- oder Rauchpausen, nicht bekannt. Längere Abwesenheiten hingegen, wie beispielsweise Krankheit, Weiterbildung (nicht im Rahmen des Vieraugenprinzips) oder Mittagspausen, sind dem HR-System und somit auch dem Algorithmus bekannt.
   Da sich die kürzeren Abwesenheiten im Minutenbereich bewegen, wird davon ausgegangen, dass sie bei der Ermittlung einer effizienten Ressourceneinsatzplanung keine Rolle spielen; sie sind unvermeidbar, lassen sich aber von ihrer Anzahl, Dauer und Zeitpunkt nicht einplanen.
7. Systemressourcen:
   Das Ziel der Arbeit ist die Ermittlung einer effizienten Ressourceneinsatzplanung in administrativen WfMS, wobei menschliche Ressourcen im Vordergrund stehen, jedoch nicht Maschinen und Systeme; Variabeln für deren planungsrelevante Eigenschaften, wie beispielsweise Rüstzeiten, Wartungsfenster und den damit verbundenen Kosten, sind entsprechend im Algorithmus nicht vorgesehen. Der Einsatz von Maschinen sollte jedoch

nicht prinzipiell ausgeschlossen werden - Wartungs- und Rüstzeiten können beispielsweise durch Abwesenheiten dargestellt werden; eine effiziente Ressourceneinsatzplanung jedoch sollte nicht erwartet werden. Sollte der Einsatz von Maschinen und Systemen dennoch durch den Algorithmus erfolgen, so sind wie bei menschlichen Ressourcen die Annahmen für die Workflowmodellierung (siehe Nummer zwei) zu beachten.

8. Liefertermin einer Workflowinstanz:
Die mit den Kunden vereinbarten Lieferzeitpunkte für die jeweiligen Endprodukte müssen dem Algorithmus vorliegen, um daraus mittels der Vorwärts- und Rückwärtsrechnung die Bearbeitungszeiträume für die einzelnen Aktivitäten zu berechnen, auf deren Grundlage letzen Endes die Ressourceneinsatzplanung erfolgt. Im Workflowmodell ist es möglich, die maximale Bearbeitungsdauer für einen Work-flow zu definieren, der dann auf die entsprechenden Workflowinstanzen vererbt wird; vertragsbedingte Abweichungen oder die Umpriorisierung von Workflowinstanzen erfolgen mittels herstellerspezifischen workflowrelevanten Daten und werden nicht weiter verfolgt. Neben der im Workflowmodell vorgesehenen und vom Disponenten jederzeit veränderbaren Vorgabe der maximalen Bearbeitungsdauer eines Workflows, ermöglicht der Algorithmus darüber hinaus dem Disponenten mittels des Kommunikationsmoduls jederzeit die Lieferzeit einer Workflowinstanz anzupassen (siehe Kapitel 7.3).

9. Keine Weiterleitung von Workitems:
Die Zuordnung von Aktivitäten zu einer menschlichen Ressource oder einer Ressourcengruppe erfolgt innerhalb von WfMS an Hand so genannter Workitems (Definition s. Kapitel 3.1); für die Ressource besteht dann die Möglichkeit, das ihr zugeordnete Workitem an eine andere Ressource weiterzuleiten. Über eine solche Veränderung der Aktivitätenbearbeitung und der daraus folgend veränderten Verfügbarkeit beider involvierter Ressourcen würde der Algorithmus nicht informiert werden und würde als Folge in den darauf folgende Zeitintervallen eine Ressourceneinsatzplanung ermitteln, die auf Basis einer falschen Datengrundlage aufsetzt. Um diese Dateninkonsistenz zwischen Realität und Algorithmus zu vermeiden, muss diese Weiterleitungsoption im WfMS unterbunden werden. Die entsprechende Funktion ist im WfMS zu deaktivieren.
Eine Ressource kann aber die Bearbeitung einer ihr zugeordneten Aktivität indirekt ablehnen, indem sie diese nicht bearbeitet; in diesem Fall erkennt der Algorithmus an Hand des Status der Aktivität, dass diese nicht plangemäß bearbeitet wird und kann sie einer anderen Ressource zuordnen.

[45] Vgl. Matthes, W. 2008 /Produktionsfunktion/ S. 50.

10. Alle Stati von Instanzen sind bekannt:

    Mit Hilfe von WAPI-Abfragen, welche das Kommunikationsmodul in jedem Zeitintervall durchführt, stehen dem Algorithmus die Zustände aller vom WfMS verwalteten Aktivitäten und Workflowinstanzen zur Verfügung, die er für die Ermittlung der Ressourceneinsatzplanung benötigt.

    Von Aktivitäten, die nicht direkt ins WfMS eingebunden werden können und „manuell" ohne die Unterstützung von IT-Systemen bearbeitet werden (siehe WPDL-Stichwort „IMPLEMENTATION" in Tabelle 7), kann das WfMS die jeweiligen Stati der Instanzen nur kennen, wenn die Bearbeiter einen Statuswechsel unmittelbar an das WfMS (freiwillig) zurückmelden. Es wird im Folgenden davon ausgegangen, dass die hierfür erforderliche Disziplin aller Bearbeiter vorhanden ist.

11. Bearbeitungsdauer der Aktivitäten:

    Die Ressourceneinsatzplanung erfolgt auf einem zeitdiskreten Ansatz, so dass der gesamte Planungszeitraum entsprechend in viele gleichlange Zeitintervalle unterteilt ist. Sämtliche Zeitdauern werden infolge ebenso zeitdiskret als ein Vielfaches der zugrunde liegenden Zeitintervalldauer angegeben. Bei der Festlegung der Zeitintervalldauer ist darauf zu achten, dass die Bearbeitungsdauern aller im Algorithmus zu berücksichtigenden Aktivitäten ein Vielfaches der Zeitintervalldauer ausmachen.

    Wäre diese Forderung nicht erfüllt, würde beispielsweise von einer zu langen durchschnittlichen Bearbeitungszeit ausgegangen und eine mögliche Verkürzung der Bearbeitungsdauer durch den Einsatz höher qualifizierter Ressourcen nicht wahrgenommen werden können.

12. Paralleler Einsatz mehrerer WfMS:

    Für den Fall, dass der Algorithmus die Ressourceneinsatzplanung bei einem zeitgleichen Einsatz von mehreren WfMS ermitteln soll, muss das Kommunikationsmodul zu jedem WfMS über eine separate Schnittstelle kommunizieren. Abgesehen vom Kommunikationsmodul, besteht für den Algorithmus selbst kein Unterschied, ob er die Ressourceneinsatzplanung für die Ressourcen ermittelt, die von einem oder von mehreren WfMS gesteuert werden. Der Algorithmus legt die zu bearbeitenden Workflowinstanzen aller WfMS einfach „übereinander".

    Es ist allerdings darauf zu achten, dass die Identifier der Ressourcen WfMS-übergreifend übereinstimmen, d.h. dass eine Ressource, welche Aktivitäten von mehreren WfMS zugeordnet bekommen kann, in allen WfMS einen einheitlichen Identifier hat und entsprechend nicht vom Algorithmus mehrfach zeitgleich eingeplant werden kann.

Mit dieser Annahme wird im Folgenden nicht mehr auf den parallelen Einsatz mehreren WfMS im Zusammenspiel mit dem Algorithmus eingegangen.

13. Vorzeitiger Abbruch einer Workflowinstanz:

    Die Bearbeitung einer Workflowinstanz kann aus mehreren Gründen vorzeitig abgebrochen werden, beispielsweise durch den Disponenten auf Grund eines sich andeutenden Ressourcenmangels; in solchen Fällen muss darauf geachtet werden, dass der Abbruch einerseits vom Algorithmus erkannt wird und anderseits die vom Algorithmus gepflegte Statistik nicht verfälscht wird.

    Eine nicht korrekt zu Ende geführte Workflowinstanz erkennt der Algorithmus mittels den in jedem Zeitintervall vom Kommunikationsmodul zur Verfügung gestellten Stati pro Workflowinstanz und pro Aktivität (s. Kapitel 3.2.3); eventuelle Folgeaktivitäten werden entsprechend nicht mehr eingeplant bzw. bereits eingeplante Aktivitäten werden wieder ausgeplant.

    Statistische Daten einer abgebrochenen Workflowinstanz selbst werden nicht erfasst wohingegen alle erfassten Daten der bis dahin bearbeiteten Aktivitäten unverändert ausgewertet werden, solange sie regulär und vollständig bearbeitet wurden.

14. Statusabfrage im WfMS innerhalb eines Zeitintervalls:

    Die Ermittlung einer effizienten Ressourceneinsatzplanung erfolgt im Algorithmus unter anderem auf Basis der aktuellen operativen Daten (Stati der Aktivitäten und Workflowinstanzen) aus dem WfMS, die das Kommunikationsmodul einmal pro Zeitintervall über eine WAPI-Funktionsabfrage dem Algorithmus zur Verfügung stellt. Die im Algorithmus zentral definierte Zeitintervalldauer ist so bestimmt, dass sie den in Kapitel 4.1.3 geforderten quasi Echtzeitanforderung entspricht. Es wird im Folgenden davon ausgegangen, dass das WfMS maximal eine Zeitintervalldauer benötigt, um die Antworten auf die Statusabfragen des Kommunikationsmoduls geben zu können.

15. Eingebettete Bibliotheksfunktion:

    Im Rahmen der Arbeit erfolgt die Zuordnung von Ressourcen zu Aktivitäten im WfMS an Hand einer im WfMS eingebetteten Bibliotheksfunktion (s. Kapitel 3.5.2). Sie hat die Aufgabe, den vom Planungsmodul berechneten effizienten Ressourceneinsatz für eine Aktivität beim Kommunikationsmodul zu erfragen, wobei diese Anfrage jederzeit erfolgen kann und vom WfMS aus angestoßen wird.

    Es ist ungewiss, ob zum Zeitpunkt der Anfrage die Ressourcenzuordnung bereits vom Algorithmus ermittelt wurde. Da es in den Spezifikationen der WfMC keine Aussage gibt, wie ein WfMS zu reagieren hat, wenn die eingebettete Bibliotheksfunktion keine Ressourcenzuordnung zurückmeldet, wird die Annahme getroffen, dass der operative Betrieb des WfMS unverändert weiterläuft und die Ressourcenzuordnung vom WfMS zu einem späteren Zeitpunkt erneut abgefragt wird.

2.3.5 Ablaufbeschreibung des Algorithmus im Überblick

Folgende Abbildung gibt einen Überblick der Vorgänge, die von den drei Modulen innerhalb eines Zeitintervalls durchgeführt werden sowie deren Zusammenspiel. Detaillierungen zu den einzelnen Schritten folgen in den Kapiteln 5 bis 7 der drei Module.

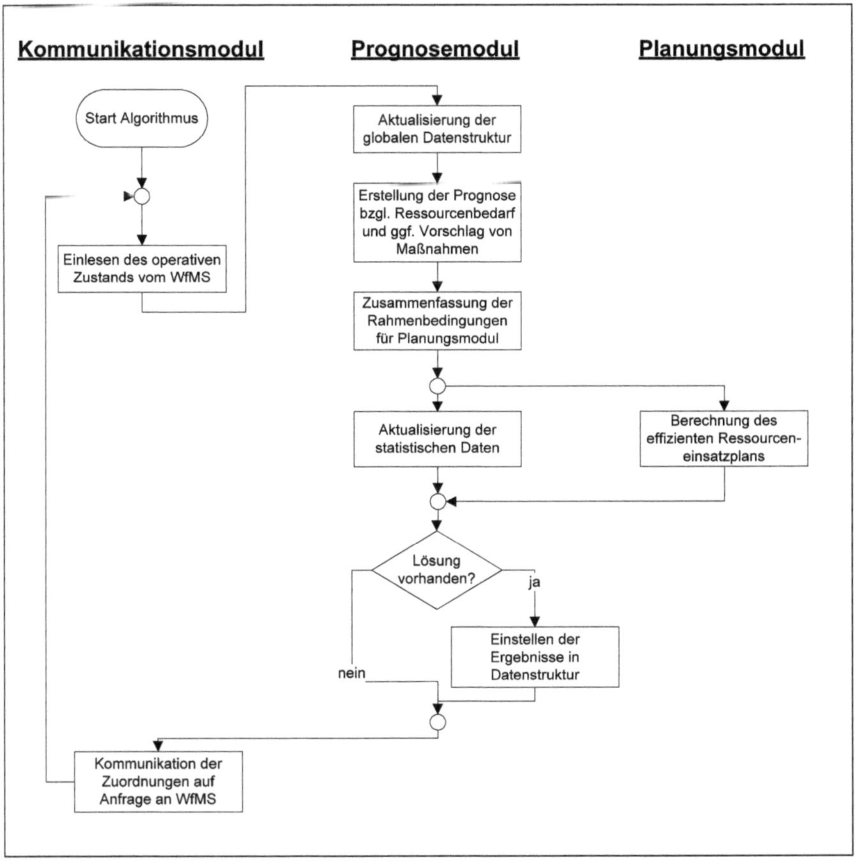

Abbildung 3: Gesamtablaufbeschreibung des Algorithmus

3 Workflow Management Systeme

Dieses Kapitel zeigt nach einer Übersicht der häufig im Zusammenhang mit WfMS und im Rahmen dieser Arbeit verwendeten Begriffsdefinitionen die durch die Workflow Management Coalition (WfMC) etablierten Standards. Weitergehende Informationen zu Standardisierungen bei WfMS sind nicht Gegenstand dieser Arbeit und können der entsprechenden Fachliteratur entnommen werden.

3.1 Definitionen

In diesem Kapitel werden die im Zusammenhang mit WfMS häufig verwendeten Begriffe definiert und abgegrenzt.

Definition: Ein **(Geschäfts-) Prozess** ist eine wiederholbare Folge von physischen oder informatorischen Tätigkeiten mit klar definiertem In- und Output. Er beschreibt den Ablauf von und die Abhängigkeiten zwischen den Tätigkeiten, die bei der Durchführung zu berücksichtigen sind. Er liefert Kriterien, wann ein Prozess gestartet und beendet ist sowie welche Ressourcen die unterschiedlichen Tätigkeiten durchführen können.[46]

Im Rahmen dieser Arbeit werden die Begriffe „Geschäftsprozess“ und „Workflow“ klar abgegrenzt, was in der Literatur häufig nicht erfolgt.

Definition: Ein **Workflow** beschreibt einen Geschäftsprozess in einem IT-System, welches das Ziel verfolgt, den abgebildeten Geschäftsprozess teilweise oder ganz zu unterstützen.[47]

Die Tätigkeiten in einem Geschäftsprozess entsprechen den operativen Aktivitäten in einem Workflow. Die Beschreibung einer Aktivität erfolgt durch den Aktivitätentyp.

Definition: Der **Aktivitätentyp** ist Bestandteil eines Workflows und bildet eine geschlossene Verrichtungseinheit. In ihm wird festgelegt, welche Ressourcen seine Instanzen im operativen WfMS ausführen können.[48]

In der englischen Terminologie wird der Aktivitätentyp als „activity“ und dessen instanziierte Form, die Aktivität, als „activity instance“ bezeichnet. Im Deutschen jedoch wird an Stelle von „Aktivitätentyp“ nur der Begriff „Aktivität“ verwendet. Für eine klare Abgrenzung zwi-

---

[46] Vgl. Seidlmeier 2002 /Prozessmodellierung/ S.3, WfMC 1999 /Terminology/ S. 11, Richter-von Hagen, Stucky 2004 /Process/ S. 21-23 u. Österle, Vogler 1996 /Workflow/ S. 345.

[47] Vgl. Hollingsworth 1995 /Model/ S. 6, Becker, Luczak 2003 /Workflow/ S. 38 und WfMC 1999 /Terminology/ S. 8.

[48] Vgl. Österle, Vogler 1996 /Workflow/ S. 345 und WfMC 1999 /Terminology/ S. 13.

schen „activity“ und „activity instance“ wird in der vorliegenden Arbeit für „activity“ der Begriff „Aktivitätentyp und für „activity instance“ „Aktivität“ verwendet.

Im Workflowmodell werden die Eigenschaften der Workflows und ihren Aktivitätentypen sowie deren Ablaufbeschreibung festgehalten. Die zu bearbeitenden operativen Instanzen (Workflowinstanzen und Aktivitäten) nehmen die Eigenschaften der ihnen im Workflowmodell übergeordneten Objekte an.

Definition: Eine **Instanz** ist ein konkretes Exemplar eines im Workflowmodell definierten Objektes, welche dessen definierten Eigenschaften aufweist. Jede Instanz wird eigenständig ausgeführt und unabhängig von anderen Instanzen gesteuert. Jede Instanz hat einen eigenen Zustand (Status) sowie eine eigene Identität, über die operative Daten zur Steuerung und für Analysezwecke ans WfMS weitergegeben werden.[49]

Definition: Eine **Workflowinstanz** ist ein konkreter, sich in Abarbeitung befindlicher singulärer Workflow, die im WfMS gemäß den Vorgaben im Workflowmodell operativ ausgeführt wird (siehe auch Definition „Instanz“).[50]

Definition: Eine **Aktivität** ist ein konkreter, sich in Abarbeitung befindlicher singulärer Aktivitätentyp, die im WfMS innerhalb einer Workflowinstanz gemäß den Vorgaben im Workflowmodell operativ ausgeführt wird (siehe auch Definition „Instanz“).[51]

Die Steuerung der Workflowinstanzen und Aktivitäten erfolgt im WfMS:

Definition: Ein **Workflow Management System (WfMS)** definiert, kreiert und steuert die Durchführung von Workflowinstanzen durch den Einsatz von Software. Diese Software kann, unter Berücksichtigung der fristgerechten Erledigung, den zur Instanz gehörenden Workflow interpretieren, mit den für die Bearbeitung der Aktivitäten vorgesehenen Ressourcen interagieren sowie, wenn erforderlich, weitere IT-Systeme einbinden.[52]

Die Bearbeitung der Instanzen erfolgt durch Ressourcen; dabei kann es sich sowohl um menschliche Ressourcen (so genannte Bearbeiter) als auch um Maschinen oder IT-Systeme handeln. Im Rahmen von WfMS spricht man an Stelle von Ressourcen häufig von „participants“ (Beteiligter) oder „performer“ (Leistungserbringer).

---

[49] Vgl. WfMC 1999 /Terminology/ S. 15, Hansen, Neumann 2002 /Wirtschaftsinformatik/ S. 266 ff.

[50] Vgl. WfMC 1999 /Terminology/ S. 17, Jablonski, Böhm, Schulze 1999 /Workflow/ S. 490 u. Hollingsworth 1995 /Model/ S. 53.

[51] Vgl. WfMC 1999 /Terminology/ S. 17.

[52] Vgl. Hollingsworth 1995 /Model/ S. 6 und WfMC 1999 /Terminology/ S. 9.

Definition: Ein **Bearbeiter** ist eine menschliche Ressource, welche entsprechend ihrer Rolle(n) gewisse Aktivitätentypen durchführen beziehungsweise bearbeiten kann. Die Zuordnung der zu bearbeitenden Aktivitäten erfolgt durch das WfMS in Form von Workitems.[53]

Einem Bearbeiter können entsprechend seinen Fähigkeiten eine oder mehrere Rollen zugeordnet werden.

Definition: In einer **Rolle** werden Fähigkeiten und Zuständigkeiten beschrieben, die Grundvoraussetzung für die Bearbeitung von bestimmten Aktivitätentypen sind. Rollen können sowohl Arbeitsstellen als auch Personen zugeordnet werden.[54]

Definition: Ein **Workitem** (deutsch: Elementaraufgabe[55]) bezeichnet die Aktivität, die als Teil einer Workflowinstanz auszuführen ist. Ein Workitem wird vom WfMS einer einzelnen Ressource oder einer Ressourcengruppe mit der erforderlichen Rolle zugeteilt.[56]

3.2 Standardisierungen der WfMS

Bei WfMS wird, wie beispielsweise auch bei Mobilfunknetzen, ein paralleler Einsatz einzelner WfMS-Komponenten von unterschiedlichen Herstellern angestrebt. Hierfür erfolgte, maßgeblich durch die Workflow Management Coalition (WfMC) getrieben, eine Standardisierung der Schnittstellen zwischen den einzelnen Komponenten von WfMS.
Die WfMC strebt mit der Standardisierung nicht eine Vereinheitlichung der Produkte an; ihr Ziel ist die Schaffung der erforderlichen Voraussetzungen für die Kommunikation und Interaktion operativer WfMS verschiedener Hersteller.[57]
WfMS Spezifikationen anderer nichtkommerzieller Organisationen, wie beispielsweise der Object Management Group (OMG), basieren auf den Standards der WfMC, so dass sich die vorliegende Arbeit bezüglich Standards bei WfMS immer auf die Veröffentlichungen der WfMC stützt. [58]

3.2.1 WfMC – Workflow Management Coalition

Der 1993 gegründeten WfMC, eine internationale Non-Profit Organisation, gehören Hersteller, Anwender, Hochschulen und Forschungseinsrichtungen aus etwa 30 Länder an. Oberste

[53] Vgl. WfMC 1999 /Terminology/ S. 18 und Rickayzen, u.a. 2006 /Workflow/ S. 51.

[54] Vgl. Jablonski, Böhm, Schulze 1999 /Workflow/ S.488, Richter-von Hagen, Stucky 2004 /Process/ S. 35.

[55] Vgl. Kreplin 2005 /Konkordanz/ S. 2.

[56] Vgl. WfMC 1999 /Terminology/ S. 19 u. Rickayzen, u.a. 2006 /Workflow/ S. 51.

[57] Vgl. Hollingsworth 1995 /Model/ S. 8.

[58] Vgl. OMG 2000 /Facility/ S. 1-1.

Zielsetzung der Organisation ist die Entwicklung und Verbreitung von Standards in der Begriffsterminologie von WfMS sowie die Einführung standardisierter Schnittstellen und Datenaustauschformate, um eine Interoperabilität zwischen Workflowprodukten unterschiedlicher Hersteller zu erreichen.[59]

In den folgenden Kapiteln werden die für die Arbeit relevanten Standardisierungen der WfMC kurz dargestellt.

3.2.2 Das Referenzmodell der WfMC

Das Kernstück der WfMC Standardisierung bildet das bereits 1995 veröffentliche Referenzmodell, welches eine generische Struktur für WfMS vorgibt (siehe Abbildung 4).

Beim Referenzmodell handelt es sich um ein modulares Architekturkonzept, das aus sechs unabhängigen Komponenten besteht. Nach dessen Festlegung konnte die WfMC die Schnittstellen zwischen den einzelnen Komponenten definieren und damit sowohl Interoperabilität zwischen WfMS von verschiedenen Herstellern als auch den Zusammenbau eines einzelnen WfMS mit Komponenten verschiedener Hersteller ermöglichen. Der Aufbau der Komponenten selbst bleibt bewusst den Herstellern überlassen.[60]

Der **Workflow Enactment Service** interagiert als Middleware Komponente über die fünf standardisierten Schnittstellen mit den anderen Komponenten.[61] Er kann sich aus einem oder mehreren Workflow Engines zusammensetzen und stellt den Kontrollteil des WfMS dar; er steuert und koordiniert die Abwicklung aller operativen Workflowinstanzen.[62]

Die **Process Definition Tools** enthalten die erforderlichen Werkzeuge für die Modellierung der Workflows (Workflowmodell), die als Instanz im operativen Betrieb durch das WfMS gesteuert werden. Die Anbindung der Process Definition Tools an den Workflow Enactment Service erfolgt über die Schnittstelle eins. Der Informationsaustausch erfolgt über eine eigens für die Modellierung von Workflows entwickelte textbasierte Beschreibungssprache (textual grammar), die so genannte Workflow Process Definition Language (WPDL), die von allen WfMC kompatiblen WfMS verarbeitet werden können muss (siehe Kapitel 3.3); über sie werden die Workflowmodelle importiert und exportiert. WPDL basiert auf einem einheitlichen Meta-Modell zur Beschreibung von Prozessablaufdefinitionen.[63]

---

[59] Vgl. Stahlknecht, Hasenkamp 2003: „Einführung in die Wirtschaftsinformatik", S. 426 ff, Richter-von Hagen, Stucky 2004 /Process/ S. 161 u. Jablonski, Böhm, Schulze 1999 /Workflow/ S. 243.

[60] Vgl. Jablonski, Böhm, Schulze 1999 /Workflow/ S. 243.

[61] Vgl. Richter-von Hagen, Stucky 2004 /Process/ S. 161.

[62] Vgl. Jablonski, Böhm, Schulze 1999 /Workflow/ S. 244

[63] Vgl. WfMC 1999 /Process/ S. 4.

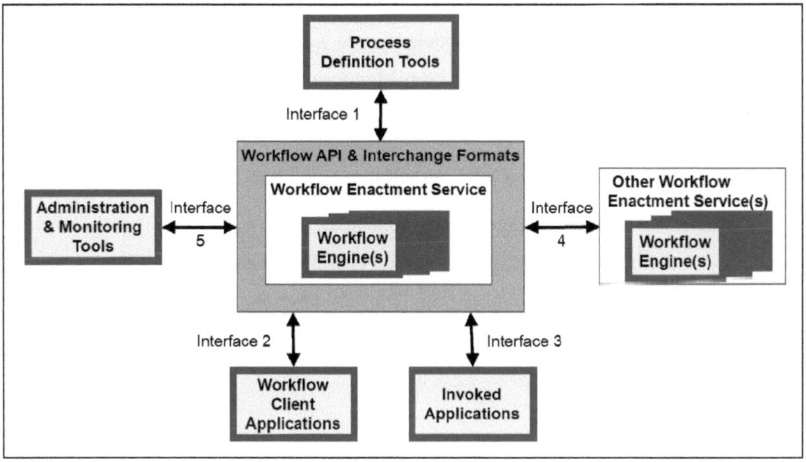

Abbildung 4: Workflow Reference Model - Komponenten & Schnittstellen[64]

Über die Schnittstelle zwei, dem so genannten **Workflow Client Application** Interface, erfolgt der Informationsaustausch des WfMS mit den Bearbeitern. Das WfMS ordnet jedem Bearbeiter die von ihm zu erledigenden Aufgaben in einer Arbeitsliste (Worklist) zu. Die Worklist sowie die zur Bearbeitung erforderlichen Informationen und eventuell Applikationen werden über Schnittstelle zwei den Bearbeitern zur Verfügung gestellt.[65]

Schnittstelle drei (**Invoked Applications**) ermöglicht den Workflow Engines mittels Agentensoftware Applikationen von verschiedenen Plattformen und Netzwerkumgebungen einzubinden.[66]

Für die Schnittstellen zwei und drei gibt die WfMC die Schnittstelle WAPI (Workflow Application Programming Interfaces) vor, welche von allen WfMC kompatiblen WfMS zu unterstützen ist. Die beiden Schnittstellen wurden von der WfMC zunächst eigenständig betrachtet, was in der Dokumentation der WfMC noch zu erkennen ist. Heute sind die beiden Schnittstellen miteinander verschmolzen und sollen zukünftig nicht mehr separat dargestellt werden.[67]

Über das **Workflow Interoperability Interface** (Schnittstelle vier) wird der parallele Einsatz mehrerer WfMS auch verschiedener Hersteller ermöglicht.

---

[64] Vgl. Hollingsworth 1995 /Model/ S. 20.

[65] Vgl. Richter-von Hagen, Stucky 2004 /Process/ S. 163.

[66] Vgl. Richter-von Hagen, Stucky 2004 /Process/ S. 164.

[67] Vgl. WfMC 2006 /Interface/.

Über Schnittstelle fünf können **Administrations- und Monitoring Tools** mit dem Workflow Enactment Service verbunden werden. Die Tools können sowohl zur Definition der Überwachungs- und Steuerungsfunktionen als auch zum Monitoring und der Analyse des Gesamtsystems eingesetzt werden.[68]

3.2.3 Zustände von Workflowinstanzen, Aktivitäten und Workitems

Workflowinstanzen, Aktivitäten und Workitems können sich bei WfMS in unterschiedlichen Stati befinden. Grundsätzlich können sich alle drei Typen im Zustand „open“ oder „closed“ befinden.[69] Die verfeinerten Stati sowie die möglichen Zustandsübergänge variieren von Typ zu Typ und werden in den folgenden Kapiteln beschrieben.

3.2.3.1 Workflowinstanzen

Status	Beschreibung
open	wurde kreiert.
open.running	wird ausgeführt.
open.notRunning	wird temporär nicht ausgeführt.
open.notRunning.notStarted	wurde kreiert, aber noch nicht gestartet.
open.notRunning.suspended	die Ausführung wurde temporär ausgesetzt.
closed	die Ausführung wurde beendet.
closed.aborted	die Ausführung wurde durch User abgebrochen.
closed.terminated	die Ausführung wurde durch User beendet.
closed.completed	die Ausführung wurde „normal“ beendet.

Tabelle 3: Mögliche Stati von Workflowinstanzen[70]

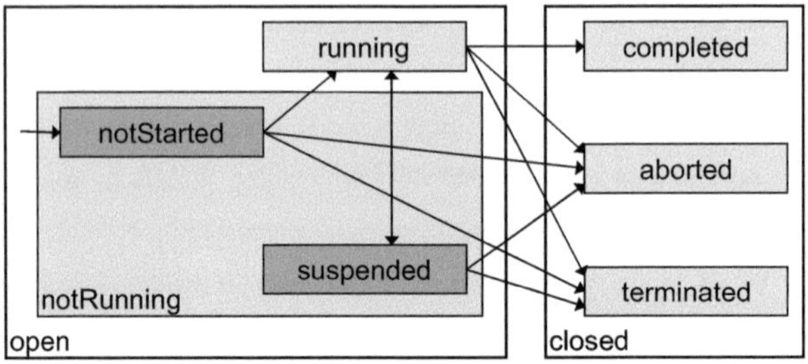

Abbildung 5: Mögliche Statusübergänge bei Workflowinstanzen[71]

[68] Vgl. Richter-von Hagen, Stucky 2004 /Process/ S. 164.

[69] Vgl. WfMC 1998 /Application/ S. 168 ff.

[70] Vgl. WfMC 1998 /Application/ S. 168 ff.

[71] Vgl. WfMC 1998 /Application/ S. 169.

3.2.3.2 Aktivitäten

Status	Beschreibung
open	ist aktiv.
open.running	wird ausgeführt.
open.notRunning	ist bereit, wurde aber noch nicht gestartet.
open.suspended	die Ausführung wurde temporär ausgesetzt.
closed	die Ausführung wurde beendet.
closed.aborted	die Ausführung wurde abgebrochen.
closed.terminated	die Ausführung wurde beendet.
closed.completed	die Ausführung wurde „normal“ beendet.

Tabelle 4: Mögliche Stati von Aktivitäten[72]

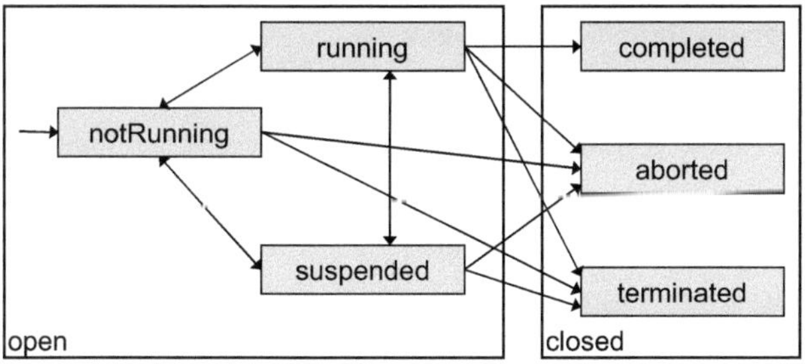

Abbildung 6: Mögliche Statusübergänge bei Aktivitäten[73]

3.2.3.3 Workitems

Status	Beschreibung
open	ist aktiv.
open.running	wird ausgeführt.
open.notRunning	ist einem Bearbeiter zugeordnet, wurde aber noch nicht gestartet.
open.suspended	die Ausführung wurde temporär ausgesetzt.
closed	die Ausführung wurde beendet.
closed.aborted	die Ausführung wurde abgebrochen.
closed.terminated	die Ausführung wurde beendet.
closed.completed	die Ausführung wurde „normal“ beendet.

Tabelle 5: Mögliche Stati von Workitems[74]

[72] Vgl. WfMC 1998 /Application/ S. 169 ff.

[73] Vgl. WfMC 1998 /Application/ S. 170.

[74] Vgl. WfMC 1998 /Application/ S. 170 ff.

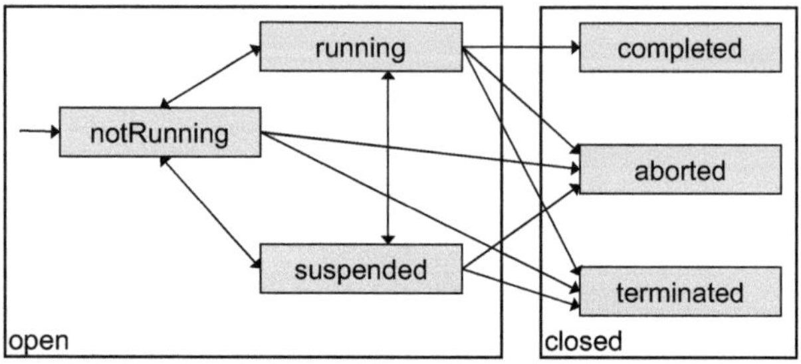

Abbildung 7: Mögliche Statusübergänge bei Workitems[75]

3.3 WPDL - Workflow Process Definition Language

Der Algorithmus nutzt WPDL zum Einlesen des Workflowmodells aus dem WfMS (siehe Kapitel 3.2.2). WPDL greift auf das so genannte Meta-Modell zurück, in welchem sowohl die Workflows als auch die Ablaufbeschreibungen generisch dargestellt werden.[76] Im folgenden Kapitel werden nach der Einführung ins Meta-Modell die für die Arbeit relevanten Eigenschaften von WPDL dargestellt.

3.3.1 Meta-Modell und WPDL-Filter

Grundlage für WPDL ist das von der WfMC vorgegebene Meta-Modell, in welchem die Kernobjekte der Workflows sowie deren Beziehungen untereinander beschrieben werden.

Aufbauend auf das Meta-Modell kann jeder WfMS Hersteller seine Workflowdefinitionen entwickeln und diese individuell darstellen. Einzige Einschränkung ist, dass das Workflowmodell mit Hilfe des so genannten WPDL Filters die herstellerspezifischen Workflowausprägungen so wandeln können muss, dass bei Export über WPDL das Workflowmodell unter Beibehaltung der Funktionalität anderen Herstellern zur Verfügung gestellt werden kann.[77]

---

[75] Vgl. WfMC 1998 /Application/ S. 171.

[76] Vgl. WfMC 1999 /Process/ S. 4.

[77] Vgl. WfMC 1999 /Process/ S. 4 ff.

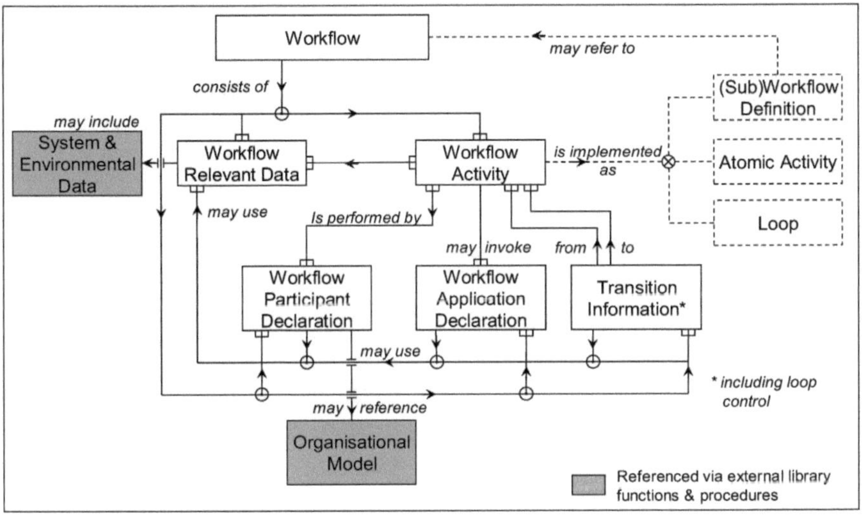

Abbildung 8: Top Level Objekte des Meta-Modells[78]

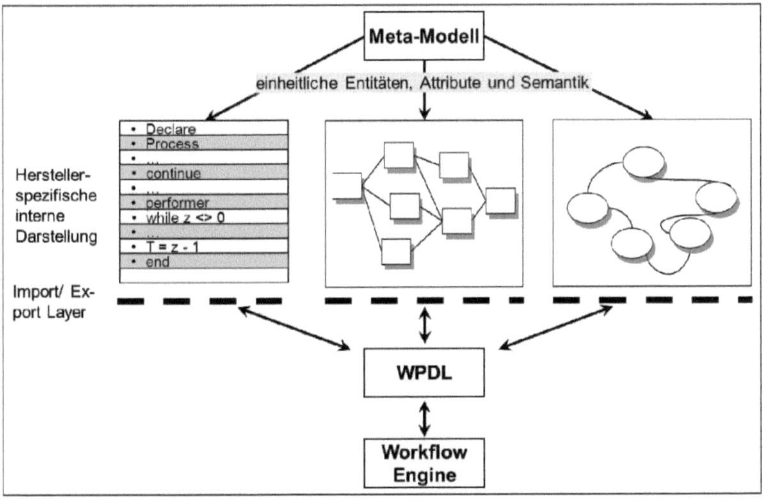

Abbildung 9: Freiheiten der WfMS Hersteller bei der Workflowmodellierung[79]

[78] Vgl. WfMC 1999 /Process/ S. 12.

[79] Vgl. WfMC 1999 /Process/ S. 9.

3.3.2 Relevante Objekte

Die für den Algorithmus relevanten Objekte mit den entsprechenden Attributen aus dem Meta-Modell werden im folgenden Unterkapitel je Objekt entsprechend Tabelle 6 dargestellt. Die Tabellenspalten eins bis fünf stammen aus den Spezifikationen der WfMC.[80] Tabellenspalte sechs gibt den für den Algorithmus festgelegten Defaultwert an, der beim so genannten Einlesevorgang (siehe Kapitel 4.4.1) eingesetzt wird, falls ein für den Algorithmus obligatorisches Attribut im WfMS nicht zur Verfügung steht.

Name des Objekts

Beschreibung	M/O	R	WPDL Keyword	Datentyp	Default
	Angabe ist im Modell mandatorisch (M) oder optional (O).	Wert wird weitervererbt (R), sonst kein Eintrag.	Schlüsselwort.		Defaultwert für Algorithmus.

Tabelle 6: Darstellung der für den Algorithmus relevanten Objekte

Teilweise sind für die Attribute der WPDL-Schlüsselwörter nur bestimmte Werte erlaubt:

WPDL Keyword	Zulässige Werte
DURATION_UNIT	Y: Jahr, M: Monat, D: Tag, h: Stunde, m: Minute, s: Sekunde.
IMPLEMENTATION	Reguläre Aktivitätentypen nehmen eine von vier Ausprägungen an: - NO: manuelle Prozedur (Bearbeitungsende wird WfMS manuell signalisiert) oder implizite Funktion des WfMS. - APPLICATIONS: Unterstützung des Bearbeiters durch Applikation(en), wie beispielsweise zum Einscannen eines Dokuments - WORKFLOW: Bearbeitung erfolgt in einem Subworkflow - LOOP: Implementierung erfolgt in einer Schleife, in der vorgegebene Aktivitätentypen auszuführen sind.
JOIN	AND: eingehende aktive Verzweigungen sind zu synchronisieren. XOR: eine der eingehenden Verzweigungen ohne Synchronisation.
ROUTE	Hilfsaktivitätentyp zum Weiterrouten; es sind keine Werte zur Spezifizierung erlaubt.
SPLIT	AND: parallele Ausführung einer oder mehrerer Verzweigungen. XOR: Verzweigung wird in Abh. von Bedingungen evaluiert.
STATUS	UNDER_REVISION, RELEASED, UNDER_TEST.
TYPE	Ausprägungen von Ressourcengruppen: - ORGANISATIONAL_UNIT: Name der Organisationseinheit - HUMAN: menschliche Ressource - ROLE: Rolle beziehungsweise Skillset - SYSTEM: System, Maschine, o.Ä.

Tabelle 7: Zugelassene Attributswerte für einige WPDL-Schlüsselwörter

Gemäß den Spezifikationen werden folgende Datentypen verwendet:

---

[80] Vgl. WfMC 1999 /Process/ S. 55.

Datentyp	Beschreibung[81]
BOOLEAN	Ausdruck kann zwei Werte annehmen: „wahr“ oder „falsch“.
DATE	Datumsformat: YYYY-MM-DD [hh:mm[:ss]]; (ISO 8601/ EN 28601).
IDENTIFIER	Sequenz von Buchstaben, Zahlen, Unterstrichen, Punkten oder Leerzeichen.
INTEGER	Ganze Zahl (32 Bit).
PERFORMER	Ein im WfMS definierter Leistungserbringer.
STRING	Alphanumerische Zeichenkette; maximal 1024 Zeichen.

Tabelle 8: Für Algorithmus relevante Datentypen in WPDL

Attribute, welche laut Spezifikationen zur Verfügung stehen, für den Algorithmus aber nicht relevant sind, werden in den folgenden Unterkapiteln nicht näher erläutert.

3.3.2.1 „Workflowmodell“

Beschreibung	M/O	R	WPDL Keyword	Datentyp	Default
Identifier des Workflowmodells.	M		MODEL	IDENTIFIER	-
Modellname.	O		NAME	STRING	-
Entwicklungsstatus des Modells.	O	R	STATUS	siehe Tabelle 7	-
Verwendete Kosteneinheit.	O		COST_UNIT	STRING	Euro

Tabelle 9: Relevante Attribute des Objekts „Workflowmodell“[82]

3.3.2.2 „Workflow“

In den Spezifikationen der WfMC trägt das hier dargestellte Objekt die Bezeichnung „Workflow Process“; diese wird im Rahmen der in Kapitel 3.1 gemachten Definitionen im Folgenden als „Workflow“ bezeichnet.

Beschreibung	M/O	WPDL Keyword	Datentyp	Default
Identifier des Workflows.	M	WORKFLOW	IDENTIFIER	-
Name des Workflows.	O	NAME	STRING	-
Verwendete Zeiteinheit.	O	DURATION_UNIT	siehe Tabelle 7	s
Priorität.	O	PRIORITY	INTEGER	0
Zeitlimit.	O	LIMIT	INTEGER	21 Tage

Tabelle 10: Das Objekt „Workflow“[83]

Die niedrigste Priorität ist „0“; die Priorität kann nicht im übergeordneten „Workflowmodell“ festgelegt und somit auch nicht auf „Workflow“ vererbt werden (s. Kapitel 4.4.3.5).

Unter „Zeitlimit“ wird die maximale Bearbeitungsdauer für jede untergeordnete Work-flowinstanz verstanden, wobei die Messung mit dem jeweiligen Bearbeitungsstart beginnt. Eventuelle Konsequenzen bei einer Überschreitung der vorgegebenen Obergrenze sind her-

[81] Vgl. WfMC 1999 /Process/ S. 63 ff.

[82] Vgl. WfMC 1999 /Process/ S. 55 ff.

[83] Vgl. WfMC 1999 /Process/ S. 28 ff.

stellerspezifisch. Als Defaultwert wird der Planungszeitraum des Algorithmus verwendet, der drei Wochen beträgt (siehe Kapitel 3.3.2). Der Eintrag selbst erfolgt in der Einheit DURATION_UNIT.

3.3.2.3 „Aktivitätentyp"

Beschreibung	M/O	WPDL Keyword	Datentyp	Default
Identifier des Aktivitätentyps.	M	ACTIVITY	IDENTIFIER	-
Name des Aktivitätentyps.	O	NAME	STRING	-
Zeitlimit.	O	LIMIT	INTEGER	-
Aktivitätenarten: eine Attrappe für Routingzwecke oder eines regulären Aktivitätentyps.	M	ROUTE	-	-
		IMPLEMENTATION	siehe Tabelle 7	-
Spezifikation der eingehenden Transitionen.	O	JOIN	siehe Tabelle 7	-
Spezifikation der ausgehenden Transitionen.	O	SPLIT	siehe Tabelle 7	-
Name des oder der Participants, welche Aktivitätentyp bearbeiten können.	O	PERFORMER	PERFORMER	-
Priorität des Aktivitätentyps.	O	PRIORITY	INTEGER	-

Tabelle 11: Das Objekt „Aktivitätentyp"[84]

Handelt es sich bei der Ausprägung der Aktivitätenart „IMPLEMENTATION" um APPLICATIONS, so sind in WPDL noch der entsprechende Name der Applikation sowie die dazugehörenden Attribute zu nennen.

Die Priorität des Aktivitätentyps kann von der Priorität der übergeordneten Entität „Workflow" abweichend festgelegt werden. Erfolgt keine Angabe, so wird die Priorität von der übergeordneten Entität „Workflow" übernommen.

3.3.2.4 „Transition"

Die Beschreibung welche und gegebenenfalls unter welchen Bedingungen ein Aktivitätentyp nach Beendigung seines Vorgängeraktivitätentyps startet, erfolgt mittels der „Transition".

Beschreibung	M/O	WPDL Keyword	Datentyp	Default
Identifier der Übergangsbeschreibung.	M	TRANSITION	IDENTIFIER	-
Name der Transition.	O	NAME	STRING	-
Transition kind legt den Typ der Transition fest.	M	siehe Text unten	-	-

Tabelle 12: Das Objekt „Transition"[85]

„Transition kind" gibt an, ob es sich bei dem beschriebenen Aktivitätentypenübergang um einen regulären oder dem Start beziehungsweise dem Ende einer Schleife handelt.

[84] Vgl. WfMC 1999 /Process/ S. 34 ff.

[85] Vgl. WfMC 1999 /Process/ S. 44 ff.

Reguläre Transition

Beschreibung	M/O	WPDL Keyword	Datentyp	Default
Aktivitätentyp, von welchem aus der Übergang erfolgt.	M	FROM	IDENTIFIER	-
Aktivitätentyp, welcher im Anschluss zu bearbeiten ist.	M	TO	IDENTIFIER	-
Bedingung, damit Transition erfolgt.	O	CONDITION	BOOLEAN	-

Tabelle 13: Attribute in „Transition" bei regulärer Ausprägung

Schleifenstart

Beschreibung	M/O	WPDL Keyword	Datentyp	Default
Nach Beendigung dieses Aktivitätentyps.	M	FROM LOOP	IDENTIFIER	-
startet eine Schleife mit dem nächsten Aktivitätentyp.	M	TO	IDENTIFIER	-

Tabelle 14: Attribute in „Transition" bei Schleifenstart

Schleifenende

Beschreibung	M/O	WPDL Keyword	Datentyp	Default
Mit dem Übergang von dem Aktivitätentyp zum	M	FROM	IDENTIFIER	-
nächsten, ist die Schleife beendet.	M	TO LOOP	IDENTIFIER	-

Tabelle 15: Attribute in „Transition" beim Schleifenende

3.3.2.5 „Participant"

Die Aktivitäten werden von Ressourcen, so genannten „Participants", bearbeitet; ein Participant kann sowohl ein Mensch als auch ein (IT-) System beziehungsweise eine Maschine sein. Im Meta-Modell wird festgelegt, welcher Aktivitätentyp von welchem Participant bearbeitet werden darf.

Beschreibung	M/O	WPDL Keyword	Datentyp	Default
Identifier des Participant.	M	PARTICIPANT	IDENTIFIER	-
Name des Participant.	O	NAME	STRING	-
Beschreibung des Participanttyps.	M	TYPE	siehe Tabelle 7	-

Tabelle 16: Das Objekt „Participant"[86]

Die vier möglichen Typen von Participants können in WPDL weiter detailliert werden:[87]

Beschreibung	M/O	WPDL Keyword	Datentyp	Default
Verantwortlicher Leiter der Einheit.	O	MANAGER	IDENTIFIER	-
übergeordnete Organisationseinheit und/ oder Person(en).	O	SUPERIORS	LIST IDENTIFIER	-
Der Einheit zugeordnete Mitarbeiter.	O	PERSONLIST	LIST IDENTIFIER	-

Tabelle 17: Der Participanttyp „ORGANISATIONAL_UNIT"

[86] Vgl. WfMC 1999 /Process/ S. 50 ff.

[87] Vgl. WfMC 1998 /Interchange/ S. 12 ff.

Beschreibung	M/O	WPDL Keyword	Datentyp	Default
Nachname des Participant.	O	SURNAME	STRING	-
Vorname des Participant.	O	FORENAME	STRING	-
Stellvertreter des Participant.	O	ALTERNATES	IDENTIFIER	-

Tabelle 18: Detaillierung des Typs „HUMAN“

Beschreibung	M/O	WPDL Keyword	Datentyp	Default
Participants, welche die Rolle ausüben.	O	PERSONDESCR	LIST IDENTIFIER	-

Tabelle 19: Detaillierung des Typs „ROLE“

Der Bearbeitertyp „SYSTEM“, im Organisationsmodell auch als „RESOURCE“ bezeichnet, wird von der WfMC nicht weiter spezifiziert.[88]

Die Beschreibung der Organisationsstruktur kann sowohl in WPDL als auch in externen Organisationsmodellen (z.B. Personalmanagementsystemen), die über erweiterte Bibliotheksprozeduren eingebunden werden, erfolgen.[89] Im Rahmen der Arbeit wird ausschließlich das in WPDL abzubildende minimale Organisationsmodell betrachtet (siehe Kapitel 3.3.4).

3.3.3 Struktur des Workflowmodells

WPDL ist eine Sprache mit eigener Syntax und einer stringenten Struktur, welche schematisch in Abbildung 10 dargestellt ist.

Die Definition des Workflowmodells erfolgt auf Basis des Meta-Modells und weist bei einem WPDL-Export dieselbe Struktur auf. Der Algorithmus kann an Hand dieser Struktur und den in Kapitel 3.3.2 beschriebenen WPDL-Schlüsselwörtern das Workflowmodell beim Einlesevorgang (siehe Kapitel 4.4.1) interpretieren und darauf aufbauend im späteren Betrieb eine effiziente Ressourceneinsatzplanung ermitteln.

Zum besseren Verständnis von WPDL wird an dieser Stelle auf ein Dokument der WfMC verwiesen, in welchem WPDL an Hand konkreter Beispiele erläutert wird: „Interface 1: Process Definition Interchange – Q&A and Examples“.[90]

[88] Vgl. WfMC 1998 /Interchange/ S. 16.

[89] Vgl. WfMC 1999 /Process/ S. 49 u. S. 57.

[90] Vgl. WfMC 1999 /Examples/.

```
MODEL ‚Name'
        WPDL Keyword Attribut 1     "Wert"
        WPDL Keyword Attribut 2     "Wert"
        ...
        // ========= Workflow
        WORKFLOW 'Name'
                WPDL Keyword Attribut 1     "Wert"
                WPDL Keyword Attribut 2     "Wert"
                ...

        // ========= Workflow Participant List
        PARTICIPANT 'Name'
                WPDL Keyword Attribut 1     "Wert"
                WPDL Keyword Attribut 2     "Wert"
                ...
        END_PARTICIPANT...

        // =========Workflow Application List
        APPLICATION 'Name'
                WPDL Keyword Attribut 1     "Wert"
                WPDL Keyword Attribut 2     "Wert"
                ...
        END_APPLICATION

        // ============ Transition Information List>
        TRANSITION 'Name'
                WPDL Keyword Attribut 1     "Wert"
                WPDL Keyword Attribut 2     "Wert"
                ...
        END_TRANSITION

        // ============
        END_WORKFLOW
        // ============
END_MODELL
```

Abbildung 10: Struktur der Workflowmodelle in WPDL

3.3.4 Das Organisationsmodell der WfMC

Die Beziehungen zwischen den vier Ausprägungen Organisationseinheit, Mensch, Rolle und System werden in dem verhältnismäßig einfachen Organisationsmodell der WfMC in Abbildung 11 dargestellt.

Bei dem gezeigten Organisationsmodell handelt es sich um ein statisches Modell, welches sich beispielsweise bei aufgetretenen Ressourcenengpässen nicht adaptieren lässt.

Die Zuordnungen der Participants zu Aktivitätentypen erfolgen in WfMS in der Regel nicht für einzelne Personen, sondern für ganze Organisationseinheiten oder Rollen; eine Zuordnung ist jedoch prinzipiell auch für einzelne Participants möglich.[91]

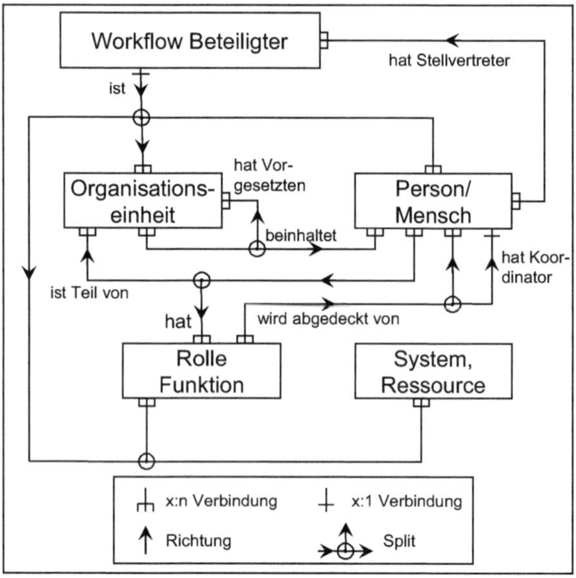

Abbildung 11: Meta-Modell für das Organisationsmodell[92]

3.4 WAPI – Workflow Application Programming Interface

Die WfMC gibt das Workflow Application Programming Interface (WAPI) als Standardschnittstelle zwischen Frontend-Anwendungen und Workflow Engine(s) sowie zwischen mehreren sich parallel im Einsatz befindlichen Workflow Engines vor. Das Design von WAPI erfolgt unter der Annahme, dass alle Instanzen in einem WfMS einen einmaligen Identifier aufweisen.[93] WAPI bietet keinen direkten Applikations-Kontrollmechanismus sondern schafft für Applikationen, die auf unterschiedlichen Betriebssystemen laufen können, die Voraussetzungen, über standardisierte Protokolle mit dem oder den WfMS kommunizieren zu können.[94] Im folgenden Kapitel werden die WAPI-Aufrufe beschrieben, die vom Algorithmus zum Informationsaustausch mit dem WfMS verwendet werden; darüber hinausgehende Informationen zu WAPI können den Spezifikationen der WfMC entnommen werden.

[91] Vgl. Stahlknecht, Hasenkamp 2003 /Wirtschaftsinformatik/ S. 426.

[92] Vgl. WfMC 1998 /Interchange/ S. 11.

[93] Vgl. WfMC 1998 /Application/ S. 10.

[94] Vgl. WfMC 1998 /Application/ S. 8.

3.4.1 WAPI Verbindungsfunktionen

Bevor WAPI-Aufrufe erfolgen können, ist zunächst mit dem Aufruf WMConnect() eine Verbindung zu etablieren, eine so genannte Session; beim Funktionsaufruf werden Parameter, wie User und Passwort übergeben, die es dem WfMS ermöglichen den Zugang auf seine Berechtigung hin zu überprüfen. Die Session bleibt so lange etabliert, bis sie über WMDisconnect() beendet wird.

3.4.2 WAPI Statusfunktionen für Workflowinstanzen

Mit Hilfe der folgenden Statusfunktionen kann der Startpunkt in der WfMS-internen Datenstruktur für jede Workflowinstanz im WfMS abgefragt werden. Die Abfragen der Funktionen erfolgen auf zwei Ebenen:

1. Auflistung aller Workflowinstanzen, die einem Workflow angehören:
- WMOpenProcessInstancesList() regeneriert eine Liste der Workflowinstanzen.
- WMFetchProcessInstance() liest die (nächste) Workflowinstanz aus der Liste aus.
- WMCloseProcessInstancesList() schließt die geöffnete Liste.
2. Sicht auf eine einzelne Workflowinstanz:
- WMGetProcessInstance() liefert Zeiger auf Datenstruktur der Workflowinstanz zurück.

3.4.3 WAPI Workflowinstanz Kontrollfunktionen

Mit den folgenden Funktionen können die aktuellen Zustände von Workflowinstanzen sowie deren Attribute abgefragt werden:

- WMOpenProcessInstanceStatesList() liest Zustände einer Workflowinstanz in Liste ein.
- WMFetchProcessInstanceState() liefert (nächsten) Zustand aus Liste zurück.
- WMCloseProcessInstanceStatesList() schießt die Liste.

3.4.4 WAPI Statusfunktionen für Aktivitäten

Die Statusfunktionen für Aktivitäten ermöglichen dieselben Manipulationen wie die in Kapitel 3.4.2 beschriebenen Funktionen für Workflowinstanzen.

1. Listung aller Aktivitäten, die einer Workflowinstanz angehören:
- WMOpenActivityInstancesList() regeneriert eine Liste mit den Aktivitäten.
- WMFetchActivityInstance() liefert die (nächste) Aktivität aus der Liste.
- WMCloseActivityInstancesList() schließt die Liste.
2. Sicht auf eine einzelne Aktivität von einer Workflowinstanz:
- WMGetActivityInstance() liefert den Zustand einer Aktivität.

3.4.5 WAPI Kontrollfunktionen für Aktivitäten

Die Kontrollfunktionen für Aktivitäten bieten dieselben Möglichkeiten wie diejenigen für Workflowinstanzen (siehe Kapitel 3.4.3), nur auf Aktivitätenebene.

- WMOpenActivityInstanceStatesList(): liest Stati der Aktivitäten in die Liste ein.
- WMFetchActivityInstanceState() liefert (nächsten) Zustand aus Liste zurück.
- WMCloseActivityInstanceStatesList() schließt die Liste.

3.4.6 WAPI Funktionen für Aufgabenlisten

Mit den Funktionen für Aufgabenlisten können sowohl Workitems als auch Aufgabenlisten manipuliert werden; von Workitems kann der Zustand verändert werden oder sie können einem anderen Participant zugeordnet werden.

- WMOpenWorkList() liest alle Workitems eines Bearbeiters in eine Liste ein.
- WMFetchWorkItem() liefert (nächstes) Workitem aus Liste zurück.
- WMCloseWorkList() schließt die Liste.
- WMOpenWorkitemStatesList() liest Workitem-Zustände in eine Liste ein.
- WMFetchWorkitemState() liefert Zustand des (nächsten) Workitems aus Liste zurück.
- WMCloseWorkitemStatesList() schließt die Liste.
- WMReassignWorkItem() ordnet ein Workitem einem anderen Bearbeiter zu.

3.5 Ressourcenauswahl für die Bearbeitung von Aktivitäten

Eine der wichtigsten Aufgaben von WfMS ist die Auswahl qualifizierter Ressourcen für die Bearbeitung der Aktivitäten.[95] Im folgenden Kapitel werden die beiden von der WfMC vorgeschlagenen Möglichkeiten für die Ressourcenauswahl dargestellt.

3.5.1 Zuordnung der Bearbeiter zu Aktivitäten

Am häufigsten erfolgt in WfMS die Zuordnung von menschlichen Ressourcen zu Aktivitäten an Hand der Organisationszugehörigkeit oder den wahrgenommenen Rollen. Mit Hilfe des Organisationsaspekts wird die Aufbauorganisation festgelegt und über sie die Zuordnungsregeln der Ressourcen zu den Aktivitätentypen festgelegt.[96] Bei dieser Art von Zuordnung handelt es sich um vorformulierte Geschäftsregeln, welche auf Laufzeitkriterien und Verfügbarkeit der Ressourcen basieren.[97]

---

[95] Vgl. WfMC 1999 /Process/ S. 40.

[96] Vgl. Jablonski, Böhm, Schulze 1999 /Workflow/ S. 123.

[97] Vgl. Rickayzen, u.a. 2006 /Workflow/ S. 324.

Die organisatorische Zugehörigkeit der Ressourcen kann entweder im Meta-Modell der WfMC oder einem externen Organisationsmodell beschrieben werden.

3.5.2 Eingebettete Bibliotheksfunktion

In den Spezifikationen der WfMC ist neben der statischen Ressourcenzuordnung auch die Möglichkeit gegeben, die Zuordnung mittels einer eingebetteten Bibliotheksfunktion entsprechend eigenen Regeln durchzuführen. Die Bibliotheksfunktion meldet auf Anfrage dem WfMS eine oder mehrere Ressourcen zurück, die für die Bearbeitung der entsprechenden Instanz in Frage kommen.[98]

Im Rahmen der Arbeit wird eine eingebettete Bibliotheksfunktion genutzt (s. Kapitel 2.3.1), um die vom Algorithmus berechneten Ressourceneinsätze dem WfMS auf Anfrage mitzuteilen.

[98] Vgl. WfMC 1999 /Process/ S. 40.

4 Aufgaben, Prämissen und Grundstruktur des Algorithmus

Nach einer Erläuterung der im Rahmen der Arbeit verwendeten Begriffen, gibt dieses Kapitel eine Übersicht, nach welchen Kriterien der Algorithmus optimiert und welche Aufgaben vom ihm wie wahrgenommen werden, damit ein effizienter Ressourceneinsatzplan ermittelt werden kann.

4.1 Verwendete Begriffe

In diesem Kapitel werden aufbauend auf den Definitionen von Kapitel 3.1 weitere Begriffe festgelegt und teilweise näher erläutert, welche im direkten Zusammenhang mit dem Algorithmus verwendet werden.

4.1.1 Meta-Modell und Instanz

In WfMS erfolgt die allgemein gültige Beschreibung der zu steuernden Workflows im so genannten Meta-Modell (siehe Kapitel 3.3.1). Darin werden die Abläufe der zu steuernden Workflows, den darin auszuführenden Aktivitätentypen sowie mögliche Ressourcen oder -gruppen zur Bearbeitung der Aktivitätentypen auf abstrakter Ebene beschrieben.
Wird im WfMS ein realer Workflow gestartet, so wird von einer Workflowinstanz gesprochen. Die Instanz besitzt die im Meta-Modell beschriebenen Eigenschaften. Das WfMS kann nur Workflowinstanzen steuern, die auf Meta-Modell-Ebene definiert sind. Beim Start einer Workflowinstanz übernimmt diese automatisch die im Meta-Modell vorgegebenen Eigenschaften.
Ressourcen mit ihren jeweiligen Eigenschaften werden bereits im Meta-Modell individuell dargestellt, so dass eine Instanziierung wie bei Workflows und den darin enthaltenen Aktivitätentypen nicht erforderlich ist.

4.1.2 Mögliche Betriebszustände

Operative WfMS unterliegen sich ständig verändernder Rahmenbedingungen, wie beispielsweise dem Start einer neuen Workflowinstanz oder dem Ausfall einer bereits für die Bearbeitung einer Aktivität vorgesehenen Ressource. Eine Veränderung der Rahmenbedingungen kann innerhalb des WfMS zu einem Wechsel des Betriebszustandes führen; in der vorliegenden Arbeit wird zwischen „Normalbetrieb“, „Ressourcenengpass“ und „Ressourcenmangel“ unterschieden. Ein weiterer möglicher Betriebszustand, die Ressourcenunterauslastung, spielt eine untergeordnete Rolle, da Unterauslastungen durch zusätzliche Schulungen im Rahmen des Vieraugeprinzips wieder in den Normalbetrieb überführt werden können.

Im **Normalbetrieb** stehen dem WfMS zum Betrachtungszeitpunkt quantitativ und qualitativ ausreichend Ressourcen zur Verfügung, um alle Workflowinstanzen termingerecht zu bearbeiten. Der Normalbetrieb kann auch durch Überstunden oder Mehrarbeit erreicht werden.
Können alle gestarteten Workflowinstanzen mit den zur Verfügung stehenden Ressourcen nicht mehr termingerecht bearbeitet werden, so befindet sich das WfMS im Betriebszustand „Ressourcenmangel" oder „Ressourcenengpass".
Beim **Ressourcenmangel** sind sowohl qualitativ als auch quantitativ nicht genügend Ressourcen verfügbar, um die anstehenden Instanzen termingerecht zu bearbeiten. Beim **Ressourcenengpass** hingegen stehen quantitativ ausreichend Ressourcen bereit; sie weisen jedoch für die Bearbeitung aller Workflowinstanzen nicht die erforderliche Qualifikation auf.
Eine **Ressourcenunterauslastung** tritt ein, wenn die durchschnittliche Ressourcenauslastung einen vom Disponenten vorzugebenden ressourcenspezifischen Grenzwert unterschreitet. Dabei ist zu beachten, dass die Unterauslastung nicht bei allen Ressourcen eintreten muss; es ist durchaus möglich, dass bei vereinzelten Rollen ein Ressourcenengpass besteht, obwohl sich das Gesamtsystem im Betriebszustand Ressourcenunterauslastung befindet.

4.1.3 Die Zeitintervalle

Der Algorithmus erhält mittels WAPI-Abfragen über das Kommunikationsmodul die für ihn relevanten operativen Daten aus dem WfMS. Um immer den aktuellen Stand zu kennen, müsste das Kommunikationsmodul theoretisch kontinuierlich Statusabfragen an das WfMS senden und eventuelle Veränderungen umgehend in einer neu zu startenden Ressourceneinsatzplanung berücksichtigen. Dies hätte zur Folge, dass sich die Datenbasis für die Berechnung des Ressourceneinsatzes jederzeit ändern könnte und Berechnungen sowie Analysen im Algorithmus bei jeder Aktualisierung immer wieder von vorne gestartet werden müssten. Eine Aussage ob und in welchen Zeitabständen eine Ressourceneinsatzplanung ermittelt werden kann, wäre nicht möglich. Gleichzeitig besteht die Anforderung, dass der Algorithmus quasi in Echtzeit auf sich ändernde Ressourcenanforderungen oder -verfügbarkeiten reagiert.
Um allen Anforderungen weitgehend gerecht zu werden, erfolgen die Berechnungen und Analysen im Algorithmus diskret, also innerhalb eines vorgegebenen Zeitintervalls mit der Dauer τ basierend auf einer vom Kommunikationsmodul zur Verfügung gestellten Momentaufnahme, welche dieses am Ende eines jeden Zeitintervalls zur Verfügung stellt. Die mit der Momentaufnahme verbundene Ungenauigkeit ist unter den Annahmen vernachlässigbar, dass die Bearbeitungsdauer aller Aktivitätentypen im WfMS ein mehrfaches von τ beträgt sowie dass τ kurz genug festgelegt wird, um den Echtzeitanforderungen genüge zu leisten.

Die Ressourceneinsatzplanung im Algorithmus erfolgt in den entsprechenden Zeitintervallen, was in Abbildung 12 beispielhaft dargestellt ist.

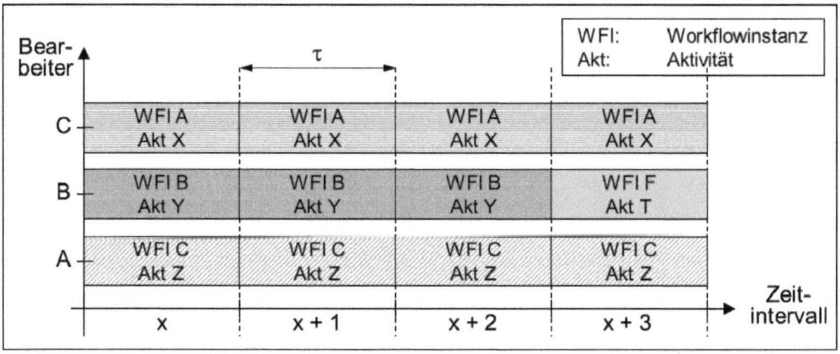

Abbildung 12: Prinzip der Ressourceneinsatzplanung in Intervallen

Alle zeitrelevanten Berechnungen des Algorithmus basieren auf die soeben dargestellten Zeitintervalle. Ein Tag besteht aus $\frac{24\text{Std.} * 3.600 \text{Sek}/_{\text{Std.}}}{\tau \text{Sek}/_{\text{Intervall}}} = \frac{86.400}{\tau}$ Intervallen.

Bei einer angenommenen Zeitintervalldauer von $\tau = 150$ Sekunden ergeben sich nach dieser Formel 576 Zeitintervalle pro Tag.

Die Einsatzplanung des Algorithmus erfolgt für die kommenden drei Wochen inklusive Wochenenden und Feiertagen. Ist der Betrieb beispielsweise auf Grund eines Feiertags geschlossen, so stehen dem Algorithmus an diesem Tag keine Ressourcen zur Verfügung; eine Sonderbehandlung von Sonn- und Feiertagen oder Schichtarbeit ist von daher nicht erforderlich.

Das Zeitintervall Null beginnt stets am ersten Januar um 0:00 Uhr; wird im WfMS eine neue Workflowinstanz mit einem vorgegebenen Liefertermin gestartet, so rechnet das Prognosemodul den Liefertermin in das korrespondierende Zeitintervall um.

4.2 Optimierungskriterien

Dieses Kapitel gibt einen Überblick, nach welchen Kriterien eine Ressourceneinsatzplanung bewertet werden kann und zeigt dann auf, wie und nach welchen Kriterien der Algorithmus optimiert.

4.2.1 Kriterien zur Bewertung von Ressourceneinsätzen

Für die Bewertung des Designs von Geschäftsprozessen gibt es nach Richter-von-Hagen/ Stucky im Wesentlichen vier Kriterien, an denen Erfolg gemessen werden kann: Zeit, Kosten, Flexibilität und Qualität.[99]

Ein Geschäftsprozess setzt sich nach Definition aus einer Abfolge von Tätigkeiten zusammen, die der Erzeugung eines Produkts oder einer Dienstleistung dienen; die Tätigkeiten wiederum sind das Ergebnis von Leistungen, die von Ressourcen erbracht werden. Von daher sind die vier Kriterien auch als Maßstab für Ressourceneinsätze geeignet.[100]

Zeit steht für die Durchlauf- beziehungsweise Bearbeitungszeit einer Ressource, kann aber gegebenenfalls um eventuelle Warte- und Ausfallzeiten ergänzt werden. Bei Maschinen ist zu der eigentlichen Durchlaufzeit ein Anteil für Service- und Rüstzeiten hinzuzuaddieren.

Kosten stellen den wertmäßigen Verzehr von Produktionsfaktoren zur Erstellung betrieblicher Leistungen dar. Sie lassen sich unterteilen in beschäftigungs- und verrechnungsbezogene Kosten, die sich wiederum in Einzel- und Gemeinkosten sowie fixe und variable Kosten unterteilen lassen. Da Gemein- und Fixkosten nur mittel- bis langfristig verändert werden können, reduziert sich die Kostenbetrachtung für den kurzzeitigen Ressourceneinsatz häufig auf Einzel- und variable Kosten.

Flexibilität drückt die Fähigkeit aus, auf Veränderungen reagieren zu können. Bei Ressourcen drückt sich dies in der Einsatzvielfalt aus. Flexible Ressourcen können bei sich ändernden Regeln oder Rahmenbedingungen auf Grund ihrer Vielfältigkeit zeitnahe anderweitig eingesetzt werden.

Qualität lässt sich in externe und interne Qualität unterteilen. Unter der externen Qualität wird die Kundenzufriedenheit mit den Ergebnissen eines Workflows verstanden, unter der internen Qualität das Abwechslungsreichtum und der Anspruch an die menschlichen Ressourcen, welche die Leistung erbringen.

4.2.2 Optimierungsziel des Algorithmus

Im Rahmen der Arbeit wird ein Algorithmus entwickelt, welcher einen effizienten Ressourceneinsatz für die von einem oder mehreren WfMS gesteuerten Ressourcen bestimmt. Hierfür ist ein entsprechendes Entscheidungsmodell zu formulieren, in welchem festgelegt ist, nach welchen Kriterien eine Optimierung des Entscheidungsproblems erfolgen soll.[101]

---

[99] Vgl. Richter-von Hagen, Stucky 2004 /Process/ S. 43 ff.

[100] Vgl. Richter-von Hagen, Stucky 2004 /Process/ S. 23.

[101] Vgl. Laux, H. 2005 /Entscheidungstheorie/ S. 24 ff.

4.2.2.1 Die drei Optimierungskriterien

Bei der im Algorithmus durchzuführenden Einsatzplanung von im Wesentlichen menschlichen Ressourcen mit einem Planungshorizont von drei Wochen erfolgt die entsprechende Optimierung des Entscheidungsproblems basierend auf Kapitel 4.2.1 nach den folgenden Kriterien:

1. **Zeit:** Minimierung der Bearbeitungszeit aller im Planungszeitraum durchzuführenden Aktivitäten, wobei die Einsatzdauer aller Ressourcen für die Bearbeitung von Aktivitäten so gering wie möglich gehalten wird. Die tatsächliche Durchführungsdauer, d.h. über welchen Zeitraum eine Aktivität durch eine Ressource bearbeitet wird und wie lange diese Ressource in diesem Zeitraum abwesend ist, wird dabei nicht minimiert; einzige Begrenzung der Durchführungsdauer erfolgt an Hand des vom Prognosemodul berechneten Liefertermins. Bei diesem Ansatz werden die Puffer zwischen der Bearbeitung verschiedener Aktivitäten vergrößert, wodurch gewährleistet werden soll, dass die Liefertermine auch bei zusätzlichen Aufträgen oder eventuellen Störungen eingehalten werden können.
   Die Bearbeitungszeit wird als ein ganzzahlig vielfaches der Zeitintervalldauer τ angegeben und ist demzufolge eine ganze positive Zahl.
2. **Kosten**: Minimierung der variablen Ressourcenkosten, die für die Bearbeitung von Aktivitäten eingeplant sind. Hierbei werden die Lohnkosten pro Ressource und Zeitintervall mit der für den Ressourceneinsatz geplanten Anzahl von Zeitintervallen multipliziert und entsprechend minimiert; Kosten für die Bereithaltung von nicht eingesetzten Ressourcen bleiben hierbei unberücksichtigt. Damit soll eine möglichst kostengünstige Produktion erreicht werden, um in den heute sehr transparenten Märkten mit wettbewerbsfähigen Preisen auftreten zu können. Die Angabe von Kosten erfolgt in einer Währungseinheit.
3. **Flexibilität**: Steigerung der Einsatzvielfalt von Ressourcen durch eine Maximierung der Anzahl von Schülereinsätzen. Als Schülereinsatz wird hier das Einlernen von Ressourcen verstanden, die im Rahmen des Vieraugenprinzips für die Bearbeitung von Aktivitätentypen geschult werden, für die sie bisher nicht qualifiziert sind. Hintergrund ist die Einsatzmöglichkeiten der Ressourcen zu steigern, um diese auch in Zeiten sich schnell verändernder Rahmenbedingungen produktiv einsetzen zu können.

Das vierte Kriterium „**Qualität**“ wird im Rahmen des Entscheidungsmodells berücksichtigt, jedoch nicht als Optimierungskriterium. Hintergrund für die Ausklammerung ist die Annahme, dass die externe Qualität der erbrachten Leistungen durch die Qualifikation der eingesetzten Ressourcen bestimmt wird. Hierfür wird im Algorithmus pro Ressource und Aktivitätentyp vom Disponenten ein Attribut gepflegt, welches dessen Qualifikation wiedergibt; die Einsatzplanung einer Ressource für die Bearbeitung einer Aktivität erfolgt nur dann vom Algorithmus, wenn diese die erforderliche Qualifikation aufweist. Die Berücksichtigung der internen Qualifikation erfolgt indirekt durch die Maximierung der Flexibilität, wodurch die angestrebte Qualifikationserweiterung, der Abwechslungsreichtum der Arbeit sowie der Anspruch an die eigene Leistung erhöht werden.

4.2.2.2 Beziehungen zwischen den Optimierungskriterien

Zwischen Optimierungskriterien können neutrale, komplementäre oder konkurrierende Beziehungen existieren.[102] Im Folgenden wird herausgearbeitet, in welcher Beziehung die drei Optimierungskriterien aus Kapitel 4.2.2.1 zueinander stehen:

Kriterium 1: Bei der Minimierung der Bearbeitungszeit von allen zu bearbeitenden Aktivitäten wird tendenziell der Einsatz von höher qualifizierten und spezialisierten Ressourcen gefördert, welche innerhalb eines kurzen Zeitraums eine Tätigkeit verrichten können. Der Einsatz von gering qualifizierten und somit kostengünstigen Ressourcen sowie zeitintensive Schulungsmaßnahmen im Rahmen des Vieraugenprinzips werden nicht angestrebt.

Kriterium 2: Bei der Minimierung der variablen Bearbeitungskosten werden weniger qualifizierte und auf wenige Tätigkeiten spezialisierte, dafür aber lohnkostengünstige Ressourcen eingesetzt. Der Einsatz von höher qualifizierten Ressourcen sowie die Durchführung von teuren Schulungsmaßnahmen werden soweit möglich unterbunden.

Kriterium 3: Die Maximierung der Flexibilität zielt auf die Weiterbildung im Rahmen des Vieraugenprinzips aller Ressourcen unabhängig vom Qualifikationsgrad ab. Dies hat sowohl eine Steigerung der variablen Bearbeitungskosten als auch eine Steigerung der Bearbeitungszeit zur Folge.

Abgesehen von der anzustrebenden Ressourcenspezialisierung bei den Kriterien eins und zwei ist deutlich erkennbar, dass die drei Kriterien miteinander konkurrieren, sich also in einem Zielkonflikt befinden, welcher in folgender Abbildung noch einmal veranschaulicht wird:

[102] Vgl. Laux, H. 2005 /Entscheidungstheorie/ S. 67 ff.

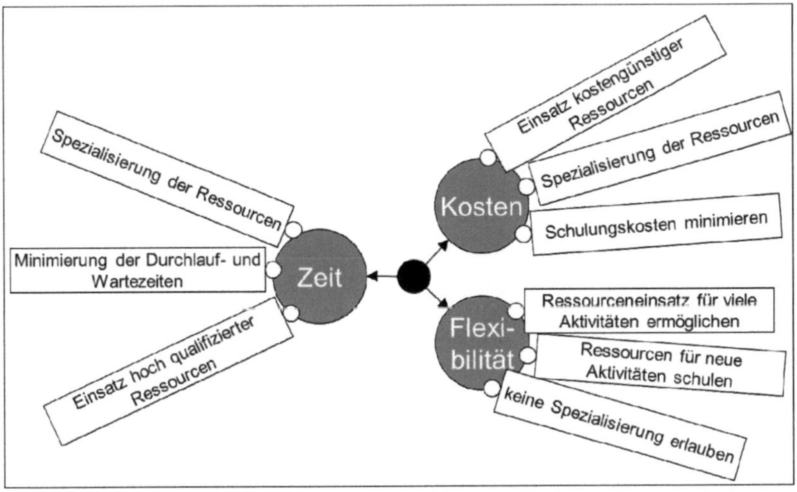

Abbildung 13: Zielkonflikte bei den drei Optimierungskriterien

4.2.2.3 Zielfunktionen des Algorithmus

Dem Algorithmus stehen die drei Optimierungskriterien „Zeit“, „Kosten“ und „Flexibilität“ (s. Kapitel 4.2.2.1) zur Verfügung, die sich in einem Zielkonflikt befinden (s. Kapitel 4.2.2.2). Wie in der überwiegenden Anzahl realer Entscheidungssituationen liegt auch beim Algorithmus eine multiple Zielsetzung vor, welche mittels der multikriteriellen Entscheidungstheorie gelöst werden kann.[103]

Damit der Algorithmus eine rationale Entscheidung treffen kann, müssen eindeutige Zielvorstellungen formuliert werden, die es auch hinterher erlauben, Handlungsalternativen miteinander zu vergleichen.[104] Das ist in der Regel, insbesondere bei konkurrierenden Zielgrößen, sehr schwierig, da Vorteile bei einer Zielgröße in der Regel Nachteile bei den anderen Zielgrößen zur Folge haben. Dies hat zur Folge, dass bei multikriteriellen Problemen i.d.R. keine ideale Alternative existieren kann, welche für alle Zielsetzungen gleichermaßen optimal ist, und dass letzten Endes die Ermittlung der Lösung in einem nicht objektiven Kontext des jeweiligen Entscheidungsträgers steht.[105]

Der Algorithmus soll sehr flexibel eingesetzt werden können und deshalb unter anderem auch die Möglichkeit bieten, die Zielfunktionen des Algorithmus anzupassen oder das LOP um

[103] Vgl. Geiger, M. J. 2005 /Ablaufplanung/ S. 7.

[104] Vgl. Laux, H. 2005 /Entscheidungstheorie/ S. 69.

[105] Vgl. Geiger, M. J. 2005 /Ablaufplanung/ S. 8.

weitere Zielfunktionen zu ergänzen. Die Berücksichtigung aller Zielfunktionen in einem multikriteriellen Optimierungsansatz würde die Findung einer effizienten Alternative mit dem Einsatz weiterer Zielfunktionen zunehmend erschweren und zu Lasten der angestrebten Flexibilität des Algorithmus gehen, so dass im Rahmen des Algorithmus zunächst parallel nach den drei Zielfunktionen optimiert wird und dann aus den berechneten Alternativen die nach Auffassung des Disponenten effizienteste Lösung ausgewählt wird (s. Kapitel 4.2.3).

Die drei Zielgrößen werden jeweils mittels vom Disponenten gesetzten Limitierungen beziehungsweise Satisfizierungen in Nebenbedingungen wie folgt berücksichtigt:

1. **Zeit**: die durchschnittliche Bearbeitungsdauer aller einzuplanenden Aktivitäten eines Aktivitätentyps liegt unterhalb einer vorgegeben Obergrenze (Limitierung).
2. **Kosten**: die durchschnittlichen variablen Bearbeitungskosten aller einzuplanenden Aktivitäten eines Aktivitätentyps liegen unterhalb einer vorgegeben Obergrenze (Limitierung).
3. **Flexibilität**:
    a. Anzahl der geplanten zu bearbeitenden Aktivitäten eines Aktivitätentyps liegen für erfahrene Bearbeiter unterhalb einer vorgegeben Obergrenze (Limitierung); ein Bearbeiter zählt als erfahren, wenn er insgesamt eine vom Disponenten vorgegebene Anzahl von Instanzen desselben Aktivitätentyps bearbeitet hat.
    b. Anzahl der Schulungen im Rahmen des Vieraugenprinzips überschreitet eine vorgegebene Untergrenze (Satisfizierung), wobei Aktivitätentypen, welche vom Disponenten als zukunftsrelevant eingeschätzt werden, verstärkt geschult werden sollen.

Alle Ober- und Untergrenzen werden nicht statisch vorgegeben, sondern werden automatisch entsprechend den Rahmenbedingungen angepasst. Beispielhaft sei an dieser Stelle die Obergrenze von 3a genannt, die sich in Abhängigkeit der im WfMS sich tatsächlich existierenden Aktivitäten eines Aktivitätentyps sowie den zur Verfügung stehende Ressourcen berechnet, welche die für die Bearbeitung erforderliche Qualifikation (Bearbeiter, Lehrer, Alternativ) aufweisen.

Die gewählte Form der Zielformulierung beinhaltet die Vorteile, dass der Algorithmus einfach um weitere Optimierungskriterien erweitert werden kann und dass Vergleiche der statistischen Werte durch den Disponenten für die Festlegung von Parametern im Algorithmus von großem Wert sind, die letzten Endes wiederum einen wichtigen Einfluss auf die Bestimmung des effizienten Ressourceneinsatzes haben.

4.2.3 Effizienz und Lösungsauswahl

Das Planungsmodul stellt dem Algorithmus, soweit möglich, die nach den drei oben beschriebenen Kriterien optimierten Lösungsalternativen zur Verfügung, die sich nach Kapitel 4.2.2.2 in einem Zielkonflikt befinden. Der Algorithmus hat nun die Aufgabe, die effizienteste Lösung auszuwählen und diese über die Bibliotheksfunktion an das WfMS zu kommunizieren. Eine Lösung ist effizient, wenn sie zulässig ist und zugleich in Hinsicht auf alle Zielgrößen mindest ebenso hohe Werte wie andere Lösungen aufweist, jedoch zumindest in einer Zielgröße einen höheren Wert bietet.[106] Zielgrößen können nach denen der klassischen Wirtschaftlichkeit, wie beispielsweise Kosteneinsparungen oder Produktionssteigerungen, und denjenigen der strategischen Nutzeffekte, wie beispielsweise Erhöhung des Marktanteils oder Verbesserung der Reaktionsfähigkeit, unterteilt werden.[107]

Da im Rahmen der Arbeit durch das Planungsmodul die zur Verfügung gestellten Lösungen bereits auf Zulässigkeit geprüft wurden, ist eine weitere Prüfung nicht erforderlich. Die zum Vergleich benötigten Zielgrößen, die so genannten Effizienzquotienten, ermittelt der Algorithmus nach Lösung des jeweiligen LOPs für Planungsperiode eins, die auf Basis der drei Optimierungskriterien Zeit, Kosten und Flexibilität berechnet werden:

1. Zeiteffizienzquotient (Eff_{Zeit}): Verhältnis der Anzahl geplanter fertig zu stellender Aktivitäten zu der Gesamtanzahl zu bearbeitender Aktivitäten (in Prozent). Annahme hierbei ist, dass in Folge einer minimierten Bearbeitungsdauer möglichst viele Aktivitäten in der betrachteten Planungsperiode abgearbeitet werden und von daher der Zeiteffizienzquotient eine valide Zielgröße zum Effizienzvergleich von Lösungen ist.
2. Kosteneffizienzquotient (Eff_{Kosten}): Verhältnis der Summe der variablen Lohnkosten, die für die Bearbeitung der Aktivitäten geplant sind zu der Summe der gesamten variablen Lohnkosten, also inklusive der Kosten, die für Ressourcen zu bezahlen sind, die teilweise oder gar keine Aktivitäten in Planungsperiode eins bearbeiten (in Prozent). Durch diese Definition soll vermieden werden, dass verfügbare und entsprechend zu bezahlende Ressourcen nicht eingesetzt werden, um die direkt zuordenbaren variablen Lohnkosten pro Workflowinstanz beziehungsweise Aktivität zu minimieren; eine Folge könnten zunehmende Leerkosten in der Gesamtbetrachtung sein, was keinesfalls als effizient einzustufen wäre (s. auch Kapitel 5.1.3).

[106] Vgl. Laux 2005 /Entscheidungstheorie/ S. 97 ff.

[107] Vgl. Stahlknecht, Hasenkamp 2003 /Wirtschaftsinformatik/ S. 256 ff.

3. Flexibilitätseffizienzquotient (Eff_{Flex}): Verhältnis der Anzahl von Schülereinsätzen im Rahmen des Vieraugenprinzips zu der geplanten Gesamtanzahl zu bearbeitender Aktivitäten (in Prozent). Bei diesem Ansatz wird der Anteil der Schülereinsätze im Verhältnis zu aller für die Bearbeitung vorgesehener Aktivitäten gesetzt; es ist davon auszugehen, dass dieser Quotient im Vergleich zu dem Zeit- und Kosteneffizienzquotienten tendenziell kleiner sein wird.

Idealerweise hat eine LOP-Lösung bei alle drei Effizienzquotienten den größten Wert und ist somit nach Laux (s. oben) die effizienteste Lösung. Da die Effizienzquotienten auf Basis der sich im Zielkonflikt befindlichen Optimierungskriterien abgeleitet wurden, ist jedoch davon auszugehen, dass der ideale Fall nicht immer eintreten wird. Im Rahmen der Arbeit werden deshalb die drei Effizienzkoeffizienten pro Lösung addiert und die Lösung mit dem größten Ergebnis als effizienteste Lösung angenommen.

Die hier vorgestellten Effizienzquotienten sind als Vorschlag zu betrachten, welche bei einem realen Einsatz vom Disponenten verändert oder ausgetauscht werden können sollten. Eine andere Möglichkeit die Effizienzdefinition anzupassen wäre durch eine Gewichtung der Effizienzkoeffizienten denkbar.

4.3 Die Datenstruktur des Algorithmus

In diesem Abschnitt wird die von allen Modulen des Algorithmus genutzte Datenstruktur präsentiert. Nach Ottman und Widmeyer sind Algorithmen immer im Zusammenhang mit den dazugehörigen Datenstrukturen zu betrachten; „die meisten Algorithmen erfordern jeweils geeignete Methoden zur Strukturierung der von ihnen manipulierten Daten".[108] Eine Übersicht aller enthaltenen Tabellen und Attribute des Algorithmus befindet sich im Anhang 1 ab Seite 159.

4.3.1 Verwendete Begriffe und Namenskonventionen

Im Rahmen der Arbeit werden für die Beschreibung der Datenstrukturen folgende Begriffe verwendet.

Attribut: ein Attribut drückt eine Eigenschaft aus; es besteht aus einem Attributsbezeichner und einem Wert (z.B. Kundennummer = 1005).

Entität: in eine Entität werden mehrere Eigenschaften (Attribute) zusammengefasst.[109]

Entitätstyp: Gesamtheit aller gleichartigen Entitäten.[110]

---

[108] Vgl. Ottmann, Widmayer 2002 /Algorithmen/ S. 1.

[109] Vgl. Stahlknecht, Hasenkamp 2003 /Wirtschaftsinformatik/ S. 164-165.

Tabelle: in einer Tabelle, korrekt Datenbanktabelle genannt, sind alle Entitäten eines Entitätstyps enthalten. Beispielweise werden in der Tabelle *Beispiel[0 ... N-1]* die Eigenschaften von N Entitäten des Entitätstyps „Beispiel" dargestellt.

Index (Plural: Indizes): ein Index ist eine Zahl ≥ 0, welche die Position einer Entität in einer Tabelle angibt. Daneben kennzeichnet der Index die Glieder einer Folge, wie beispielsweise der Index i des Zeitintervalls t (t_i).

Beziehung: Beziehungen zwischen Tabellen werden im Rahmen dieser Arbeit an Hand von Indizes dargestellt.

Dabei erfolgt die Namensvergabe von Variabeln und Tabellen nach folgenden Konventionen (s. auch Anhang 1, Kapitel 10.1):

Namenskonventionen: In den folgenden beiden Tabellen werden die im Rahmen der Arbeit verwendeten Namenskonventionen für Variabeln und Tabellen sowie Attribute aufgezeigt. Konstanten dienen ausschließlich zur Festlegung der maximalen Anzahl von Entitäten innerhalb einer Tabelle und starten mit dem Kürzel „k_".

Kürzel	Bedeutung
G_	Globale Variable, auf welche mehr als ein Modul sowohl Schreib- als auch Lesezugriff hat.
G*X*_	Globale Variable, die von allen Modulen gesehen, aber nur von Modul *X* verändert werden kann. *X* steht für K (Kommunikationsmodul), P (Planungsmodul) oder S (Prognosemodul).
GF_	Globale Flags zur Kommunikation zwischen den drei Modulen.
GM_	Global sichtbare Meta-Tabellen.
L*X*_	Variable, die nur lokal in einem Modul sichtbar ist; *X* steht für K (Kommunikationsmodul), P (Planungsmodul) oder S (Prognosemodul).

Tabelle 20: Namenskonvention bei Variabeln und Tabellen

Kürzel	Bedeutung
D_	Attributswert wird vom Disponenten festgelegt.
E_	Attributswert wird vom Algorithmus während Einlesevorgang festgelegt.
F_	Flag.
H_	Daten aus dem HR-System.
M_	Attributswerte aus dem Meta-Modell des WfMS.
P_	Attributswerte, die vom Planungsmodul verwaltet werden.
S_	Attributswerte, die vom Prognosemodul verwaltet werden.
W_	Daten aus dem operativen WfMS.

Tabelle 21: Namenskonvention bei Attributen in Tabellen

[110] Vgl. Stahlknecht, Hasenkamp 2003 /Wirtschaftsinformatik/ S. 164-165.

4.3.2 Die Meta-Tabellen

Bevor der Algorithmus die Ressourceneinsatzplanung das erste Mal wahrnehmen kann, muss er das Meta-Modell aus dem WfMS einlesen und in die so genannten Meta-Tabellen seiner interne Datenstruktur übertragen. Die aus dem WfMS ausgelesenen Daten werden im Folgenden „Meta-Daten" genannt. Die Meta-Tabellen werden im operativen Betrieb kontinuierlich um statistische Daten ergänzt beziehungsweise aktualisiert.

Die gemeinsame Datenstruktur des Algorithmus verfügt insgesamt über sieben Tabellen, von denen fünf nahezu unverändert vom Meta-Modell des WfMS übernommen werden: *GM_WfModell[]*, *GM_Workflow[]*, *GM_Aktivitätentyp[]*, *GM_Transition[]* und *GM_Participant[]*.[111] Die beiden zuletzt genannten werden vom Algorithmus durch die beiden neuen Tabellen *G_Performer[]* und *G_Ablauf[]* ersetzt, um dem Algorithmus eine schnellere Ermittlung des Ressourceneinsatzplans im operativen Einsatz zu ermöglichen. Eine Detaillierung der Meta-Tabellen liefert Kapitel 4.4, in welchem die Initialisierung der Meta-Tabellen in der gemeinsamen Datenstruktur näher beschrieben wird.

Eine Aktualisierung vereinzelter Attribute in den Meta-Tabellen kann, abgesehen von den statistischen Daten, auch durch den Disponenten herbeigeführt werden; beispielhaft sei an dieser Stelle das Attribut Qualifikation „D_Perf_Qualifikation“ menschlicher Ressourcen in Meta-Tabelle *G_Performer[]* genannt. Eine Übersicht der Attribute in Meta-Tabellen, die vom Disponenten verändert werden können, folgt in Kapitel 7.3.1.

4.3.3 Workflowinstanzen

Erkennt der Algorithmus, dass im WfMS eine neue Workflowinstanz gestartet wurde, kreiert er die zugehörende Entität in der für Workflowinstanzen vorgesehenen Tabelle *GS_WfInstanz[]*. Hierbei handelt es sich um eine erweiterte Form der Tabelle *G_Ablauf[]*, ergänzt um Attribute für die operative Datenerfassung.

Nach Beendigung einer Aktivität aktualisiert das Prognosemodul die minimale, durchschnittliche und maximale Bearbeitungsdauer der entsprechenden Entitäten in den Tabellen *GM_Aktivitätentyp[]* und *G_Performer[]*, nach Beendigung der gesamten Workflowinstanz entsprechend in der Meta-Tabelle *GM_Workflow[]*. Die Entität der beendeten Workflowinstanz selbst wird nach der Aktualisierung der statistischen Daten archiviert und in der Tabelle *GS_WfInstanz[]* gelöscht. Die Beziehungen zwischen den Meta-Tabellen, den Tabellen *G_Ablauf[]*, *G_Performer[]* und *GS_WfInstanz[]* sind in der folgenden Abbildung dargestellt.

[111] Vorgaben zur Namenskonventionen der Tabellen, Attributen und Variabeln befinden sich in Anhang 1

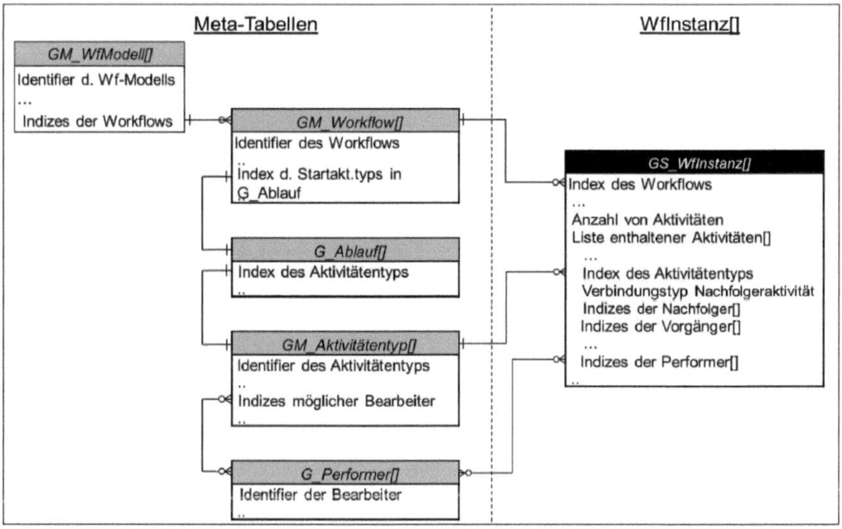

Abbildung 14: Die Tabellen des Meta-Modells und *GS_WfInstanz[]*

4.3.4 Statistische Daten

Die Tabellen *GM_Workflow[]*, *GM_Aktivitätentyp[]* sowie *G_Performer[]* werden um einen dynamischen Block erweitert, welcher statistische Daten zu den Tabellen enthält. Die Datenerfassung selbst erfolgt in der „operativen Entität" in der Tabelle *GS_WfInstanz[]*, die Datenaufbereitung nach Beendigung der Instanz durch das Prognosemodul.

Es werden folgende Daten erfasst:

	Workflow, Aktivitätentyp	Performer
Anzahl	wie oft eine untergeordnete Instanz ausgeführt wurde.	wie oft Aktivitäten des übergeordneten Aktivitätentyps vom Performer bearbeitet wurden.
Dauer (Anzahl von Zeitintervallen)	minimal, durchschnittlich und maximal benötigte Dauer zur Durchführung.	minimal, durchschnittlich und maximal benötigte Dauer zur Bearbeitung der Aktivität eines Aktivitätentyps.
Verfügbarkeit	-	Anzahl verfügbarer Zeitintervalle.
Einsatzzeit	-	Anzahl von Zeitintervallen, in denen Einsatz erfolgt ist.

Tabelle 22: Statistische Daten im Algorithmus

Die statistischen Erfassungen erfolgen in vier verschiedenen Zeiträumen, wobei es sich bei der Dauer der Zeiträume zwei und drei um Vorschläge handelt, die im operativen Einsatz gegebenenfalls angepasst werden müssen:

1. der aktuelle Tag (heute).
2. die vergangenen sieben Tage (ohne heute).
3. die vergangenen 28 Tage (ohne heute).
4. die Gesamtlaufzeit (ohne heute).

Die Berechnungen und Prognosen des Algorithmus basieren auf den Statistiken der vergangenen sieben Tage, also dem Zeitraum zwei. Sollten in diesem Zeitraum weniger als drei Instanzen erfasst worden sein, so wird Zeitraum drei verwendet. Um Mitternacht werden die Zeiträume zwei bis vier aktualisiert und Zeitraum eins auf Null zurückgesetzt.

Die operativen Daten, welche für die Berechnung der statistischen Daten dienen, werden ausschließlich in der jeweiligen Entität in der Tabelle *GS_WfInstanz[]* erfasst. Nach Beendigung einer Aktivität werden die entsprechenden Daten vom Prognosemodul ausgewertet und die Einträge in den übergeordneten Tabellen *GM_Aktivitätentyp[]* und *G_Performer[]* aktualisiert.

4.3.5 Globale Variabeln und Tabellen

Neben den bisher beschrieben Tabellen verfügt der Algorithmus über weitere globale Tabellen und Variabeln, die für alle drei Module sichtbar sind. Die Kommunikation zwischen den drei Modulen des Algorithmus erfolgt über die in Tabelle 23 aufgeführten so genannten globalen Kommunikationsvariabeln. Auf diese Variabeln haben vereinzelte Module schreibenden Zugriff; ein Zugriff seitens des Disponenten ist nicht möglich.

Variablenname	Beschreibung	Schreibender Zugriff
GF_Abfrage_WfMS	Flag, ob Daten aus Statusabfrage des WfMS zur Verfügung stehen	Kommunikationsmodul
GF_Berechnung	Flag, ob Daten aus der Berechnung des Ressourceneinsatzes bereit stehen	Planungsmodul
GF_extra_Report	Flag, ob ein Extra-Report für den Disponenten zu erstellen ist.	Kommunikationsmodul, Prognosemodul
GF_Kommunikation	Flag, ob Einsatzplanung derzeit an WfMS kommuniziert werden kann.	Prognosemodul
GF_PDatensatz	Flag, ob die Planungsdatensätze vom Prognosemodul zur Verfügung stehen.	Prognosemodul, Planungsmodul
GF_Res_Änderung	Flag, ob sich die Qualifikation von Ressourcen oder der -bestand selbst verändert haben.	Kommunikationsmodul, Prognosemodul

Variablenname	Beschreibung	Schreibender Zugriff
GF_ResAusplanung	Flag, ob eine oder mehrere Ressourcen im aktuellen Einsatzplan auszuplanen sind.	Kommunikationsmodul, Prognosemodul
GP_Erg_Planung	Angabe, ob LOP gelöst wurde und wenn ja, welches die effizienteste Lösung ist (siehe Kapitel 5.3.3).	Planungsmodul

Tabelle 23: Globale Kommunikationsvariabeln

Neben den Kommunikationsvariabeln gibt es noch die so genannten Konfigurationsvariabeln, welche vom Disponenten mittels des Kommunikationsmoduls oder direkt vom Prognosemodul angepasst werden können. Mittels der Konfigurationsvariabeln wird der Spielraum des Algorithmus für die Berechung eines effizienten Ressourceneinsatzes festgelegt. Der Zweck einiger Variabeln wird erst in den folgenden Kapiteln deutlich werden.

Variablenname	Beschreibung	Schreibender Zugriff
$GK\_Anpassung\_NB_f[]$	Anpassung der fünf Ober- und Untergrenzfaktoren in den Nebenbedingungen des Algorithmus in den Arbeitsstufen f = 2 u. 3 (in Prozent, s. Kap. 2.3.3, 5.3.1 und 5.3.2).	Kommunikationsmodul
GK_Anteil_fiktiv_i	Prozentsatz fiktiver Aktivitäten in Planungsperioden 1-3 (in Prozent).	Kommunikationsmodul
GK_DeltaAuslas_max	Maximale prozentual zugelassene durchschnittliche Abweichung aller Ressourcenauslastungen von Minimalvorgabe in *G_Performer[]*.	Kommunikationsmodul
$GK\_GewFakt_\eta$	Gewichtungsfaktoren zur Festlegung der Anzahl von Workflowinstanzen, deren Liefertermin ressourcenbedingt in die nächste Planungsperiode verschoben wird; η = 1, 2, 3, 4 (s. Kapitel 6.5.1).	Kommunikationsmodul
$GK\_OG\_Durchlaufzeit_a$	Durchlaufzeitobergrenzenfaktor für einen Aktivitätentyp a (reelle Zahl).	Kommunikationsmodul
$GK\_OG\_Flexibilität_a$	Faktor zur Festlegung der maximalen Anzahl von Einsätzen erfahrener Ressourcen für Aktivitäten desselben Aktivitätentyps (reelle Zahl).	Kommunikationsmodul
$GK\_OG\_Kosten_a$	Kostenobergrenzfaktor pro Aktivitätentyp (reelle Zahl).	Kommunikationsmodul

Variablenname	Beschreibung	Schreibender Zugriff
GK_OG_krit_AktTyp	Schwellwert für Aktivitätsquotienten f_{ia}, ab wann ein Aktivitätentyp als kritisch einzustufen ist (reelle Zahl, s. Kap. 6.3.6).	Kommunikationsmodul
GK_Überstunden	Anzahl Überstunden pro Ressource und Tag, die vom Prognosemodul eigenständig angeordnet werden können (ganzzahlig, Angabe in Anzahl von Zeitintervallen).	Kommunikationsmodul
GK_UG_Flexibilität$_\lambda$	Flexibilitätsuntergrenze: Faktor zur Festlegung der minimalen Anzahl von Schülereinsätzen pro Zukunftsrelevanzgrad λ im Planungszeitraum (reelle Zahl).	Kommunikationsmodul
GK_Verz_WfInst$_w$	Anzahl von Zeitintervallen, die eine Instanz des Workflows w im Falle eines Ressourcenmangels verschoben wird (ganzzahlig, Defaultwert: 1).	Kommunikationsmodul
GK_VerzAkt$_w$	Anzahl von Zeitintervallen, die der Liefertermin einer Aktivität vom Workflow w planerisch verschoben wird, wenn der ursprünglich vorgesehene Termin nicht gehalten wird (ganzzahlig, Defaultwert: 1).	Kommunikationsmodul
GS_aktuell	Aktuelles Zeitintervall (ganzzahlig).	Prognosemodul
GS_Planungsende	Letztes Zeitintervall der Planung (ganzzahlig).	Prognosemodul

Tabelle 24: Globale Konfigurationsvariabeln

Neben den globalen Kommunikations- und Konfigurationsvariabeln gibt es weitere globale Tabellen, die zum Informationsaustausch zwischen den Modulen dienen.

Tabellenname	Beschreibung	Schreibender Zugriff
G_Reassign_Workitem[]	Zuordnung eines bereits zugeordneten Workitems von einer Ressource zu einer anderen.	Kommunikationsmodul, Planungsmodul
G_Res_Ausplanen[]	Ressourcen, die in vorgegebenem Zeitraum nicht einzuplanen bzw. wieder auszuplanen sind.	Kommunikationsmodul, Prognosemodul
G_Res_Ausplanen_Archiv[]	Wenn Ausplanung über den aktuellen Arbeitstag führt, erfolgt Übertrag von *G_Res_Ausplanen[]*.	Kommunikationsmodul, Prognosemodul

Tabellenname	Beschreibung	Schreibender Zugriff
G_Res_BearbAblauf[]	Vom Planungsmodul geplante Bearbeitungsreihenfolge der Aktivitäten für jede Ressource.	Kommunikationsmodul, Prognosemodul
G_WfMS_Zustand[]	Aktuelle Stati der Workflowinstanzen im WfMS.	Kommunikationsmodul, Prognosemodul
GK_Res_Verf[][]	Verfügbarkeit der Ressourcen in jedem Zeitintervall über den gesamten Planungszeitraum.	Kommunikationsmodul
GP_Ergebnis[]	Zwischenspeicherung der Lösungen des LOP im Planungsmodul pro Zielkriterium.	Planungsmodul
GS_Report_Disponent[]	Kurzübersicht aus vergangenem Zeitintervall, um Report für Disponent anzufertigen.	Prognosemodul

Tabelle 25: Globale Tabellen

4.4 Die Initialisierung der Meta-Tabellen

Bevor der Algorithmus mit der Ermittlung des Ressourceneinsatzplans beginnen kann, müssen ihm das Meta-Modell aus dem oder den WfMS zur Verfügung gestellt werden. Die Meta-Daten werden vor dem operativen Einsatz des Algorithmus zunächst eingelesen und dann in einem zweiten Schritt in die algorithmusspezifische Datenstruktur übertragen. Im anschließenden Betrieb erhält der Algorithmus kontinuierlich die so genannten operativen Daten, wie beispielsweise den aktuellen Bearbeitungsstatus einer Instanz, mittels WAPI direkt aus dem WfMS.

4.4.1 Der Einlesevorgang

Das Einlesen der Meta-Daten (siehe 3.3.2 „Relevante Objekte") erfolgt an Hand einer Textdatei, die mittels WPDL aus dem oder den WfMS zu exportieren ist. Die relevanten Meta-Daten werden zunächst unverändert in die fünf Meta-Tabellen *GM_WfModell[]*, *GM_Workflow[]*, *GM_Aktivitätentyp[]*, *GM_Transition[]* und *GM_Participant[]* übertragen. Für Attributswerte, die im WfMS nicht angegeben sind, für den Algorithmus aber obligatorisch sind, werden die in Kapitel 3.3.2 beschriebenen Defaultwerte übernommen.

Die Beziehungen zwischen den Meta-Tabellen werden vom Algorithmus durch das Setzen zusätzlicher Indizes (in folgender Abbildung grau hinterlegt) festgehalten, um dem Algorithmus im operativen Betrieb einen schnelleren Zugang auf die zueinander gehörenden Tabellen zu ermöglichen.

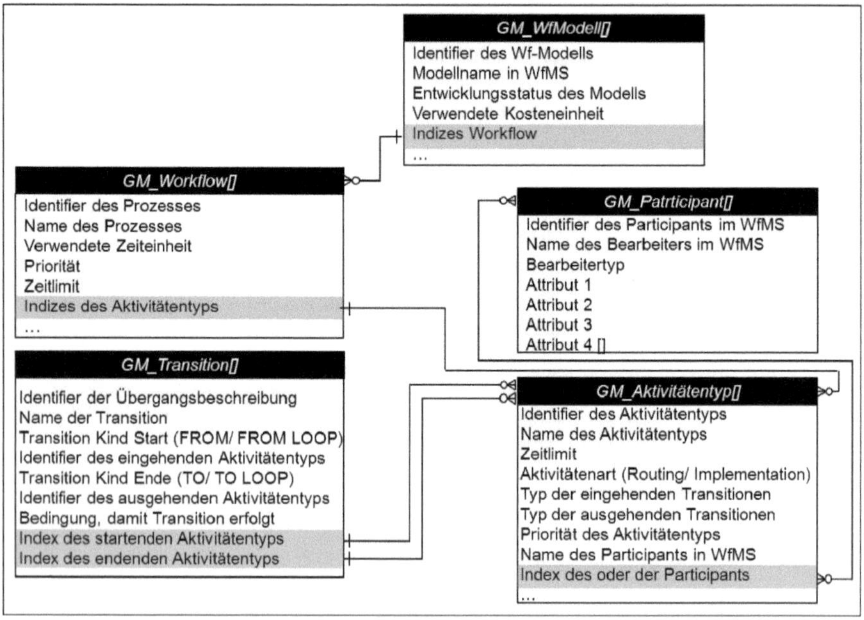

Abbildung 15: Meta-Tabellen mit Beziehungen nach dem Einlesevorgang

Der Algorithmus übernimmt mit seiner Inbetriebnahme die Ressourceneinsatzplanung für das WfMS. Hierfür sind im Meta-Modell des WfMS der Name der eingebetteten Bibliotheksfunktion einzutragen, welche die vom Algorithmus geplante Ressourcenzuordnung dem WfMS auf Anfrage bereitstellt. Die Namen der ursprünglich im Meta-Modell vorgesehenen Participants können jederzeit der Meta-Tabelle *GM_Aktivitätentyp[]* entnommen werden.

4.4.2 Aufbereitung der eingelesenen Daten

Nach Beendigung des Einlesevorgangs werden die Meta-Tabellen analysiert und neu strukturiert. Dabei werden die beiden Tabellen *G_Ablauf[]* und *G_Performer[]* erzeugt, welche dem Algorithmus im operativen Einsatz eine schnellere Erfassung der für ihn relevanten Daten sowie eine schnellere Datenbearbeitung ermöglichen. Informationen aus dem WfMS gehen hierbei nicht verloren und können gegebenenfalls immer aus den Meta-Tabellen ausgelesen werden.

Danach ergänzt der Algorithmus die Tabelle *GM_Aktivitätentyp[]* mit den Indizes der Performer in die neu kreierte Tabelle *G_Performer[]*, welche für die Bearbeitung des jeweiligen Aktivitätentyps geeignet sind. Mit diesem Schritt wird die Beziehung zwischen Bearbeitern und Aktivitätentyp bewusst redundant eingeführt, um später bei der Ermittlung des Ressourceneinsatzplanes performanter zu sein. Des Weiteren wird für jeden Aktivitätentyp die notwendige Anzahl bearbeiteter Aktivitäten eingetragen (E_Anz_Akt_Erf), welche von einem erfahrenen Performer erwartet wird (Defaultwert 100) sowie eine Klassifizierung (E_Relevanz_Futur), ob der Aktivitätentyp in Zukunft verstärkt benötigt wird und von daher stärker gefördert werden muss oder nicht (Defaultwert „nein").

4.4.2.1 Die Tabelle *G_Ablauf[]*

In Tabelle *G_Ablauf[]* werden bezeichnenderweise die Abläufe der Workflows mit allen für den Algorithmus relevanten Informationen gespeichert; die für den Algorithmus relevanten Informationen aus der Meta-Tabelle *GM_Transition[]* werden vollständig in *G_Ablauf[]* abgebildet.

Ein Eintrag der Tabelle *G_Ablauf[]* enthält folgende Attribute:

- Index des jeweiligen Aktivitätentyps in die Meta-Tabelle *GM_Aktivitätentyp[]*.
- Verbindungstyp zu dem nachfolgenden Aktivitätentyp oder den nachfolgenden Aktivitätentypen (SPLIT_AND, JOIN_AND, CONNECT).[112]
- Indizes der Vorgänger und Nachfolger des Aktivitätentyps in der Tabelle *G_Ablauf[]*.

Die redundante Angabe der Vorgänger- und Nachfolgeraktivitätentypen eines Aktivitätentyps wird bewusst eingesetzt, um dem Algorithmus im operativen Betrieb eine schnellere Berechnung der Start- und Endzeitpunkte von Aktivitäten zu ermöglichen.

Der Aufbau der Tabelle *G_Ablauf[]* wird an Hand des folgenden Beispiels erläutert, dessen Ablaufbeschreibung als ereignisgesteuerte Prozesskette dargestellt ist:

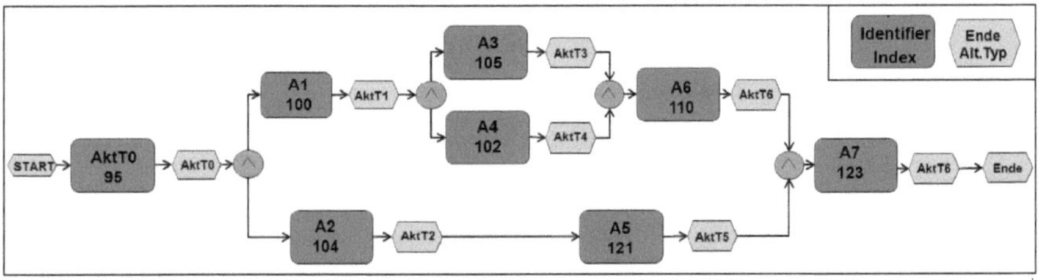

Abbildung 16: Beispielhafte Ablaufbeschreibung eines Workflows

Zur Darstellung des in Abbildung 16 dargestellten Workflowablaufs werden die relevanten Informationen aus den Tabellen *GM_Aktivitätentyp[]* und *GM_Transition[]* extrahiert und in *G_Ablauf[]* entsprechend Tabelle 26 eingetragen; die Indizes in der ersten Spalte der Tabelle sind für dieses Beispiel willkürlich gewählt.

Index in *G_Ablauf[]*	Index d. Aktivitätentyps in *GM_Aktivitätentyp[]*	Verbindungstyp zum Nachfolger	Vorgänger	Nachfolger
...				
11	95	SPLIT_AND	-	12, 13
12	100	SPLIT_AND	11	14, 15
13	104	CONNECT	11	16
14	105	JOIN_AND	12	17
15	102	JOIN_AND	12	17
16	121	JOIN_AND	13	18
17	110	JOIN_AND	14, 15	18
18	123	-	16, 17	-
...				

Tabelle 26: Ablaufbeschreibung eines Workflows in der Tabelle *G_Ablauf[]*

Wird im Meta-Modell ein Subworkflow (IMPLEMENTATION WORKFLOW, siehe 3.3.2 und Tabelle 11: Das Objekt „Aktivitätentyp“) in der Ablaufbeschreibung verwendet, so wird dieser im Objekt Ablauf „aufgelöst“ und mit den entsprechenden Aktivitätentypen in der Tabelle *G_Ablauf[]* dargestellt.

4.4.2.2 Die Tabelle *G_Performer[]*

Die Tabelle *G_Performer[]* ersetzt im Algorithmus die Tabelle *GM_Participant[]*; die entsprechenden Beziehungen von *GM_Aktivitätentyp[]* zu der neuen Tabelle *G_Performer[]* werden in *GM_Aktivitätentyp[]* ergänzt. Mittels *G_Performer[]* werden die auf Grund des minimalen Organisationsmodells der WfMC existierenden Verschachtelungen der Organisations- und Rollenzugehörigkeit aufgelöst. In *G_Performer[]* sind die Qualifikation pro Aktivitätentyp und Performer eingetragen;
der Algorithmus trägt für alle Ressourcen, welche einen Aktivitätentyp bearbeiten können, die Qualifikation „Bearbeiter“ ein. Abweichende Qualifikationen (Lehrer, Schüler oder Alternativressource) können vom Disponenten manuell jederzeit geändert werden. Ebenso erfolgt eine Vorgabe, wie hoch die Auslastung für die Ressource minimal sein darf; der Defaultwert beträgt 10 %, kann aber jederzeit vom Disponenten angepasst werden.
Die Tabelle *G_Performer[]* enthält folgende Attribute:

Attributsname	Bemerkung
M_ID_Perf	Identifier des Performers im WfMS
M_Name_Perf	Name des Performers im WfMS und damit in *GM_Participant[]*(Text)
H_var_Kosten	variable Kosten pro Zeitintervall (WE)
D_E-Mail	E-Mail Adresse bei menschlichen Ressourcen.
E_Index_Participant	Index des Performers in *GM_Participant[]*
E_Perf_Typ	menschliche Ressource (HUMAN) oder SYSTEM
E_Index_Stellvertreter	Index des Stellvertreters in *G_Performer[]* (nur HUMAN)
E_Index_OrgEinheit	Index der zugehörigen Org.-Einheit in *GM_Participant[]*

[112] SPLIT_XOR und JOIN_XOR können auf Grund der in Kapitel 2.3.4 getroffenen Annahme vier nicht vom Algorithmus bearbeitet werden.

Attributsname	Bemerkung
E_Index_Rollen[]	Indizes der zugehörigen Rolle(n) in *GM_Participant[]*
E_Auslastung_min	Minimale Auslastungsvorgabe für Ressource.
E_AktTyp []	(Indizes verlaufen parallel zu *GM_Aktivitätentyp[]*)
D_Perf_Qualifikation	Qualifikation für Aktivitätentyp: Lehrer, Bearbeiter, Schüler, Alternativressource, "-"

Tabelle 27: In Tabelle „*G_Performer[]*" enthaltene Attribute

4.4.2.3 Fiktive Workflowinstanzen

Die Meta-Tabelle *GM_Workflow[]* wird um einen weiteren Eintrag ergänzt, eine Art Platzhalter für fiktive Workflowinstanzen, deren Sinn und Zweck in Kapitel 6.3.4 näher erläutert wird. Für die fiktiven Workflowinstanzen werden lediglich die Attribute M_ID_Workflow und M_Name_WF eingetragen.

4.4.2.4 Die Meta-Tabellen nach der Datenaufbereitung

Nach der Aufbereitung der Meta-Daten aus dem WfMS durch den Algorithmus ergibt sich in Abbildung 17 im Vergleich zu Abbildung 15 eine leicht veränderte Struktur, wobei hier die grau hinterlegten Attribute mit schwarzer Schrift durch den Algorithmus während des Einlesevorgangs ergänzt, die grau hinterlegten Attribute mit weißer Schrift während der Datenaufbereitung hinzufügt wurden.

Das in Abbildung 17 dargestellte Modell wird im Folgenden, trotz erfolgter Ergänzungen und Erweiterungen, unverändert als Meta-Modell bezeichnet.

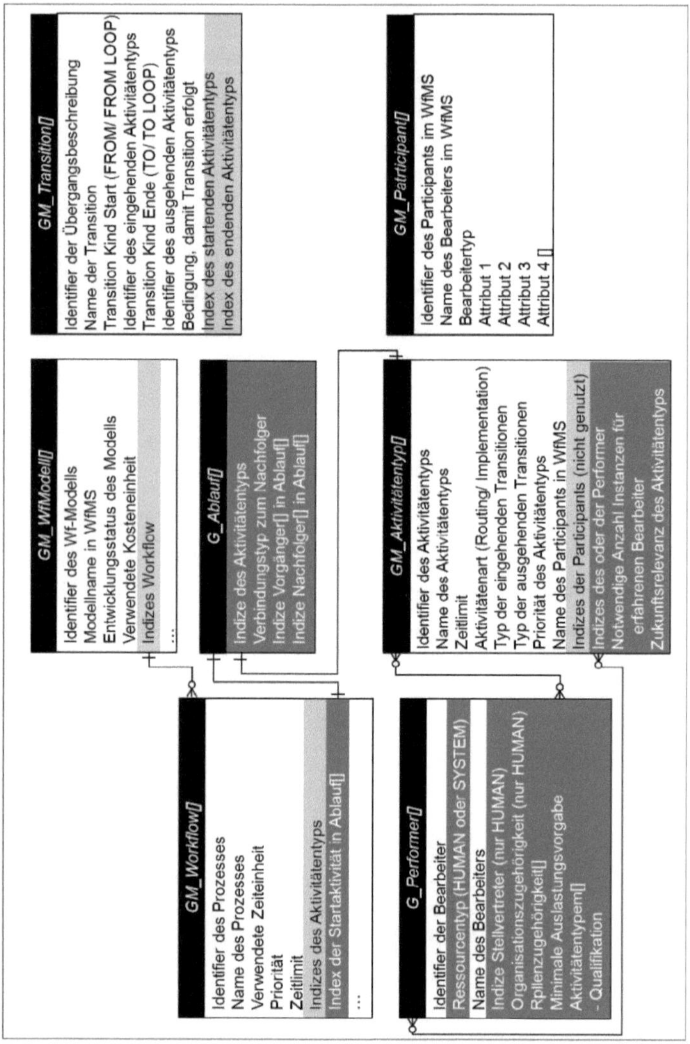

Abbildung 17: Tabellen des Meta-Modells mit Beziehungen nach Einlesevorgang

4.4.3 Manuelle Ergänzungen

Nach der im vorigen Kapitel beschriebenen Neustrukturierung der Meta-Daten ist der Disponent aufgefordert, Attributswerte für die während des Einlesevorgangs und der Aufbereitung der Daten hinzugekommenen Attribute in den Tabellen des Meta-Modells manuell einzugeben.

Die Werte können durch den Disponenten später jederzeit wieder, also auch im operativen Betrieb, korrigiert beziehungsweise aktualisiert werden.

4.4.3.1 Ressourcenspezifische Eigenschaften

Um die Einsatzflexibilität der menschlichen Ressourcen stetig erhöhen zu können, sollen diese im Rahmen des Vieraugenprinzips für die Bearbeitung weiterer Aktivitätentypen qualifiziert werden. Außerdem sollen Ressourcenengpässe durch alternative Ressourceneinsätze umgangen werden können. Damit der Algorithmus bei der Ressourceneinsatzplanung diese Besonderheiten berücksichtigen kann, ist die Qualifikation der Ressourcen für jeden Aktivitätentyp in der Tabelle *G_Performer[]* durch den Disponenten weiter zu spezifizieren. Weicht die wirkliche Qualifikation von der im Meta-Modell vorgegebenen Qualifikation "Bearbeiter" ab, so ist diese auf „Lehrer", „Schüler" oder Alternativressource" zu setzen. Wird keine Qualifikation gesetzt, so ist die Ressource für die Bearbeitung des entsprechenden Aktivitätentyps nicht geeignet bzw. nicht ausreichend qualifiziert. Des Weiteren kann die mit ursprünglich 10 % eingetragene minimale Auslastung angepasst werden.

Neben der Qualifikation und Minimalauslastung ist für jede menschliche Ressource die jeweilige E-Mail-Adresse anzugeben, damit im späteren operativen Betrieb der Algorithmus direkt Informationen an die Ressourcen versenden kann.

4.4.3.2 Durchschnittswerte

Liegen dem Algorithmus keine Durchschnittswerte über die Bearbeitungsdauer und den damit verbundenen variablen Bearbeitungskosten pro Aktivitätentyp vor, so sind diese Werte in der Meta-Tabelle *GM_Aktivitätentyp[]* vom Disponenten nach dem Einlesevorgang einmalig einzutragen. Die Werte der durchschnittlichen Bearbeitungsdauer werden dann vom Algorithmus für alle Ressourcen mit den Qualifikationen „Bearbeiter", „Lehrer" oder „Alternativressource" in die Tabelle *G_Performer[]* übertragen, um dem Planungsmodul eine Ermittlung des Ressourceneinsatzplanes nach der Initialisierung und somit dem Erststart des Algorithmus zu ermöglichen.

Sowohl die in Kapitel 3.3.2 vorgegebenen Defaultwerte als auch die manuell zu ergänzenden Werte seitens des Disponenten führen in der Regel nach erstmaligem Start des Algorithmus nicht unbedingt zu einem effizienten Ressourceneinsatz; da diese Werte aber mit zunehmender Einsatzdauer des Algorithmus durch diesen korrigiert werden, ist dieser initiale Effekt zu vernachlässigen.

4.4.3.3 Bearbeitungszeit beim Vieraugenprinzip

In der Tabelle *GM_Aktivitätentyp[]* wird für jeden Aktivitätentyp vom Disponenten vorgegeben, welche Bearbeitungszeit beim Einlernen im Rahmen des Vieraugenprinzips bei einer Ressource anzunehmen ist. Hierbei wird in Wirklichkeit der Faktor angegeben, mit welchem durch Multiplikation mit der durchschnittlichen Bearbeitungsdauer die vorgesehene Bearbeitungszeit beim Vieraugenprinzip anzusetzen ist.

4.4.3.4 Pönalen

Pönalen spielen für den Algorithmus bei der Entscheidung, ob der Liefertermin einer Workflowinstanz verschoben oder gegebenenfalls ganz gestoppt wird, eine wichtige Rolle. Aus diesem Grunde ist vom Disponenten eine Größenordnung für zu erwartende Pönalen bei Lieferterminverschiebung pro Tag und Abbruch für jeden Workflow anzugeben. Diese Grobeinschätzung kann jederzeit im operativen Betrieb vom Disponenten angepasst werden, sowohl auf Meta- als auch auf Instanzebene.

4.4.3.5 Prioritäten der Workflows

Wenn nicht bereits im Meta-Modell des WfMS erfolgt, kann der Disponent den Workflows eine Priorität zuweisen; die kleinste Priorität beträgt 0, die höchste 100. Diese Priorität wird unverändert an die untergeordneten Aktivitätentypen weitervererbt, wobei eine Anpassung der Priorität im WfMS selbst gemäß den Spezifikationen der WfMC nicht vorgesehen ist.
Im Algorithmus hingegen kann der Disponent die Priorität einer Workflowinstanz, selbst wenn diese bereits bearbeitet wird, anpassen. Ein solcher Eingriff kann erforderlich sein, wenn sich das Gesamtsystem nicht im Normalbetrieb befindet; der Algorithmus versucht durch die Verschiebung von Lieferterminen und beziehungsweise oder das Streichen von ganzen Workflowinstanzen das Gesamtsystem wieder in den Normalbetrieb zurückzuführen (s. Kapitel 6.5.1), wobei die Auswahl mittels der Prioritäten erfolgt. Durch eine Anpassung der Priorität kann der Disponent entsprechend direkten Einfluss auf den Planungsablauf nehmen; die Prognose hingegen, welche unabhängig von den Prioritäten erstellt wird, bleibt unverändert.

4.5 Echtzeitsteuerung

Teilziel vier der vorliegenden Arbeit ist die Erstellung eines effizienten Ressourceneinsatzplans im Echtzeitbetrieb, was in der Literatur auch als Real Time Decision System (RTDS) bezeichnet wird, also ein System in welchem Entscheidungen in Echtzeit zu treffen sind. Die Herausforderung bei RTDS liegt in der Fähigkeit unregelmäßig eintreffende Informationen, welche dynamische Veränderungen in der betrachteten Umgebung aufzeigen, zu analysieren, um dann geeignete Maßnahmen unter Berücksichtigung der aktuellen Rahmenbedingungen und verfügbaren Ressourcen einzuleiten. Dabei ist zu berücksichtigen, dass die zur Verfügung stehenden Informationen häufig unvollständig oder ungewiss sind.[113]

Im folgenden Kapitel werden die Anforderungen an ein RTDS, die in der Literatur existierenden Konzeptionen sowie der in der Arbeit verwendete Ansatz vorgestellt.

4.5.1 Anforderungen

Unter einer Echtzeitsteuerung, auch echtzeitfähige Steuerung genannt, ist nach Bock ein Steuerungssystem zu verstehen, in welchem die Informationsübermittlung aus der zu steuernden Umgebung, deren anschließende Verarbeitung sowie die daraus resultierenden Maßnahmen so schnell eingeleitet werden können, dass die Veränderungen der geplanten Abläufe zeitgleich mit der Ausführung des gesteuerten Prozesses erfolgen können, ohne diesen in seiner Ablaufgeschwindigkeit herabsetzen zu müssen.[114] Systeme, welche Entscheidungen im Echtzeitbetrieb treffen, müssen:[115]

- feststellen können, dass sich die zu steuernde Umgebung verändert,
- die Aufmerksamkeit auf die für die Entscheidung wesentlichen Punkte konzentrieren können,
- sich eigenständig dynamisch auf neue Situation einstellen können, um dann Priori-täten und den damit verbundenen Ressourceneinsatz situationsbedingt anzupassen,
- schnell eine adaptierte Lösung bereitstellen können und
- mit anderen Systemen zusammenarbeiten können.

Powerfordert darüber hinaus, dass für das System entscheidungsrelevante Informationen zeitgleich mit der veränderten Situation in der zu steuernden Umgebung zur Verfügung stehen müssen und nach deren Reflektion die adaptierte Lösung auch umzusetzen ist.[116]

4.5.2 Grundkonzeptionen

Unter der Grundkonzeption von echtzeitfähigen Steuerungsverfahren ist nach Bock ein Rahmenregelwerk zu verstehen, in welchem unter anderem die Anpassungsfrequenz, die Anpassungssynchronität, die Anpassungstechnik, der Anpassungsumfang sowie die Anpas-

---

[113] Vgl. Séguin, Potvin, Gendreau, Crainic, Marcotte 1997 /Real-time/ S. 162

[114] Vgl. Bock 2004 /Echtzeitsteuerung/ S. 64

[115] Vgl. Séguin, Potvin, Gendreau, Crainic, Marcotte 1997 /Real-time/ S. 163

[116] Vgl. Power 2011 /Real-Time/ S. 4 ff

sungsdauer festgelegt werden, wobei jede Komponente unterschiedliche Ausprägungen haben kann.[117]

Bei der *Anpassungsfrequenz* kann eine Anpassung bzw. Veränderung des existierenden Plans durch einen neuen Auftrag oder das Stornieren eines existierenden Auftrags, ggf. erweitert um weitere Störungsszenarien, ausgelöst werden (störungsbedingte Anpassung); eine andere Möglichkeit ist die Anpassung des aktuellen Plans beim Eintritt von i.d.R. vorher festgelegten Situationen (ereignisbedingte Anpassung). Wird der existierende Plan in regelmäßigen Zeitabständen zur Disposition gestellt, um diesen neu zu erstellen bzw. zu verbessern, so wird die Anpassungsfrequenz periodische Anpassung genannt; soll der vorliegende Pan jederzeit verbessert werden, so wird von einer kontinuierlichen Anpassung gesprochen.[118]

Die *Anpassungssynchronität* stellt das zeitliche Verhältnis zwischen der Prozessausführung, d.h. die Ausführung der laufenden Tätigkeiten bzw. Prozesse, und der Berechnungsausführung dar, wovon es mehrere Ausprägungen gibt.[119] Bei der Berechnungspriorisierung wird davon ausgegangen, dass während der Berechnung keine Bearbeitungsfortsetzung erfolgt; diese Annahme ist in der Realität nur bei einer minimalen, gegen null gehenden Berechnungsdauer denkbar. Die Ausführungspriorisierung hingegen geht davon aus, dass ein Großteil der bereits getroffenen Entscheidungen, selbst wenn diese noch nicht in Bearbeitung sind, nicht mehr veränderbar ist; entsprechend ist dieser Ansatz nur bei nahezu störungsfreien Prozessen einzusetzen. Eine weitere Ausprägung ist die weitgehend vollständige Gleichzeitigkeit, bei welcher lediglich die bereits gestarteten Ausführungen nicht mehr verändert werden können, wohingegen Ausführungen, die nach der Berechnung gestartet werden sollen, problemlos verändert werden können; die laufenden Bearbeitungen werden während der Berechnung unverändert fortgesetzt und entsprechend bei den Berechnungen als gegeben aufgefasst.

Die Auswahl der *Anpassungstechnik* legt fest, welche grundsätzliche Art von Verfahren zur Anpassung oder Erstellung eines Produktionsplans eingesetzt werden.[120] Hierbei werden u.a. zwischen Regelsystemen, bei welchen möglichst einfache Entscheidungsregeln zur schnellen Ressourcenzuordnung eingesetzt werden, und Verbesserungsverfahren, bei welchen schrittweise situationsbedingt unterschiedliche, vorher festgelegte Techniken eingesetzt werden, unterschieden.

[117] Vgl. Bock 2004 /Echtzeitsteuerung/ S. 67 ff

[118] Vgl. Bock 2004 /Echtzeitsteuerung/ S. 69 ff

[119] Vgl. Bock 2004 /Echtzeitsteuerung/ S. 71 ff

[120] Vgl. Bock 2004 /Echtzeitsteuerung/ S. 73 ff

Beim *Anpassungsumfang* unterscheidet Bock vier Ausprägungen, die unterschiedlich stark den Umfang des in Ausführung befindlichen Plans verändern können.[121] Beim vollständigen Anpassungsumfang stehen alle noch nicht realisierten Entscheidungen des Plans zur Disposition, wobei von einer gegen Null gehenden Berechnungszeit ausgegangen wird. Beim umsetzungsbezogenen Anpassungsumfang werden zusätzlich zum vollständigen Ansatz noch die Entscheidungen von einer Neuplanung ausgeschlossen, deren Veränderungen sich nicht mehr vor deren Realisierung umsetzen lassen. Weitere Einschränkungen des Umfangs gibt es beim zeithorizonteingeschränkten Ansatz, bei welchem eine minimale Antwortzeit des Anpassungsprozesses definiert wird, und beim auswahlbeschränkten Ansatz, der durch eine vorgegebene Auswahl von nicht veränderbaren Prozessen den Dispositionsumfang noch weiter einschränkt.

Bei der Festlegung der *Anpassungsdauer* wird definiert, „welche Rechenzeit den jeweils aufgerufenen Anpassungsprozessen zur Veränderung der vorliegenden Pläne zur Verfügung stellt".[122] Es gibt hierbei den zeitlimitbasierten Ansatz, bei welchem die Dauer jedes Anpassungsprozesses determiniert ist, den kontinuierlichen Ansatz, bei welchem der Anpassungsprozess außer bei Veränderungen in den vorliegenden Datensätzen aktiv ist, und den der Reaktion in Nullzeit, bei welchem dem Änderungsprozess eine so kurze Ausführungsdauer zur Verfügung gestellt wird, die aus Sicht des zu steuernden Prozesses vernachlässigbar sind.

4.5.3 Grundkonzept des gewählten Steuerungsansatzes

Im Rahmen der Arbeit erhält der Algorithmus nach jeder Zeitintervalldauer τ, also in regelmäßigen Abständen, aus dem WfMS Informationen über den Bearbeitungsstatus aller gesteuerten Aktivitäten und Workflows, im vergangenen Zeitintervall aufgetretene Ereignisse, wie beispielsweise neue oder stornierte Aufträge oder aufgetretene nicht geplante Verzögerungen bei der Abarbeitung von Aktivitäten, weshalb für die Ressourceneinsatzplanung aus den möglichen Ausprägungen der *Anpassungsfrequenz* die periodische Anpassung angewendet wird. Die Bearbeitung der Aktivitäten und die Berechnungsausführung des Ressourceneinsatzplans erfolgen im Algorithmus zeitgleich, um Unterbrechungen bei der Abarbeitung der Aktivitäten zu vermeiden; dies erfolgt unter der Annahme, dass die für die Berechnung zur Verfügung stehende Zeitintervalldauer τ ausreichend ist, um die Ressourceneinsatzplanung qualifiziert zu ermitteln. Aus den oben aufgezeigten Varianten der *Anpassungssynchronität* wird daher der Ansatz der weitgehend vollständigen Gleichzeitigkeit eingesetzt. Als *Anpas-*

---

[121] Vgl. Bock 2004 /Echtzeitsteuerung/ S. 77 ff

[122] Vgl. Bock 2004 /Echtzeitsteuerung/ S. 78

sungstechnik wird im Rahmen der Arbeit ein Verbesserungsverfahren entwickelt, das situationsbedingt alternative Ressourcen als potenzielle Bearbeiter für einzelne Aktivitäten in Betracht zieht, das Nebenbedingungen adaptiert und sogar teilweise eliminiert, um eine möglichst effiziente Lösung ermitteln zu können. Dabei werden der Spielraum des Algorithmus vorab vom Disponenten vorgegeben (s. Kapitel 5.3).
Im Rahmen des Algorithmus wird ein vollständiger *Anpassungsumfang* verfolgt, in welchem gegebenenfalls selbst bereits gestartete Prozessbearbeitungen gestoppt und von anderen Bearbeiter übernommen werden können (s. Kapitel 11); hierbei wird vorausgesetzt, dass es sich bei den einzuplanenden Tätigkeiten um Dienstleistungen handelt, die jederzeit abgebrochen und unmittelbar an Ressourcen mit den erforderlichen Qualifikationen übergeben werden können (s. auch Kapitel 2.3.4). Die *Anpassungsdauer* wird entsprechend mit einer möglichen Reaktionsdauer angenommen, die gegen null geht.

4.6 Ressourceneinsatzplanung im Algorithmus

Nach einer kritischen Zusammenfassung des im Rahmen der Arbeit verwendeten Ansatzes zur Ermittlung einer effizienten Ressourceneinsatzplanung, werden die Anforderungen an die Ressourcenplanung aus Ressourcen- und Workflowinstanzensicht beschrieben sowie eine Übersicht der Zusammenhänge von den drei Planungsdimensionen gegeben.

4.6.1 Zusammenfassung

Der Algorithmus berechnet mittels eines dynamischen Planungsverfahrens eine Ressourceneinsatzplanung mit dem Ziel den Ressourceneinsatz in administrativen WfMS so effizient wie möglich zu gestalten. Die Einsatzplanung erfolgt unter der Prämisse, dass die Fertigstellung der Endprodukte bis zu einem vom Disponenten vorgegebenen Liefertermin sowie unter Berücksichtigung wirtschaftlicher Aspekte erfolgt, wobei Endprodukte sowohl Dienstleistungen als auch physische Produkte sein können. Diese Prämisse ist auch in Momenten aufgetretener Ressourcenengpässen oder Ressourcenmängeln soweit möglich einzuhalten.
Die Ermittlung der eigentlichen Ressourceneinsatzplanung erfolgt im Planungsmodul mittels der Lösung eines linearen Optimierungsproblems (LOP), mit den drei konkurrierenden Zielgrößen Zeit (Minimierung der Bearbeitungszeit), Kosten (Minimierung der variablen Ressourcenkosten) und Flexibilität (Maximierung der Anzahl von Schülereinsätzen), wobei die drei Zielgrößen mittels vom Disponenten gesetzten Limitierungen beziehungsweise Satisfizierungen in Nebenbedingungen immer berücksichtigt werden (s. Kapitel 4.2.2.3).
Die Lösung des LOP mittels drei Zielfunktionen verbunden mit der in Kapitel 2.3.3 beschriebenen Vorgehensweise, die Zielgrößen gegebenenfalls in zwei Stufen zu adaptieren,

erhöht die Wahrscheinlichkeit, dass das LOP gelöst werden und somit eine Lösung ermittelt werden kann; mit der Adaption wird gleichzeitig die Anspruchsanpassungstheorie bei der Lösungsfindung berücksichtigt, nach welcher das Individuum bestrebt ist, ein realistisches Anspruchsniveau zu haben, welches auf Erfahrungen in der Vergangenheit beruht.[123] Das Anspruchsniveau ist nicht starr, sondern wird nach oben angepasst, wenn gute Lösungen leicht zu finden sind, beziehungsweise wird gesenkt, wenn seine Erfüllung auf Schwierigkeiten stößt.

Anhand der Addition der drei Effizienzquotienten Zeit, Kosten und Flexibilität (s. Kapitel 4.2.3) werden die nach unterschiedlichen Zielkriterien optimierten zur Verfügung stehenden Lösungen vergleichbar gemacht und die effizienteste Lösung ausgewählt.

Mit diesem Ansatz können einerseits Erfahrungen mit verschiedenen Zielfunktionen gesammelt und somit das Anspruchsniveau beeinflusst werden und andererseits der Algorithmus flexibel um weitere Zielfunktionen erweitert oder existierende Zielfunktionen ersetzet werden.

4.6.2 Anforderungen der Ressourcen und Workflowinstanzen

Das Planungsmodul erstellt in jedem Zeitintervall einen unter den derzeit gegebenen Rahmenbedingungen effizienten Ressourceneinsatzplan und stellt dem WfMS die darin enthaltenen Ressourcenzuordnungen auf Anfrage mittels der Bibliotheksfunktion zur Verfügung. Anforderungen an die Planung kommen aus zwei voneinander zumindest teilweise abhängigen Dimensionen: dem individuellen Ressourceneinsatz und den bis zu einem vorgegebenen Liefertermin zu bearbeitenden Workflowinstanzen:

1. **Ressource**: Streben nach einem idealen Ressourceneinsatz hinsichtlich Auslastung sowie Kompetenzausbau durch Qualifizierung für weiterer Aktivitätentypen (Dimension eins).
2. **Workflowinstanz**: Termingerechte und kostengünstige Bearbeitung der Workflowinstanzen unter Berücksichtigung der vorgegebenen Bearbeitungsreihenfolge mit den vorhandenen Ressourcen (Dimension zwei).

Aus den Anforderungen geht hervor, dass Ressourcen für möglichst viele Aktivitätentypen über eine ausreichende Qualifikationen verfügen sollen, um in den sich schnell verändernden Rahmenbedingungen, flexibel eingesetzt werden zu können. Diese Forderung hat zur Konsequenz, dass Spezialisierungen der Ressourcen auf einzelne Aktivitätentypen vermieden werden sollen und eine Erhöhung der Einsatzflexibilität durch Schulungen im Rahmen des Vieraugenprinzips anzustreben ist. Dies steht im Widerspruch zu der Forderung möglichst kosten-

[123] Vgl. Sauermann, Selten 1962 /Anspruchsanpassungstheorie/ S. 578 ff.

günstig zu produzieren, was einer Spezialisierung der Ressourcen auf eine beziehungsweise wenige Aktivitätentypen gleichkommt (s. Kapitel 4.2.2.1 und 4.2.2.2).

Die Planung erfolgt sowohl für Ressourcen als auch für Workflowinstanzen in den in Kapitel 4.1.3 beschriebenen Zeitintervallen; die Auswirkungen der Veränderungen von einer Dimension auf die andere, werden an Hand des folgenden Beispiels erläutert.

Beispiel: In einem WfMS werden die Aktivitäten der drei Workflowinstanzen WFI 1, WFI 2 und WFI 3 durch die drei Ressourcen A, B und C bearbeitet.

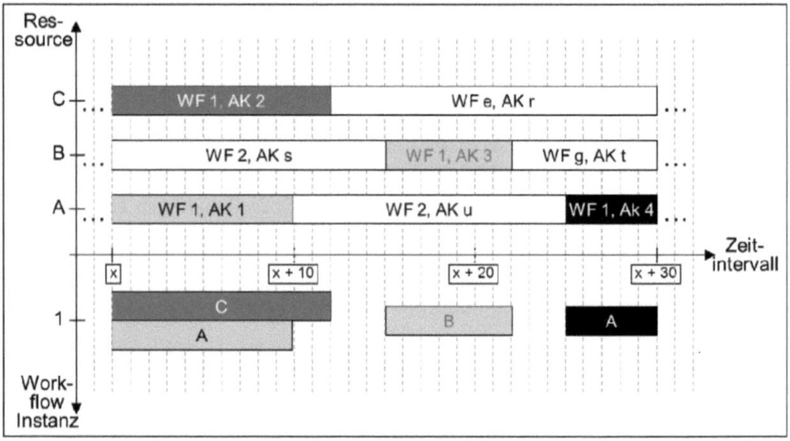

Abbildung 18: Beispiel - Ressourcenplanung vor Wegfall einer Workflowinstanz

Workflowinstanz WFI 1 wird nach der Ressourceneinsatzplanung in Abbildung 18 im Zeitintervall x+30 beendet. Die drei Ressourcen A, B und C haben im Betrachtungszeitraum eine Auslastung von 100%. Nun wird Workflowinstanz WFI 2 aus der Planung herausgenommen; die Ressourceneinsatzplanung sowie das Bearbeitungsende der Workflowinstanz WFI 1 würden sich dadurch wie folgt verändern: das Bearbeitungsende der Workflowinstanz WFI 1 liegt im Zeitintervall x+24, die Ressourcenauslastungen liegen für Ressource A bei 48 %, für B bei 51 % und für C unverändert bei 100 %.

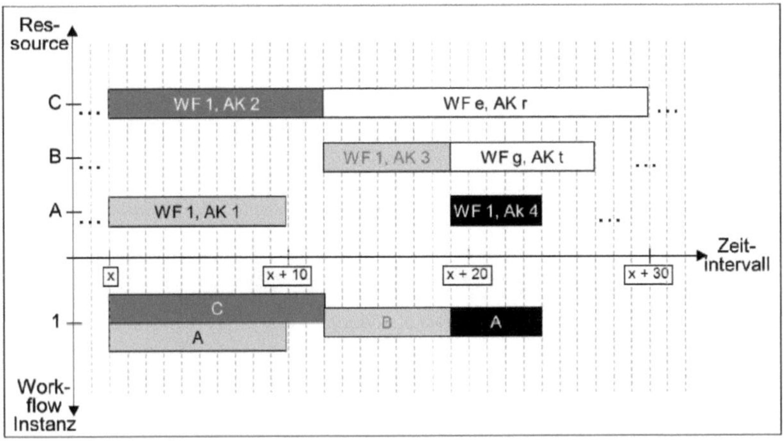

Abbildung 19: Beispiel - Ressourcenplanung nach Wegfall einer Workflowinstanz

Die oben gezeigten teilweise konträren Anforderungen an die Ressourceneinsatz- sowie die Ablaufplanung der Workflowinstanzen werden in Abhängigkeit der aktuellen Rahmenbedingungen im WfMS unterschiedlich stark befriedigt.

4.6.3 Die drei Dimensionen der Ressourceneinsatzplanung

Bei der Ressourceneinsatzplanung sind die Dimensionen Zeit, Ressource und Aktivität zu berücksichtigen, deren Zusammenspiel bildhaft in Abbildung 20 beschrieben ist.

1. Zeit: eine Aktivität muss bis zu einem vom Liefertermin der übergeordneten Workflowinstanz abhängigen Zeitpunkt fertig gestellt werden.
2. Ressource: muss erforderliche Qualifikation zur Bearbeitung der Aktivität haben, zum Zeitpunkt der Bearbeitung verfügbar und nicht anderweitig eingesetzt sein.
3. Aktivität: die im Meta-Modell vorgegebene Bearbeitungsreihenfolge der Aktivitätentypen innerhalb eines Workflows ist einzuhalten. Hierfür sind bei der Planung die Vorgänger und Nachfolger einer Aktivität entsprechend zu berücksichtigen.

Die Ressourceneinsatzplanung erfolgt entlang dieser drei Dimensionen mittels einer binären dreidimensionalen Matrix (siehe Kapitel 5.2.3.7), welche angibt, ob eine Ressource eine Aktivität in einem Zeitintervall bearbeitet oder nicht. Die in Kapitel 4.6.2 formulierten Anforderungen werden in Nebenbedingungen des LOP berücksichtigt.

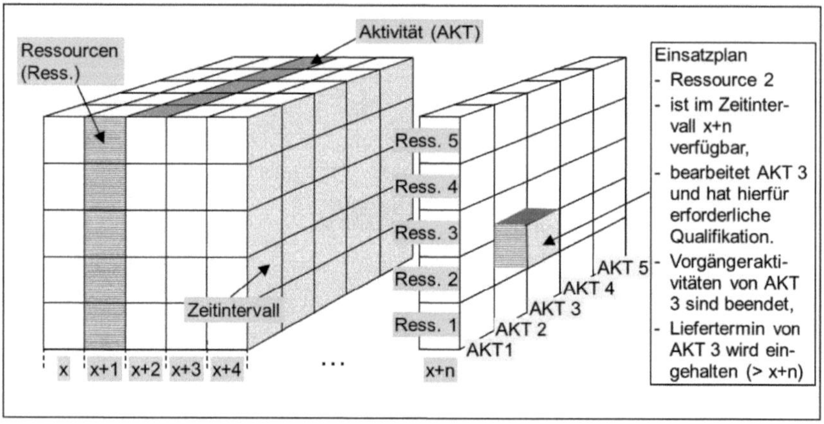

Abbildung 20: 3-dimensionale Matrix der Ressourceneinsatzplanung

5 Das Planungsmodul

Die Berechnung und damit die eigentliche Bestimmung der Ressourceneinsatzplanung erfolgt mittels der Lösung eines linearen Optimierungsproblems (LOP) im Planungsmodul. Das Prognosemodul stellt hierfür dem Planungsmodul am Ende jedes Zeitintervalls alle zur Berechnung erforderlichen Informationen inklusive der Rahmenbedingungen in einem spezifischen Format zur Verfügung.

In diesem Kapitel werden nach einer Kurzübersicht der Vorgehensweise bei der Ressourceneinsatzplanung in PPS-Systemen sowie in Projekten die Methodik des Planungsmoduls und das vom ihm zu lösende LOP vorgestellt.

5.1 Planung von Ressourceneinsätzen

Im folgenden Kapitel werden die Ansätze bei der Ressourceneinsatzplanung von PPS- Systemen und Projekten mit beschränkt verfügbaren Ressourcen erläutert. Nähere Erklärungen sind in der angegebenen Literatur zu finden.

5.1.1 PPS-Systeme

Wie in Kapitel 2.1.3 beschrieben, erfolgt in (traditionellen) PPS-Systemen bei der Termin- und Kapazitätsplanung die Berechnung der Durchlaufterminierung mittels der Vorwärts-, der Rückwärts- und beziehungsweise oder der Mittelpunktsterminierung unter Berücksichtigung der Bearbeitungsreihenfolge. Die vorhandenen Kapazitäten werden aber erst bei der anschließenden Durchlaufplanung berücksichtigt, was in der Regel zu einem nur bedingt effizienten Ressourceneinsatzplan führt. Dieses Defizit wird in neueren kapazitätsorientierten PPS-Systemen erheblich verbessert, das Prinzip der Sukzessivplanung jedoch wird unverändert fortgeführt (s. Kapitel 2.2).

In PPS-Systemen werden Über- und Unterauslastungen durch das Ansetzen von Überstunden, Kurzarbeit oder einer Veränderung der Schichtzahl ausgeglichen. Eine weitere Möglichkeit ist eine Belastungsanpassung, in der Arbeitsgänge oder komplette Aufträge zeitlich verschoben oder gesplittet werden oder Leistungen fremd bezogen werden.[124]

5.1.2 Projekte

Bei Projekten werden nach Erstellung des Projektplans die verfügbaren Ressourcen entsprechend Qualifikation und Verfügbarkeit unter Berücksichtigung der Einhaltung der im Pro-

[124] Vgl. Fandel, François, Gubitz 1997 /PPS-Systeme/ S. 306 ff.

jektplan vorgegebenen Bearbeitungsreihenfolge, den Lieferterminen sowie dem Budget den einzelnen Arbeitspaketen zugeordnet. Restriktiv sind in der Praxis hierbei immer das Budget und die Ressourcen. Den Projekten steht nur eine begrenzte Anzahl von Ressourcen mit spezifischen Skills zur Verfügung; die Möglichkeit die vorhandenen Ressourcen kapazitiv zu erweitern oder durch höher qualifizierte und damit flexiblere, aber auch kostenintensivere Ressourcen zu ersetzen, ist in der Regel nicht gegeben.[125] Entsprechend klein und schwierig ist der Handlungsspielraum bei der Ressourceneinsatzplanung. Spielraum besteht beispielsweise bei der Festlegung der Bearbeitungsstartzeitpunkte der Aktivitäten sowie der Ressourcenzuordnung zu den Aktivitäten.

An der Lösung dieses so genannten Resource Constrained Project Scheduling Problem (RCPSP) wird bereits seit einigen Jahrzehnten gearbeitet. Eine der ersten mathematischen Formulierungen gab es bereits 1969 von Pritsker, auf welche noch heute die meisten Lösungen aufbauen.[126] Pritsker führt die binäre Variable x_{jt} ein, welche nur in dem Zeitintervall t* den Wert eins annimmt, in welchem die Bearbeitung der Aktivität j beendet wird ($x_{jt} = 0$ für $t \neq t^*$; $x_{jt} = 1$ für $t = t^*$).[127] Durch Nebenbedingungen wird die erforderliche Reihenfolge bei der Bearbeitung von Aktivitäten eingehalten, die erwarteten Liefertermine sowie quantitative und qualitative Ressourceneinschränkungen berücksichtigt; darüber hinaus wird geprüft, dass eine Aktivität nur einmal beendet wird. Der Ansatz verfolgt eine Minimierung der Durchlaufzeit mit der Annahme, dass eine möglichst frühzeitige Bearbeitung der Arbeitspakete die Durchlaufzeit minimiert; entsprechend erfolgt eine Minimierung über das Bearbeitungsendintervall aller Aktivitäten: $\min \sum_t t \cdot x_{jt}$.[128]

Ein auf Pitsker aufbauender Lösungsansatz ist der von Kaplan, der im Rahmen eines Ph.D. entwickelt wurde und der in einer leichten Abwandlung Grundlage für den Algorithmus ist.[129] Dieser verfolgt ebenfalls eine Minimierung der Projektdauer, jedoch unter Verwendung der binären Variabeln x_{jt}, welche angibt ob eine Aktivität j in Zeitintervall t bearbeitet wird ($x_{jt} =$ 0, j wird in t nicht bearbeitet; $x_{jt} = 1$, j wird in t bearbeitet):[130]

[125] Vgl. Klein 2000 /Scheduling/ S. 52 ff.

[126] Vgl. Brucker, Knust 2006 /Scheduling/ S. 52

[127] Vgl. Pritsker, Walters, Wolfe 1969 /Scheduling/ S. 3 ff

[128] Vgl. Demeulemeester, Herroelen 2002 /Project scheduling/ S. 209

[129] Vgl. Kaplan 1988 /RCPSP/

[130] Vgl. Demeulemeester, Herroelen 2002 /Project scheduling/ S. 211 ff

$$\min \sum_{t} t \cdot x_{jt} \, .$$

Bei den Nebenbedingungen gibt es bei Kaplan im Vergleich zu Pritsker folgende Unterschiede:

- Verifikation anhand der binären Variablen x_{jt}, ob die eingeplante Bearbeitungsdauer der im Projektplan vorgesehenen Bearbeitungsdauer entspricht (NB1) und nicht, ob eine Aktivität nur einmal beendet wird.
- Eine Aktivität wird durch eine Ressource ohne Unterbrechung bearbeitet, d.h. ohne zwischenzeitliche Bearbeitung einer oder mehrerer anderer Aktivitäten (NB2).

Somit erfolgt bei Kaplan die Minimierung der Projektdauer unter folgenden Nebenbedingungen:[131]

NB1: Einhalten der im Projektplan vorgesehenen Bearbeitungsdauer pro Aktivität.

NB2: Aktivität wird von einer Ressource, ohne zwischenzeitliche Bearbeitung einer anderen Aktivität, bearbeitet.

NB3: Einhalten der vorgegebenen Bearbeitungsreihenfolge.

NB4: Einhaltung der vorgegebenen Liefertermine.

NB5: Ressourcen stehen nur zu bestimmten Zeitintervallen für die Bearbeitung von Aktivitäten zur Verfügung.

Wie in Kapitel 4.1.3 dargestellt erfolgt die Kommunikation zwischen Algorithmus und WfMS mittels WAPI-Abfragen. Da im WfMS jederzeit Veränderungen auftreten können, wie beispielsweise das Eintreten des Bearbeitungsendes einer Aktivität oder der Start einer neuen Aktivitätenbearbeitung durch eine Ressource, wurde im Rahmen der Arbeit festgelegt, dass die WAPI-Abfragen im Abstand des vorgegebenen Zeitintervalls τ erfolgen; dabei ist das Zeitintervall τ vom Disponenten so festzulegen, dass einerseits die Antworten der vom Algorithmus gestellten WAPI-Abfragen zur Verfügung stehen und im Planungsmodul die Ermittlung der Ressourceneinsatzplanung vom vorigen Zeitintervall ermittelt wurde und andererseits die an den Algorithmus gestellten Echtzeitanforderungen erfüllt werden. Der Bearbeitungsstart- und -endzeitpunkt sowie die damit verbundene Bearbeitungsdauer einer Aktivität stehen dem Algorithmus entsprechend nur als Vielfaches des vorgegebenen Zeitintervalls τ zur Verfügung, weshalb in der Arbeit der zeitdiskrete RCPSCP-Ansatz auf der Basis von Pritsker angewendet wird.

[131] Vgl. Demeulemeester, Herroelen 2002 /Project scheduling/ S. 210 ff

5.1.3 Heuristischer Ansatz nach Wiest

Ein heuristischer Ansatz wurde bereits 1967 von Wiest veröffentlicht, in welchem die Ressourceneinsatzplanung in großen Projekten mit Einschränkungen in Form von beschränkt verfügbaren Ressourcen zu ermitteln ist; hierbei werden die Bearbeitungsstartzeiten von Aktivitäten und deren zugeordneten Ressourcen unter Berücksichtigung der gegebenen Einschränkungen und Minimierung der damit verbundenen Projektkosten festgelegt.[132] Gleichzeitig wird, unabhängig von den daraus resultierenden Projektkosten, in Subroutinen angestrebt, dass alle Ressourcen einer Aktivität zugeordnet sind, um Leerlauf von Ressourcen zu vermeiden.[133] Die Ressourcenzuordnung erfolgt sukzessive an Hand der Priorität der zu bearbeitenden Arbeitspakete. Bei diesem Ansatz erhöht sich die Priorität eines Arbeitspaketes je näher es an seinen berechneten spätesten Startzeitpunkt kommt, ohne dass die Bearbeitung durch eine Ressource begonnen wurde.[134]

Dieser Ansatz wird im Rahmen der Arbeit nicht weiter verfolgt, da die situationsbedingte sukzessive Prioritätenanpassung der Arbeitspakete bei einer sich innerhalb einer möglicherweise sehr kurzen Zeitintervalldauer τ wiederholenden Einsatzplanung als weniger vorteilhaft eingestuft wird. Hauptgrund für diese Einschätzung ist der mit diesem Ansatz verbundene zusätzliche Aufwand für die Verwaltung der Prioritäten sowie die unmittelbare Folge voneinander abweichenden Prioritäten derselben Aktivität im WfMS und im Algorithmus; eine Anpassung der Priorität einer Aktivität im WfMS über die WAPI-Funktionen ist seitens der WfMC nicht zugelassen.[135]

5.1.4 Algorithmus

Im Rahmen der Arbeit wird zur Bestimmung des Ressourceneinsatzes eine Mischung der beiden oben in den Kapiteln 5.1.1 und 5.1.2 dargestellten Ansätze verwendet sowie die von Wiest in Kapitel 5.1.3 angestrebte Vermeidung von Leerläufen mittels des Kosteneffizienzquotienten, welcher bei der Auswahl der effizientesten Lösung verwendet wird (s. Kapitel 4.2.3). Wie bei PPS-Systemen berechnet das Prognosemodul mittels der Vorwärts- und Rückwärtsrechnung die frühesten Start- und spätesten Endzeitpunkte mittels der durchschnittlichen Bearbeitungszeiten für Aktivitätentypen, die den Meta-Tabellen entnommen werden. Die Berechnung erfolgt wie bei traditionellen PPS-Systemen ohne Berücksichti-

[132] Vgl. Wiest 1967 /Model/ S. B-360.

[133] Vgl. Wiest 1967 /Model/ S. B-361, S. B-363.

[134] Vgl. Wiest 1967 /Model/ S. B-359 - B-377.

[135] Vgl. WfMC 1998 /Application/ S. 111.

gung der verfügbaren Kapazitäten. Da aber die frühesten Start- und spätesten Endzeitpunkte in den Nebenbedingungen des LOP als obligatorischer Bearbeitungszeitraum verwendet werden, besteht wie bei PPS-Systemen die Gefahr, dass diese Vorgaben auf Grund fehlender Ressourcenkapazitäten unzulässig sind und das LOP nicht gelöst werden kann und somit mit der zuletzt verfügbaren Ressourceneinsatzplanung fortgesetzt wird (s. Kapitel 2.2).

Nach Ermittlung der frühesten Start- und spätesten Endzeitpunkte vergleicht das Prognosemodul das daraus geforderte Anforderungsprofil mit dem reellen Ressourcenverfügbarkeitsprofil und nimmt gegebenenfalls Anpassungen der Rahmenparameter in einem vom Disponenten vorgegebenen Spielraum vor, bis sich das Gesamtsystem im Normalbetrieb befindet. Alle für die Bestimmung eines effizienten Ressourceneinsatzplans erforderlichen Informationen inklusive der Rahmenbedingungen werden dann vom Prognosemodul an das Planungsmodul in so genannten Planungsdatensätzen (PDS) übergeben. Die Anpassung der Rahmenparameter und somit der Eingriff in das LOP kann auf Grund der oben beschriebenen unzulässigen Vorgabe des Bearbeitungszeitraums ebenfalls unrechtmäßig sein.

Im Planungsmodul erfolgt dann die eigentliche Ermittlung der effizienten Ressourceneinsatzplanung, indem die binären LOPs unter Berücksichtigung der Vorgaben des Prognosemoduls sowie dem vom Disponenten vorgegebenem Handlungsspielraum gelöst werden. Die Berechnung erfolgt unter der Annahme, dass der Ressourceneinsatz wie ein komplexes Großprojekt betrachtet und beplant werden kann. Das verwendete LOP basiert auf dem 1988 von Kaplan entwickelten Lösungsansatzes (s. Kapitel 5.1.2), welcher mit folgenden Nebenbedingungen erweitert wird:

1. Vorgabe einer Obergrenze für die durchschnittlichen Bearbeitungskosten aller einzuplanenden Aktivitäten eines Aktivitätentyps, um die mit der Planung verbundenen variablen Einsatzkosten zu limitieren, wie es im Projektmanagement beim so genannten Time/ Cost Trade Off Problem realisiert wird.[136]
2. Vorgabe einer Obergrenze, wie viele Aktivitäten eines Aktivitätentyps maximal von einer als erfahren eingestufter Ressource bearbeitet werden dürfen, um Spezialisierungen zu vermeiden.
3. Vorgabe einer Untergrenze für Schulungen im Rahmen des Vieraugenprinzips, um die Einsatzflexibilität der Ressourcen kontinuierlich zu erhöhen.

[136] Vgl. Weglarz 1999 /Scheduling/ S. 18.

4. Bearbeitungsbeginn aller Aktivitäten liegt nach dem vom Prognosemodul ermittelten frühesten Startzeitpunkt, welcher im Rahmen der Vorwärtsrechnung ermittelt wurde, was bereits in einem von Kaplan erweiterten Ansatz vorgeschlagen wird.[137]
5. Bearbeitung einer Aktivität erfolgt wie bei Kaplan durch eine Ressource, jedoch mit der Ausnahme, dass bei Schulungen im Rahmen des Vieraugenprinzips die Bearbeitung immer durch zwei Ressourcen erfolgt.
6. Vorgabe einer Auslastungsuntergrenze pro Ressource, um bei geringer Auslastung die somit entstandenen Leerzeiten durch Schulungen im Rahmen des Vieraugenprinzips sinnvoll zu nutzen.

Die oben beschriebenen zusätzlichen Nebenbedingungen eins (Obergrenze für die durchschnittlichen Bearbeitungskosten) und sechs (Auslastungsuntergrenze) sind inhaltlich auch bereits in dem Ansatz von Wiest (s. Kapitel 5.1.3) enthalten, in welchem angestrebt wird, projektbezogene Ressourcenkosten so niedrig wie möglich zu haltenund Ressourcen, welchen keine Aktivität zur Bearbeitung zugeordnet bekommen haben, noch nicht zugeordnete Aktivitäten zur Bearbeitung zu geben und sie somit auszulasten.[138]

In der Praxis können die meisten Reihenfolgeprobleme auf Grund der großen Anzahl theoretisch möglicher Lösungen nur mit unverhältnismäßig großem Rechenaufwand oder gar nicht exakt gelöst werden, so dass Heuristiken eingesetzt werden.[139] Entsprechend werden auch im Algorithmus, welcher innerhalb einer Zeitintervalldauer τ das ganzzahlige LOP löst, Heuristiken verwendet. Diese bieten keine Sicherheit, ob ein Optimum gefunden wurde; sie ermöglichen es jedoch eine gute zulässige Lösung zu bestimmen, welche relativ zum Lösungsaufwand als zufrieden stellend empfunden werden kann und welche in der Regel sehr nahe bei der exakten Lösung liegt.[140]

5.2 Das lineare Optimierungsproblem

Wie bereits in Kapitel 2.3 beschrieben, erfolgt die Ressourceneinsatzplanung im LOP an Hand der drei konkurrierenden Zielkriterien „Zeit“, „Kosten“ und „Flexibilität“. Neben den drei Zielfunktionen hat das LOP eine Reihe von Nebenbedingungen, die, unabhängig von der Zielfunktion bei der Lösungsfindung des LOPs erfüllt werden müssen.

---

[137] Vgl. Klein. 2000 /Scheduling/ S. 80 ff.

[138] Vgl. Wiest 1967 /Model/ S. B-360, S. B-361, B-363

[139] Vgl. Zimmermann, Stache 2001 /Entscheidungsvorbereitung/ S. 151

[140] Vgl. Domschke, Drexl 2005 /Operations-Research/ S. 127 und Zimmermann, Stache 2001 /Entscheidungsvorbereitung/ S. 151 sowie Burkard 1992 /Optimierung/ S. 373, 377 und 378.

5.2.1 Zielfunktionen und Nebenbedingungen

In diesem Kapitel wird das LOP mit seinen drei Zielfunktionen zunächst auf abstrakter Ebene beschrieben und dann als mathematisches Modell formuliert. Situationsbedingt kann die Anzahl der Nebenbedingungen vom Planungsmodul reduziert oder aber einzelne Parameter innerhalb der Zielfunktion oder der Nebenbedingungen angepasst werden (s. Kapitel 2.3.3).

Die drei konkurrierenden Zielfunktionen (s. Kapitel 4.2.2):

1. **Zeit**: Minimierung der geplanten Bearbeitungsdauern aller Aktivitäten, was einer Minimierung der Ressourceneinsatzdauer pro Aktivität gleichkommt. Hierbei erfolgt keine Minimierung der Durchführungsdauer sondern eine Erhöhung der Verfügbarkeit der Ressourcen für weitere Aufträge beziehungsweise für größere Pufferzeiten zwischen den zu bearbeitenden Aktivitäten; durch eine Nebenbedingung wird dafür Sorge getragen, dass die Liefertermine der einzelnen Workflowinstanzen eingehalten werden. Die Bearbeitungsdauer wird als ein ganzzahlig Vielfaches der Zeitintervalldauer τ angegeben.
2. **Kosten**: Minimierung der (variablen) Ressourceneinsatzkosten, welche durch Multiplikation der für die Bearbeitung der Aktivitäten erforderlichen Anzahl von Zeitintervallen mit den spezifischen Lohnkosten pro Zeitintervall der jeweilig eingeplanten Ressourcen berechnet werden. Die Anzahl von Zeitintervallen entspricht der individuellen durchschnittlichen Bearbeitungsdauer der eingeplanten Ressource, welche durch die statistische Datenerfassung des Prognosemoduls zur Verfügung steht. Die Kosten nicht eingeplanter Ressourcen werden hierbei nicht berücksichtigt. Die Angabe von Kosten erfolgt in einer Währungseinheit.
3. **Flexibilität**: Maximierung der Ressourceneinsatzflexibilität durch qualifizierte Schulungen im Rahmen des Vieraugenprinzips, wodurch Ressourcen die Qualifikation erlangen, eine größere Anzahl von Aktivitätentypen zu bearbeiten. Eine Spezialisierung der Ressourcen wird dadurch vermieden, wohingegen der Einsatz bei einer größeren Anzahl von Produkten oder Dienstleistungen gefördert wird; ein flexiblerer und damit beständigerer Ressourceneinsatz bei den sich ständig verändernden Marktanforderungen ist die Folge. Es erfolgt eine Maximierung der Anzahl von Ressourceneinsätzen, welche die Qualifikation „Schüler“ aufweisen.

Die Nebenbedingungen:

1. **Zeit**: die durchschnittliche Anzahl von Zeitintervallen für die Bearbeitung aller einzuplanenden Aktivitäten eines übergeordneten Aktivitätentyps liegt unterhalb einer vorgegebenen Obergrenze, welche vom Disponent mittels dem Produkt aus Durchlaufzeitobergrenzenfaktor $GK\_OG\_Durchlaufzeit_a$ (s. Kapitel 4.3.5) und der für die Bearbei-

tung erforderlichen durchschnittlichen Anzahl von Zeitintervallen pro Aktivitätentyp vorgegeben wird. Eine solche Obergrenze gibt es für alle Aktivitätentypen. Sind mehrere Aktivitäten eines Aktivitätentyps einzuplanen, können trotz der Limitierung verschiedene Bearbeitungsalternativen, wie beispielsweise das sehr zeitintensive Vieraugenprinzip, eingeplant werden; um viele Alternativen auch bei eher selten vorkommenden Aktivitätentypen zu gewährleisten, ist vom Disponent ein entsprechend großer Durchlaufzeitobergrenzenfaktor vorzugeben. Beim Durchlaufzeitobergrenzenfaktor, der daraus resultierenden Obergrenze sowie der prognostizierten durchschnittlich zu bearbeitenden Anzahl von Zeitintervallen pro Aktivitätentyp handelt es sich um jeweils reelle Zahlen.

2. **Kosten**: die durchschnittlichen Bearbeitungskosten über alle einzuplanenden Aktivitäten desselben Aktivitätentyps liegen unterhalb einer vorgegebenen Obergrenze, welche vom Disponent mittels dem Produkt aus Kostenobergrenzfaktor $GK\_OG\_Kosten_a$ (s. Kapitel 4.3.5) und den durchschnittlichen Bearbeitungskosten pro Aktivitätentyp vorgegeben wird. Die Bearbeitungskosten einer Aktivität wiederum ergeben sich durch Multiplikation der für die Bearbeitung geplanten Anzahl von Zeitintervallen mit den ressourcenspezifischen Lohnkosten pro Zeitintervall. Eine solche Obergrenze gibt es für alle Aktivitätentypen. Mit dieser Kostenobergrenze kann der Disponent die maximalen durchschnittlichen Bearbeitungskosten pro Aktivitätentyp und damit pro Workflow vorgeben, was für die Festlegung der Preisuntergrenze von Bedeutung ist und gezielt für eine kontinuierliche Kostenreduzierung eingesetzt werden kann. Die durchschnittlichen Bearbeitungskosten werden in einer Währungseinheit pro Aktivitätentyp angegeben.
3. **Flexibilität**
    a. Die Anzahl zu bearbeitender Aktivitäten desselben Aktivitätentyps für erfahrene Ressourcen liegt unterhalb einer vorgegebenen Obergrenze, welche vom Disponent mittels dem Faktor $GK\_OG\_Flexibilität_a$ (s. Kapitel 4.3.5) und in Abhängigkeit der Gesamtanzahl zu bearbeitender Aktivitäten des Aktivitätentyps a und der Anzahl potenzieller Bearbeiter vorgegeben wird; für alle anderen Ressourcen gibt es keine Beschränkung. Mit dieser Nebenbedingung werden einerseits Spezialisierungen verhindert und andererseits Ressourcen mit wenig Erfahrung gefördert. Hat eine Ressource eine vorgegebene Anzahl an Instanzen von einem Aktivitätentyp bearbeitet (E_Anz_Akt_Erf in *GM_Aktivitätentyp[]*), wird sie als „erfahren“ eingestuft.
    b. Die Anzahl von Schulungen im Rahmen des Vieraugenprinzips liegt über einer vorgegebenen Untergrenze, die vom Disponenten mittels des Faktors

GK_UG_Flexibilität$_{\lambda}$ (s. Kapitel 4.3.5) vorgegeben wird; hierfür werden vom Disponenten so genannte Zukunftsrelevanzgrade λ eingeführt, denen die Aktivitätsinstanzen zugeordnet werden. Damit kann die Anzahl der Schulungen gezielt für Aktivitätentypen erhöht werden, die voraussichtlich in Zukunft verstärkt nachgefragt werden. Der Flexibilitätsuntergrenzfaktor wird mit dem Quotienten aus Anzahl möglicher Schüler und Anzahl zu bearbeitender Aktivitäten der Aktivitätentypen mit Zukunftsrelevanzgrad λ multipliziert.

4. **Starttermin**: Geplanter Bearbeitungsstart einer Aktivität liegt nach dem vom Prognosemodul berechneten oder vom Disponenten vorgegebenen frühesten Starttermin. Hierdurch werden die Einsatzmöglichkeiten einer Ressource für eine Aktivität nach vorne limitiert, und reduziert somit den Rechenaufwand bei der Lösung des LOPs. Das Starintervall wird als ganzzahlige Zahl angegeben und entspricht dem Zeitintervall, in welchem die Aktivität frühestens bearbeitet werden kann.
5. **Liefertermin**: Geplantes Ende einer Aktivität liegt vor dem vom Prognosemodul berechneten spätesten Endzeitpunkt beziehungsweise vor dem vorgegebenen Liefertermin des Disponenten. Das Endintervall wird als ganzzahlige Zahl angegeben und entspricht dem Zeitintervall, zu welchem die Aktivität spätestens beendet sein muss.
6. **Ablauf**: Einhalten der im Meta-Modell vorgegebenen Reihenfolge bei der Abarbeitung der Aktivitäten einer Workflowinstanz, womit die im Workflowmodell definierten und notwendigen Vorgänger-Nachfolger-Beziehungen eingehalten werden.
7. **Ressourcenverfügbarkeit**: eine Ressource, welche zur Bearbeitung einer Aktivität eingeplant ist, steht in dem vorgesehenen Bearbeitungszeitraum dem WfMS zur Verfügung und bearbeitet maximal eine Aktivität pro Zeitintervall.
8. **Anzahl bearbeitender Ressourcen einer Aktivität**: Eine Aktivität wird nur beim Vieraugenprinzip von zwei Ressourcen bearbeitet, wovon eine Ressource die Qualifikation „Schüler" und die andere die Qualifikation „Lehrer" aufweisen muss. Ansonsten wird eine Aktivität von einer Ressource bearbeitet, welche die Qualifikation „Bearbeiter", „Lehrer" oder „Alternativ" besitzt.
9. **Vollständigkeit**: eine Ressource bearbeitet eine Aktivität immer vollständig oder gar nicht. Diese Nebenbedingung resultiert aus der Annahme, dass die weitere Zerlegung eines Aktivitätentyps wirtschaftlich nicht sinnvoll ist und dass die nach einem Abbruch zu erfolgende Übergabe unnötig Ressourcen verzehrt.
10. **Gleichzeitigkeit**: im Rahmen des Vieraugenprinzips bearbeitet eine Ressource mit der Qualifikation „Schüler" niemals eine Aktivität ohne die Beaufsichtigung einer Ressource

mit der Qualifikation „Lehrer". Hierdurch soll eine qualifizierte Weiterbildung und die Anforderung, Aktivitäten nur von qualifizierten Ressourcen bearbeiten zu lassen, gewährleistet werden (s. Kapitel 4.2.2.1).

11. **Auslastung**: Für alle Ressourcen wird vom Disponent die minimale prozentuale Auslastung in *G_Performer[]* vorgegeben (s. Kapitel 4.4.2.2). Die durchschnittlichen Abweichungen dieser Vorgaben dürfen den ebenfalls vom Disponenten vorgegebenen Wert *GK_DeltaAuslas_max* nicht unterschreiten.

Mit der Nebenbedingung „Auslastung" wird der in Kapitel 4.1.2 erwähnte Betriebszustand „Ressourcenunterauslastung" vermieden. Dem Disponenten werden darüber hinaus im Rahmen von Reports die voraussichtliche Ressourcenauslastung mitgeteilt, womit er gegebenenfalls bei einer sich andeutenden Ressourcenunterauslastung Kapazitäten interner oder externer Ressourcen reduzieren kann.

Dem Disponenten stehen mit dem oben beschriebenen LOP neben den Konfigurationsparametern im Wesentlichen zwei Möglichkeiten zur Verfügung, das Ergebnis der Ressourceneinsatzplanung im operativen Einsatz unmittelbar zu beeinflussen:

- Veränderung der vom Prognosemodul berechneten frühesten Start- und spätesten Endtermine für die Bearbeitung der einzelnen Aktivitäten oder einer Workflowinstanz.
- Anpassung der individuellen Auslastungsuntergrenze und somit bei Reduzierung der Untergrenze die Schaffung einer größeren Kapazitätsreserve, um eventuelle Störungen oder erhöhte Ressourcenanforderungen abfangen zu können.

5.2.2 Alternative Ziele

In der computergestützten Produktionsplanung und -steuerung werden neben den im Rahmen der Arbeit verwendeten Zielkriterien weitere eingesetzt, die im Algorithmus ebenfalls alternativ als Zielkriterium verwendet werden könnten:[141]

- Minimierung der Wartezeiten,
- Maximierung der Kapazitätsauslastung bzw. Minimierung der Leerzeiten,
- Minimierung der Lieferterminabweichungen.

Eine Minimierung der Lieferterminabweichungen beinhaltet eine Auflockerung der im Rahmen der Arbeit gesetzten Nebenbedingung, die vorgegebenen Liefertermine einzuhalten. Als alternatives viertes Zielkriterium allerdings wäre die Minimierung der Lieferterminabweichungen in Situationen von starkem Ressourcenmangel oder Ressourcenengpässen durchaus denkbar. Bei dessen Einsatz müsste gleichzeitig die Nebenbedingung fünf (Liefertermin) er-

[141] Vgl. Zäpfel 2000 /Produktionsmanagement/ S. 190

satzlos gestrichen werden. Eine Lösung mit diesem Zielkriterium wird im Rahmen der Arbeit jedoch nicht weiter verfolgt, da das Prognosemodul bei Ressourcenmängeln gezielt die Liefertermine von Workflowinstanzen mit geringer Priorität verschiebt oder diese ganz stoppt. Hiermit wird die Möglichkeit, Liefertermine aller Workflowinstanzen zu verschieben, auf diejenigen mit einer geringen Priorität eingeschränkt.

An Stelle des Ziels, die Einsatzflexibilität jeder einzelnen Ressource anzupassen, werden in der Praxis häufig Kapazitätsreserven vorgehalten und Sicherheitszeiten in die Planung eingeräumt, um damit die Planungsflexibilität bei auftretenden Störungen abzufangen.[142] Eine solche Planungsflexibilität kann im Rahmen der Arbeit vom Disponenten durch die Vorgabe einer kleineren Auslastungsuntergrenze ebenfalls erreicht werden.

5.2.3 Verwendete Symbole

Der Algorithmus berechnet mit den ihm zur Verfügung stehenden Informationen in den Planungsdatensätzen des Prognosemoduls den Ressourceneinsatz. In diesem Kapitel werden die für die mathematische Formulierung des LOPs verwendeten Symbole vorgestellt.

5.2.3.1 Mengen

A	Menge aller im Workflowmodell definierter Aktivitätentypen a; $\mathsf{A} = \{1, 2, .., A\}$.
B	Menge möglicher Qualifikationen einer Ressource s für einen Aktivitätentyp a; $\mathsf{B} = \{b_1, b_2, b_3, b_4\}$, b_1: *Lehrer*, b_2: *Bearbeiter*, b_3: *Schüler*, b_4: *Alternativ*.
J	Menge aller im WfMS vorkommender Aktivitäten j; $\mathsf{J} = \{1, 2, .., J\}$.
S	Menge aller im WfMS zu steuernden Ressourcen s; $\mathsf{S} = \{1, 2, .., S\}$.
T	Menge der Zeitintervalle von jetzt bis zum Ende des Planungszeitraums; $\mathsf{T} = \{T_0, T_0+1, .., T_{end}\}$.
Λ	Menge möglicher Stufen, inwiefern ein Aktivitätentyp und dessen Instanzen in Zukunft nachgefragt werden. $\Lambda = (\lambda_1, \lambda_2)$, λ_1: *erstrebenswert*, λ_2: *irrelevant*.

5.2.3.2 Indizes

A	Aktivitätentyp im Workflowmodell; $a \in \mathsf{A}$
J	Aktivität; $j \in \mathsf{J}$.
S	Ressourcen, welche dem WfMS zur Bearbeitung von Aktivitäten zur Verfügung stehen; $s \in \mathsf{S}$
T	betrachtetes Zeitintervall für Ressourceneinsatzplanung; $t \in \mathsf{T}$
Λ	Einschätzung der Zukunftsrelevanz der Aktivitätentypen a; $\lambda \in \Lambda$.

[142] Vgl. Schneeweiß 2002 /Produktionswirtschaft/ S. 105-106.

5.2.3.3 Parameter aus dem Prognosemodul

DA_a Anzahl von Zeitintervallen, die durchschnittlich für die Bearbeitung der Instanzen von Aktivitätentyp a benötigt werden, reelle Zahl.

D_{as} Anzahl von Zeitintervallen, die Ressource s durchschnittlich für die Bearbeitung der Instanzen von Aktivitätentyp a benötigt; ganzzahlig.

FS_j Frühestes Startintervall der Aktivität j, ganzzahlig

K_a Direkt zurechenbare durchschnittliche Bearbeitungskosten zum Aktivitätentyp a, reelle Zahl [WE].

SE_j spätestes Endintervall der Aktivität j, ganzzahlig.

5.2.3.4 Verfügbarkeit und Kosten von Ressourcen

a_{st} Verfügbarkeit der Ressource s im Intervall t; $a_{st} \in \{0; 1\}$; 0: Ressource s ist in t nicht verfügbar, 1: s ist in t verfügbar.

k_s Lohnkosten der Ressource s, welche vom HR-System bezogen und pro Zeitintervall t umgerechnet werden, reelle Zahl [WE].

5.2.3.5 Parameter und Mengen aus dem Workflowmodell

AT_j Aktivitätentyp a, welcher der Aktivität j übergeordnet ist; $AT_j \in \mathsf{A}$

AZ_λ Menge aller Aktivitätentypen, die vom Disponenten hinsichtlich Zukunftsrelevanz mit λ eingestuft werden; $\mathsf{AZ}_\lambda \subseteq \mathsf{A}$.

B_{sa} Ressourcenqualifikation von s für Bearbeitung von Aktivitätentyp a: $B_{sa} \in \mathsf{B}$

J_a Menge aller Aktivitäten j, welche dem Aktivitätentyp a untergeordnet sind; $\mathsf{J}_a \subseteq \mathsf{J}$.

J_λ Menge aller Aktivitäten j, welche einem Aktivitätentyp a untergeordnet sind, der hinsichtlich Zukunftsrelevanz als λ eingestuft ist; $\mathsf{J}_\lambda \subseteq \mathsf{J}$.

VG_j Alle Aktivitäten, die in der Bearbeitungsreihenfolge direkt vor der Aktivität j liegen und vor Bearbeitungbeginn von j fertig gestellt sein müssen: $\mathsf{VG}_j \subseteq \mathsf{J}$.

5.2.3.6 Mengen von Ressourcen mit unterschiedlichen Qualifikationen

SA_a Menge aller Ressourcen s, welche Instanzen des Aktivitätentyps a alleine bearbeiten können und entweder die Qualifikation b_1, b_2 oder b_4 haben; $\mathsf{SA}_a \subseteq \mathsf{S}$.

SL_a Menge aller Ressourcen s, welche für die Bearbeitung von Instanzen des Aktivitätentyps a vom Disponenten als Lehrer eingestuft werden (b_1); $\mathsf{SL}_a \subseteq \mathsf{S}$

SR_a Menge aller Ressourcen s, welche für die Bearbeitung von Instanzen des Aktivitätentyps a vom Disponenten als erfahren eingestuft werden; $\mathsf{SR}_a \subseteq \mathsf{S}$

SS_a Menge aller Ressourcen s, welche für die Bearbeitung von Instanzen des Aktivitätentyps a vom Disponenten als Schüler eingestuft werden (b_3); $\mathsf{SS}_a \subseteq \mathsf{S}$

5.2.3.7 Konstanten und Planvariablen

Im Mittelpunkt des LOP steht die in Kapitel 4.6.3 geforderte dreidimensionale Ressourceneinsatzmatrix, welche durch die binäre Ressourceneinsatzvariable e_{jst} dargestellt wird.

e_{jst} Ressourceneinsatz von Ressource s im Zeitintervall t bzgl. der Aktivität j: $e_{jst} \in \{0, 1\}$, 0: Ressource s bearbeitet j in t nicht, 1: Ressource s bearbeitet j in t.

Die Konstanten, welche für die Bestimmung der Ober- und Unterschranken in den Nebenbedingungen verwendet werden, können vom Disponenten jederzeit mittels der globalen Konfigurationsvariabeln (siehe Tabelle 24) angepasst werden. Die Festlegung der Zeitintervalldauer τ wird einmalig vor dem Start des Algorithmus festgelegt:

c_{1a} Durchlaufzeitobergrenzenfaktor pro Aktivitätentyp a, reelle Zahl.

c_{2a} Kostenobergrenzefaktor pro Aktivitätentyp a, reelle Zahl.

c_{3a} Flexibilitätsobergrenze pro Aktivitätentyp a: Faktor zur Festlegung der maximalen Anzahl von Einsätzen erfahrener Ressourcen, Aktivitäten desselben Aktivitätentyps zu bearbeiten; reelle Zahl.

$c_{4\lambda}$ Flexibilitätsuntergrenze: Faktor zur Festlegung der minimalen Anzahl von Schülereinsätzen im gesamten Planungszeitraum in Abhängigkeit der Zukunftsrelevanz λ, reelle Zahl.

c_5 Untergrenze für durchschnittliche Abweichung von der vorgegebenen Auslastungsuntergrenze aller Ressourcen s in Prozent, ganzzahlig.

τ Dauer eines Zeitintervalls in Sekunden, ganzzahlig.

T_0 Aktuelles Zeitintervall (Vorgabe durch Prognosemodul), ganzzahlig.

T_{end} Intervall am Ende des Planungszeitraums, welches täglich gegen 00:00 Uhr vom Algorithmus um $\frac{86.400}{\tau}$ inkrementiert wird (s. Kapitel 4.1.3), ganzzahlig.

$U_{min,s}$ Minimale Auslastung pro Ressource s in Prozent.

Zur Berechnung des Ressourceneinsatzes verwendet der Algorithmus so genannte Planungsvariablen und Planungsmengen, die direkt aus der dreidimensionalen binären Ressourceneinsatzmatrix e_{jst} abgeleitet werden.

JS_j JS_j ist die Menge der Ressourcen s, welche zur Durchführung der Aktivität j vorgesehen sind; die Menge JS_j ist leer, wenn im betrachteten Planungszeitraum die Aktivität j von keiner Ressource bearbeitet wird. Wird j im Planungszeitraum bearbeitet, enthält JS_j eine Ressource s mit der Qualifikation Lehrer (b_1), Bearbeiter (b_2), Alternativ (b_4) oder im Rahmen des Vieraugenprinzips zwei Ressourcen mit den Qualifikationen Lehrer (b_1) und Schüler (b_3).

$$j \in J: \qquad JS_j = \{s \mid s \in \mathcal{S} \wedge \sum_{t=T_0}^{T_{end}} e_{jst} \geq 1\}. \qquad \text{(DF 1)}$$

JSS_j Die Menge JSS_j enthält eine Ressource s, wenn diese die Qualifikation Schüler (b_3) hat und für die Durchführung der Aktivität j eingeplant ist; die Selektion erfolgt mittels der Schülermenge SS_a, welche alle vom Disponenten als Schüler eingestuften Ressourcen pro Aktivitätentyp a angibt, wobei AT_j der übergeordnete Aktivitätentyp der Aktivität j ist:

$$j \in J: \qquad JSS_j = \{s \mid s \in SS_{AT_j} \wedge \sum_{t=T_0}^{T_{end}} e_{jst} \geq 1\}. \qquad \text{(DF 2)}$$

AJ_{as} Die Menge AJ_{as} enthält alle Aktivitäten des Aktivitätentyps a, deren Bearbeitung durch eine Ressource s erfolgen soll. Dabei werden lediglich die Aktivitäten untersucht, welche in der Menge J_a sind, also der Menge aller untergeordneten Aktivitäten j des Aktivitätentyps a.

$$a \in A: \quad s \in S: \qquad AJ_{as} = \{j \mid j \in J_a \wedge \sum_{t=T_0}^{T_{end}} e_{jst} \geq 1\}. \qquad \text{(DF 3)}$$

D_j Geplante Anzahl von Zeitintervallen für die Durchführung der Aktivität j; im Rahmen des Vieraugenprinzips addiert sich die Anzahl für die Bearbeitung geplanter Zeitintervalle von Lehrer und Schüler. Sie wird an Hand der Menge JS_j (s. DF 1) ermittelt, welche nur die für die Bearbeitung von j vorgesehene Ressourcen enthält.

$$j \in J: \qquad D_j = \sum_{s \in JS_j} \sum_{t=T_0}^{T_{end}} e_{jst} \qquad \text{(DF 4)}$$

MSS_a Menge aller Ressourcen mit der Qualifikation „Schüler“, welche für die Durchführung der Aktivitäten j des übergeordneten Aktivitätentyps a eingeplant sind. MSS_a ist die Vereinigungmenge aller Mengen JSS_j (s. DF 2), welche die für die Bearbeitung vorgesehenen Ressourcen mit der Qualifikation Schüler (b3) enthalten; es werden lediglich die Aktivitäten j betrachtet, die dem Aktivitätentyp a untergeordnet sind (J_a).

$$a \in A: \qquad MSS_a = \underset{j \in J_a}{} JSS_j. \qquad \text{(DF 5)}$$

E_j E_j ist das Zeitintervall, in welchem die Durchführung der Aktivität j beendet sein soll. Die Ermittlung erfolgt mittels der Menge JS_j (s. DF 1), welche nur die für die Bearbeitung von j vorgesehenen Ressourcen enthält.

$$j \in J: \qquad E_j = \max \{ t \mid t \in T \wedge \; s \in JS_j : e_{jst} = 1 \}. \qquad \text{(DF 6)}$$

S_j S_j ist das Zeitintervall, in welchem der Bearbeitungsbeginn der Aktivität j geplant ist. Die Ermittlung erfolgt mittels der Menge JS_j (s. DF 1), welche nur die für die Bearbeitung von j vorgesehenen Ressourcen enthält.

$$j \in J: \qquad S_j = \min \{ t \mid t \in T \wedge \; s \in JS_j : e_{jst} = 1 \}. \qquad \text{(DF 7)}$$

5.2.4 Mathematische Formulierung der drei Zielfunktionen

Zielfunktion 1: Die Minimierung der geplanten Bearbeitungsdauer entspricht der Minimierung der Anzahl von Zeitintervallen D_j (D_j s. DF 4), in denen eine Aktivität j im Planungszeitraum von einer Ressource beziehungsweise zwei Ressourcen im Rahmen des Vieraugenprinzips bearbeitet wird:

$$\min \sum_{j=1}^{J} D_j \tag{ZF 1}$$

Zielfunktion 2: Minimierung der geplanten variablen Ressourcenkosten über den Planungszeitraum T_0 bis T_{end} mittels der Ressourcenlohnkosten k_s, welche vom HR-System pro Ressource s und Zeitintervall t zur Verfügung gestellt werden. Kosten für Ressourcen, die zum Einsatz bereitstehen, aber vom Algorithmus nicht eingeplant werden, bleiben unberücksichtigt:

$$\min \sum_{j=1}^{J} \sum_{s=1}^{S} \sum_{t=T_0}^{T_{end}} e_{jst} \cdot k_s \tag{ZF 2}$$

Zielfunktion 3: Maximierung der Ressourceneinsatzflexibilität durch qualifizierte Schulungen im Rahmen des Vieraugenprinzips möglichst vieler Ressourcen für weitere Aktivitätentypen. Die Maximierung erfolgt mittels der Menge MSS_a (s. DF 5), welche alle Ressourcen s mit der Qualifikation „Schüler" beinhaltet, die zur Durchführung der Aktivitäten j des übergeordneten Aktivitätentyps a eingeplant sind:[143]

$$\max \sum_{a=1}^{A} \left| MSS_a \right| \tag{ZF 3}$$

5.2.5 Mathematische Formulierung der Nebenbedingungen

Die nun aufgeführten Nebenbedingungen des binären LOP sind im Normalbetrieb bei allen drei Zielfunktionen zu erfüllen. Die Konstanten in den Nebenbedingungen können bei sich andeutenden Ressourcenengpässen oder -mängeln vom Planungsmodul in einem vom Disponenten vorgegebenem Rahmen angepasst, vereinzelt sogar ganz gestrichen werden. Die Nummerierung der Nebenbedingungen ist identisch mit der Nummerierung der jeweiligen Beschreibung in Kapitel 5.2.1.

1. Zeit: Obergrenze für die durchschnittlich geplante Anzahl von Bearbeitungsintervallen der untergeordneten Aktivitäten j eines Aktivitätentyps a; die Obergrenze resultiert aus der bisher statistisch ermittelten durchschnittlichen Anzahl von Bearbeitungsintervallen DA_a multipliziert mit einer vom Disponenten vorgegebenen Konstanten c_{1a}, dem Durchlaufzeitobergrenzenfaktor.

[143] Anzahl der Elemente einer Menge S (Kardinalität): $|S|$; vgl. Cormen, T. H.; Leiserson, C. E.; Rivest, R. L. 2007 /Algorithmen/ S. 1076

$$a \in A: \qquad \frac{\sum_{j \in J_a} D_j}{|J_a|} \le c_{1a} \cdot DA_a \qquad \text{(NB 1)}$$

Wie in der obigen Formel erkennbar ist, kann der Disponant an Hand des Durchlaufzeitobergrenzenfaktors c_{1a} gezielt durch ein Heraufsetzen der Obegrenze Schülereinsätze für einen Aktivitätentyp a fördern und damit die im Rahmen der Arbeit geforderte Einsatzflexibilität der Ressourcen steigern; dabei muss gleichzeitig der Kostenobergrenzfaktor c_{2a} in Nebenbedingung 2 entsprechend erhöht werden, damit die mit dem Schülereinsatz verbundenen Mehrkosten nicht auf Grund der Kosten-obegrenze ausgeschlossen werden.

2. Kosten: Obergrenze für die direkt zurechenbaren durchschnittlichen Bearbeitungskosten alle dem Aktivitätentyp a untergeordneten Aktivitäten j; die Obergrenze definiert sich aus den bisher statistisch ermittelten durchschnittlichen Bearbeitungskosten K_a multipliziert mit einer vom Disponenten vorgegebenen Konstanten c_{2a}, dem Kostenobergrenzefaktor.

$$a \in A: \qquad \frac{\sum_{j \in J_a} \sum_{s \in S} \sum_{t \in T} e_{jst} \cdot k_s}{|J_a|} \le c_{2a} \cdot K_a \qquad \text{(NB 2)}$$

3. Flexibilität
   a. Folgende Restriktion sichert, dass Ressourcen für die Durchführung von Aktivitäten, für die sie nach Auffassung des Disponenten als erfahren gelten (s. Abbildung 21), nicht zu häufig eingeplant werden.

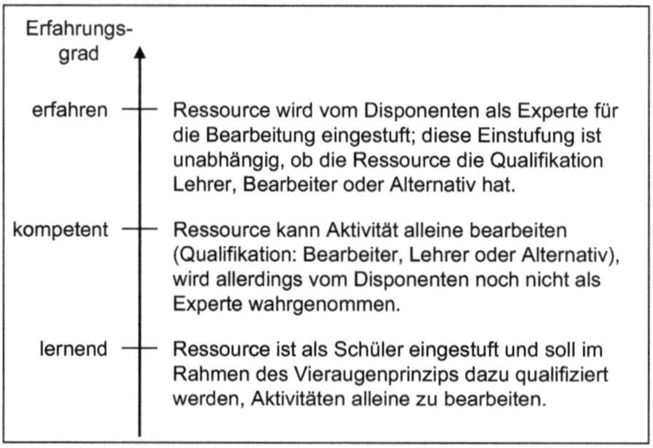

Abbildung 21: Differenzierung des Erfahrungsgrads bei Ressourcen

Für Ressourcen, die bei der Durchführung von Aktivitäten des Typs a als erfahren zählen, soll die durchgeführte Anzahl der von a untergeordneten Aktivitäten (AJ_{as} s.

DF 3) eine vom Disponenten vorgegebene Obergrenze nicht überschreiten. Die Obergrenze berechnet sich aus dem Quotienten der Anzahl aller Aktivitäten j, welche dem Aktivitätentyp a untergeordnet sind ($|J_a|$) und der Anzahl der Ressourcen s, welche dem Aktivitätentyp a untergeordnete Aktivitäten j auf Grund ihrer Qualifikation alleine bearbeiten können ($|SA_a|$), multipliziert mit einer vom Disponenten vorgegebenen Konstanten c_{3a}, der Flexibilitätsobergrenze. Dabei werden lediglich erfahrene Ressourcen s der Menge SR_a betrachtet.

$$a \in A: \quad s \in SR_a: \qquad |AJ_{as}| \leq c_{3a} \cdot \frac{|J_a|}{|SA_a|} \qquad \text{(NB 3a)}$$

b. Mit folgender Restriktion wird gezielt die Ausbildungsquote für Aktivitätentypen im Rahmen des Vieraugenprinzips gefördert, die nach Einschätzung des Disponenten auch in Zukunft von Bedeutung sein werden und eine entsprechende Nachfrage haben werden; diese Einschätzung des Disponenten wird im Rahmen der Arbeit als Zukunftsrelevanz bezeichnet und hat die beiden Ausprägungen „erstrebenswert“ (λ_1) und „irrelevant“ (λ_2.). Entsprechend muss die Anzahl geplanter Schülereinsätze pro Zukunftsrelevanz größer sein, als eine Untergrenze, die sich in Abhängigkeit der verfügbaren Ressourcen und zu bearbeitenden Aktivitäten berechnet. Die Anzahl geplanter Schülereinsätze pro Zukunftsrelevanz berechnet sich mittels der Aufsummierung aller relevanten Schülereinsätze ($|JSS_j|$ - s. auch DF 2). Zur Berechnung der Untergenze wird zunächst für jeden Aktivitätentyp derselben Zukunfstrelevanz (AZ_λ) der prozentual verfügbare Ressourcenanteil an Schülern mit der Anzahl zu bearbeitender Aktivitäten ($|J_a|$) multipliziert; die Einzelergebnisse werden aufsummiert und das Ergebnis mit der vom Disponenten vorgegebenen Flexibilitätsuntergrenze $c_{4\lambda}$ multipliziert.

$$\lambda \in \Lambda: \qquad \sum_{j \in J_\lambda} |JSS_j| \geq c_{4\lambda} \cdot \sum_{a \in AZ_\lambda} \left(\frac{|SS_a|}{|SS_a| \quad |SA_a|} \cdot |J_a| \right) \qquad \text{(NB 3b)}$$

4. Starttermin: Einhaltung der vom Prognosemodul oder Disponenten vorgegebenen frühesten Starttermine für alle Aktivitäten. Hierfür muss das geplante Startintervall der Aktivität j (S_j s. DF 7) größer oder gleich sein als das vorgegebene früheste Startintervall der Aktivität j (FS_j).

$$j \in J: \qquad S_j \geq FS_j \qquad \text{(NB 4)}$$

5. Liefertermin: Einhaltung der vom Prognosemodul oder Disponenten gesetzten Endtermine für alle Aktivitäten. Hierfür muss das geplante Endintervall der Aktivität j (E_j s. DF 6) kleiner oder gleich sein als das vorgegebene späteste Endintervall der Aktivität j (SE_j).

$$j \in J: \qquad E_j \leq SE_j \qquad \text{(NB 5)}$$

6. Ablauf: Einhaltung der im Workflowmodell definierten Bearbeitungsreihenfolge aller Aktivitäten innerhalb einer Workflowinstanz. Hierbei muss das Bearbeitungs-ende einer Aktivität j_1 (E_{j_1} s. DF 6) kleiner oder gleich sein als der Bearbeitungsbeginn aller Aktivitäten j_2 (S_{j_2} s. DF 7), die nach dem Workflowmodell direkt vor j_1 bearbeitet werden müssen, wobei die Menge VG_{j_1} die Vorgängeraktivitäten der Aktivität j_1 beinhaltet.

$$j_1 \in J: \quad j_2 \in VG_{j_1}: \qquad E_{j_2} \leq S_{j_1} \qquad \text{(NB 6)}$$

7. Ressourcenverfügbarkeit: In einem Zeitintervall t steht eine eingeplante Ressource s zur Verfügung und bearbeitet maximal eine Aktivität j. Die Verfügbarkeit einer Ressource s im Zeitintervall t ($a_{st} = 0$: nicht verfügbar; $a_{st} = 1$: verfügbar) muss von daher immer größer oder gleich der Summe der Ressourceneinsatzvariablen e_{jst} über alle Aktivitäten j der Ressource s sein.

$$s \in S: \quad t \in T: \qquad a_{st} \geq \sum_{j \in J} e_{jst} \qquad \text{(NB 7)}$$

8. Anzahl bearbeitender Ressourcen einer Aktivität: Eine Aktivität j wird entweder durch eine Ressource s mit der Qualifikation b_1 (Lehrer), b_2 (Bearbeiter) oder b_4 (Alternativ) aus der Menge SA_a bearbeitet oder von zwei Ressourcen, wovon eine die Qualifikationen b_1 (Lehrer) aus der Menge SL_a und die andere b_3 (Schüler) aus der Menge SS_a besitzt. JS_j enthält die Ressource oder Ressourcen, welche zur Bearbeitung der Aktivität j eingeplant sind (s. DF 1). Es wird der Parameter AT_j eingesetzt, welcher den der Aktivität j übergeordneten Aktivitätentyp a angibt:

$$j \in J: \left|JS_j\right| = \begin{cases} 1 \text{ falls} & JS_j \in SA_{AT_j} \\ 2 \text{ falls} & JS_j \in \{s_1; s_2\} \quad \text{mit} \quad s_1 \in SL_{AT_j} \wedge s_2 \in SS_{AT_j} \end{cases} \qquad \text{(NB 8)}$$

9. Vollständigkeit: eine Ressource bearbeitet eine Aktivität vollständig oder gar nicht. Die Summe der Ressourceneinsatzvariablen e_{jst} über den gesamten Planungszeitraum einer Ressource s, welche für die Durchführung einer Aktivität j eingeplant ist, muss der Anzahl von Zeitintervallen d_{sa} entsprechen, welche die Ressource s durchschnittlich für die Bearbeitung von Aktivitäten j des Aktivitätentyps $a = AT_j$ benötigt:

$$j \in J: \quad s \in JS_j: \qquad \sum_{t \in T} e_{jst} = d_{sAT_j} \qquad \text{(NB 9)}$$

10. <u>Gleichzeitigkeit</u>: Eine Ressource s mit der Qualifikation Schüler (b_3) bearbeitet eine Instanz niemals ohne Beaufsichtigung (Vieraugenprinzip). Betrachtet werden lediglich die Aktivitäten, die im Rahmen des Vieraugenprinzips von den Ressourcen s_1 und s_2 bearbeitet werden; hier gilt der Fall $|JS_j|=2$. Dabei müssen die Ressourceneinsatzvariablen e_{js_1t} und e_{js_2t} für den gesamten Bearbeitungszeitraum einheitlich 0 (keine Bearbeitung von j) oder 1 (Bearbeitung von j) sein:

$$j \in J \text{ mit } |JS_j| = 2: \quad t \in [S_j; E_j]: s_1 \in JS_j \wedge s_2 \in JS_j \wedge s_1 \neq s_2: \quad e_{js_1t} - e_{js_2t} = 0 \qquad \text{(NB 10)}$$

11. <u>Auslastung</u>: Restriktion führt dazu, dass eine minimale Auslastung der Ressourcen erreicht wird, wobei diese pro Ressource unterschiedlich sein kann und somit beispielsweise erfahrene Ressourcen verstärkt eingesetzt werden können. Hierfür wird über den Planungszeitraum für jede Ressource s von der geplanten Auslastung (Quotient aus eingeplanten und zur Verfügung stehenden Zeitintervallen der Ressource s) die vom Disponenten vorgegebene ressourcenspezifische Minimalauslastung $U_{min,\,s}$ subtrahiert und so die Auslastungsabweichung der Ressource s ermittelt. Die durchschnittliche Auslastungsabweichung über alle Ressourcen muss dann größer oder gleich der Auslastungsuntergrenze c_5 sein.

$$\frac{\sum_{s \in S} \left(\frac{\sum_{j \in J} \sum_{t=T_0}^{T_{end}} e_{jst}}{\sum_{t=T_0}^{T_{end}} a_{st}} \quad U_{min,s} \right)}{|S|} \geq c_5 \qquad \text{(NB 11)}$$

5.2.6 Die Planungsdatensätze

Das Planungsmodul erhält vom Prognosemodul so genannte Planungsdatensätze, in welchen alle Informationen enthalten sind, die der Algorithmus zur Berechnung des Ressourceneinsatzes im LOP benötigt. Darunter fallen neben den Vorgaben aus dem Workflowmodell die zu bearbeitenden Workflowinstanzen, die zur Verfügung stehenden Ressourcen sowie statistische Daten, wie beispielsweise die durchschnittliche Bearbeitungsdauer einer Ressource für einen Aktivitätentyp.

Der Algorithmus strebt an, die Anzahl von Manipulationen im WfMS auf ein Minimum zu reduzieren; Neuzuordnungen einmal bereits in Bearbeitung befindlicher Aktivitäten oder dem

WfMS zuvor kommunizierte Ressourcenzuordnungen, sollen möglichst verhindert werden (s. „vollständiger Anpassungsumfang“ Kapitel 4.5.3). Idealerweise werden demzufolge nur so genannte „freie Ressourcen“ eingeplant. Dabei ist zu beachten, dass sich der Zustand einer Ressource über die Zeitachse verändern kann.

Um dieser Anforderung gerecht zu werden, stellt das Prognosemodul dem Planungsmodul drei verschiedene Planungsdatensätze am Ende jedes Zeitintervalls bereit:

1. Folgeplanungsdatensatz (FPDS): eine Ressourceneinsatzplanung wird nur für „freie“ Ressourcen gestattet; Ressourcen gelten in den Zeiträumen als frei, in denen sie dem WfMS zur Verfügung stehen und nicht bereits dem WfMS als eingeplante Ressource für die Bearbeitung einer Aktivität kommuniziert wurden. Ans WfMS kommunizierte Zuordnungen von Ressourcen zu Aktivitäten sowie die damit verbundenen geplanten Start- und Endzeiten der Aktivitäten werden als gegeben und unveränderbar angenommen.
2. Teilplanungsdatensatz (TPDS): neben den gestatteten Zuordnungen beim Folgeplanungsdatensatz sind hier auch Neuzuordnungen von bereits erfolgten und an das WfMS kommunizierten Zuordnungen möglich, solange bei diesen die Bearbeitung noch nicht aufgenommen wurde.
3. Komplettplanungsdatensatz (KPDS): es erfolgt eine komplette Ressourceneinsatzplanung, selbst von den Aktivitäten, die sich bereits in Bearbeitung befinden. Dies erfolgt unter der Annahme, dass Aktivitäten jederzeit unterbrochen und von einer anderen Ressource bearbeitet werden können (s. „Anpassungsumfang“ und „Anpassungsdauer“ in Kapitel 4.5.3).

Eine Beschreibung über die Struktur der Planungsdatensätze sowie dem Vorgehen bei deren Erstellung folgt in Kapitel 6.5; die Art und Weise, wie das Planungsmodul die drei Planungsdatensätze zur Ermittlung der Ressourceneinsatzplanung verwendet, in Kapitel 5.3.1.

5.3 Methodik des Planungsmoduls

Aufgabe des Planungsmoduls ist es mittels der drei Planungsdatensätze und den in Kapitel 5.2.1 definierten binären LOP einen Ressourceneinsatzplan zu ermitteln. Kann das LOP nicht gelöst werden, so können die gesetzten Ober- und Unterschranken angepasst werden sowie gegebenenfalls Nebenbedingungen weggelassen werden. Die Methodik, wie das Planungsmodul die Ressourceneinsatzplanung ermittelt, ist Gegenstand dieses Kapitels.

5.3.1 Parallele Berechnung der Planungsdatensätze

Bei dem zu lösenden Optimierungsproblem handelt es sich um ein Resource Constrained Project Scheduling Problem (RCPSP) aus dem Projektmanagement, welches mit Elementen von PPS-Systemen ergänzt wird (s. Kapitel 5.1.4). Ein RCPSP gehört zur Klasse der NPschweren Problemen, was sich auch durch die Erweiterung mit dem PPS-Ansatz nicht ändert.[144] Der Algorithmus ermittelt den Ressourceneinsatzplan auf Grund der hohen Komplexität, wie in Kapitel 2.3.3 beschrieben, situationsbedingt in bis zu drei Arbeitsstufen, was eine Abschwächung der Anforderungen an das LOP impliziert; die Ermittlung einer eventuell suboptimalen Ressourceneinsatzplanung ist die Folge.

Die Ergebnisse jeder Stufe werden in der globalen Tabelle *GP_Ergebnis[]* zwischengespeichert. Die Tabelle ist vom Aufbau her identisch mit der Tabelle *GS_WfInstanz[]*, jedoch um einige Attribute reduziert:

Attributsname	Beschreibung
P_Effizienzquotient	Summe der Effizienzquotienten von effizientester Lösung
P_Anz_Akt	Anzahl einzuplanender Aktivitäten im Planungszeitraum.
P_Akt []	Array für jede zu bearbeitende Aktivität.
W_ID_Akt	Identifier der Aktivität im WfMS.
P_Index_Perf[]	Index des oder der eingeplanten Bearbeiter in *G_Performer[]*.
P_Start	geplantes Zeitintervall für Bearbeitungsstart.
P_Ende	geplantes Zeitintervall für Bearbeitungsende.

Tabelle 28: Struktur der Tabelle *GP_Ergebnis[]*

Gibt es zu einem Planungsdatensatz keine Lösung, so wird die Anzahl der zu bearbeitenden Aktivitäten (P_Anz_Akt) auf null gesetzt.

Die Indizes in die Tabelle *GP_Ergebnis[]* sind wie folgt festgelegt:

	Arbeitsstufe 1	Arbeitsstufe 2	Arbeitsstufe 3
Folgeplanungsdatensatz Zielkriterium 1	0	1	2
Teilplanungsdatensatzes Zielkriterium 1	3	4	5
Komplettplanungsdatensatz Zielkriterium 1	6	7	8
Folgeplanungsdatensatz Zielkriterium 2	9	10	11
Teilplanungsdatensatzes Zielkriterium 2	12	13	14
Komplettplanungsdatensatz Zielkriterium 2	15	16	17
Folgeplanungsdatensatz Zielkriterium 3	18	19	20
Teilplanungsdatensatzes Zielkriterium 3	21	22	23
Komplettplanungsdatensatz Zielkriterium 3	24	25	26

Tabelle 29: Indexverteilung in der Tabelle *GP_Ergebnis[]*

In jeder Arbeitsstufe wird parallel das LOP für alle drei Planungsdatensätze gelöst, solange in der Vorstufe noch keine Lösung für den Folgeplanungsdatensatz ermittelt werden konnte.

In **Arbeitsstufe eins** wird versucht, das vollständige lineare Optimierungsproblem für jede Zielfunktion für die drei Planungsdatensätze zu lösen. Die Ergebnisse der Stufe werden wie

[144] Vgl. Blazewicz, J.; Lenstra, J.K.; Rinnoy Kan, A. 1983 /Scheduling/ S. 11 ff. und Brucker, Knust, S. 2006 /Scheduling/ S. 51

oben beschrieben in der Tabelle *GP_Ergebnis[]* festgehalten. Gibt es eine Lösung für den Folgeplanungsdatensatz, ist der im Rahmen des LOPs beste Ressourceneinsatz bereits ermittelt, eine Weiterführung der Arbeitsstufen zwei und drei ist nicht erforderlich.

In **Arbeitsstufe zwei** werden die Ober- und Untergrenzen von fünf Nebenbedingungen angepasst (Details, siehe Kapitel 5.3.2) und erneut versucht, das angepasste Optimierungsproblem für die noch nicht gelösten Planungsdatensätze zu lösen. Gibt es eine Lösung für den Folgeplanungsdatensatz, so wird wie in Stufe eins verfahren.

In **Arbeitsstufe drei** werden die fünf Nebenbedingungen erneut angepasst beziehungsweise ersatzlos gestrichen und wie in den Stufen eins und zwei verfahren. Gibt es bis dahin keine Lösung für den Folgeplanungsdatensatz, so entspricht der im Rahmen des LOPs beste Ressourceneinsatz der Lösung des Teilplanungsdatensatzes auf der niedrigsten Arbeitsstufe; liegt dieser ebenfalls nicht vor, ist der Komplettplanungsdatensatz der niedrigsten Arbeitsstufe zu verwenden.

Nach Ermittlung der innerhalb des LOPs besten Lösung addiert das Planungsmodul entsprechend Kapitel 4.2.3 die drei Effizienzquotienten der LOP-Lösung zu einer Summe, welche mit dem Ergebnis der Summen von den beiden anderen LOP-Lösungen verglichen wird (s. auch Kapitel 4.2.2.2).

Das Ergebnis der effizientesten Lösung wird in der globalen Kommunikationsvariablen *GP_Erg_Planung* festgehalten und mittels des Index der effizientesten Lösung in die Tabelle *GP_Ergebnis[]* festgehalten; die Summe der Effizienzquotienten der effizientesten Lösung wird in GP_Ergebnis[] festgehalten. Liegt keine Lösung vor, so wird an Stelle des Index der Wert „-1“ eingetragen. Wie die anderen beiden Module mit dieser Information umgehen, ist den Kapiteln der jeweiligen Module zu entnehmen.

5.3.2 Anpassung der Nebenbedingungen

Wie in Kapitel 5.3.1 bereits dargestellt, werden bei der Ermittlung des Ressourceneinsatzes gegebenenfalls in den Arbeitsstufen zwei und drei fünf der Nebenbedingungen vom Algorithmus angepasst oder ganz gestrichen. Die anderen Nebenbedingungen, wie beispielsweise die Ablaufreihenfolge der Aktivitäten innerhalb einer Workflowinstanz, dürfen unter keinen Umständen verändert werden.

Die fünf veränderbaren Nebenbedingungen enthalten alle Ober- oder Untergrenzen, welche mittels der darin enthaltenen Faktoren c_{1a}, c_{2a}, c_{3a}, $c_{4\lambda}$ und c_5 (siehe Kapitel 5.2.3.7) variiert werden können. Inwieweit die Faktoren vom Algorithmus eigenständig in den Arbeitsstufen zwei und drei angepasst werden können, wird in der globalen Konfigurationsvariabeln *GK_Anpassung_NB$_f$[]* vom Disponenten vorgegeben (siehe Kapitel 4.3.5). Wie alle globalen

Konfigurationsvariabeln können vom Disponenten auch die Werte von *GK_Anpassung_NB$_f$[]* jederzeit verändert werden. Welche Nebenbedingungen in welcher Arbeitsstufe angepasst oder ganz gestrichen werden, ist Tabelle 2 auf Seite 19 zu entnehmen.

5.3.3 Interaktionen des Planungsmoduls

Das Planungsmodul hat keine direkten Schnittstellen zu den anderen beiden Modulen, es interagiert ausschließlich über die globalen Kommunikationsvariabeln und Tabellen (siehe Kapitel 4.3.5), wie beispielsweise *GP_Ergebnis[]*. Im Folgenden werden die binären globalen Kommunikationsvariabeln mit der Bezeichnung „GF_..“ vereinfachend als Flag bezeichnet. Sobald das Flag *GF_PDatensatz* vom Prognosemodul auf „ja“ gesetzt wird und somit die Planungsdatensätze dem Planungsmodul zur Verfügung stehen, startet letzteres mit der Lösung der LOPs; es setzt zunächst die Flags *GF_Berechnung* sowie *GF_PDatensatz* auf „nein“ und startet mit der Ermittlung des Ressourceneinsatzplans, wie in den vorangegangenen Kapiteln beschrieben. Nach Beendigung der Berechnungen und Auswahl der effizientesten Lösung setzt es das Flag *GF_Berechnung* wieder auf „ja“ und stellt in der globalen Kommunikationsvariabeln *GP_Erg_Planung* den Index der effizientesten Lösung in die globale Tabelle *GP_Ergebnis[]* ein; konnte keines der Optimierungsprobleme gelöst werden, so erfolgt der Eintrag „-1“.

5.3.4 Ablaufplan des Planungsmoduls

In der folgenden Abbildung ist zur Übersicht der Methodik des Planungsmoduls noch einmal grob graphisch aufgearbeitet.

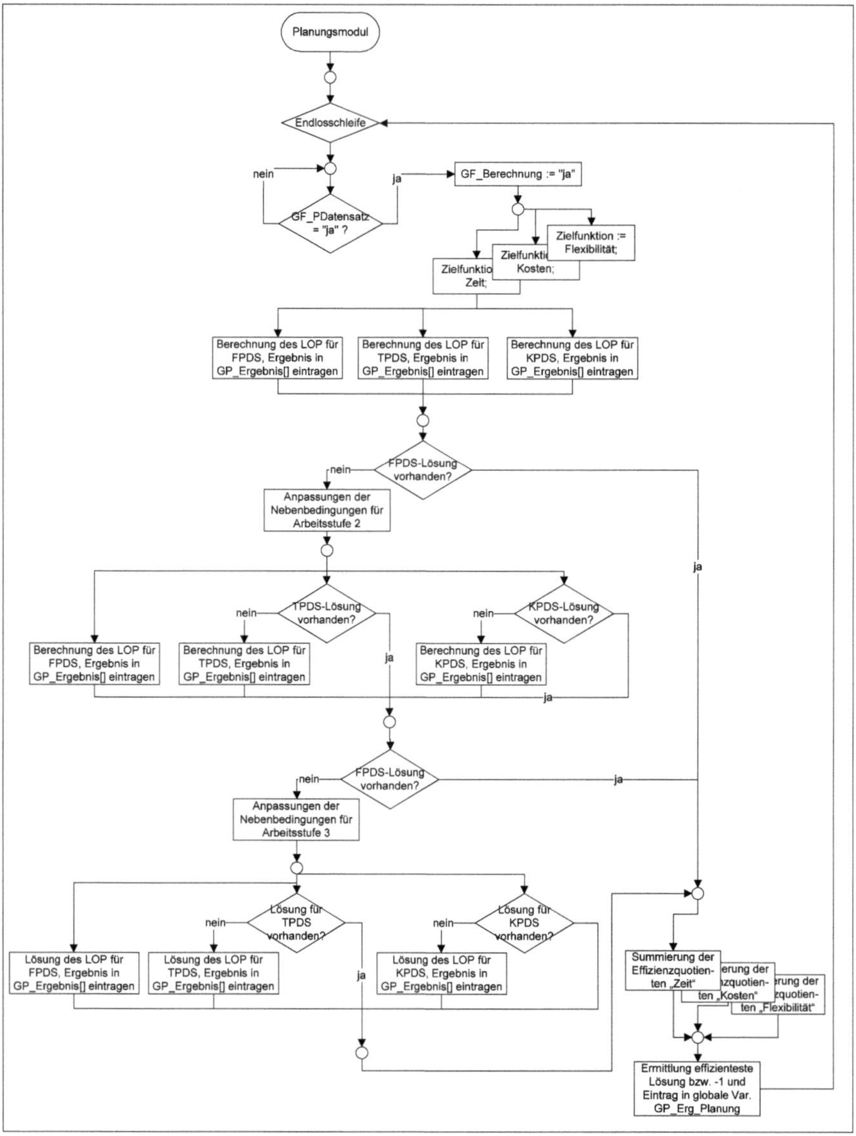

Abbildung 22: Ablaufbeschreibung des Planungsmoduls

5.4 Implementierung des LOP und Durchführung von Tests

Das in Kapitel 5.2 beschriebene binäre LOP wurde in AMPL (A Modelling Language for Mathematical Programming) modelliert und an einen kommerziellen Optimierungsalgorithmus übergeben, um die Konsistenz und Logik des LOP an Hand von Testreihen zu überprüfen und eine Größenordnung über die zur Ermittlung des Ressourceneinsatzes benötigte Rechenzeit zu erhalten. AMPL kann zur Lösung großer skalierbarer Optimierungsprobleme eingesetzt werden, wie beispielsweise in der Produktion, der Distribution oder beim Erstellen von Einsatzplänen.

5.4.1 Der Optimierungsalgorithmus CPLEX

AMPL ist eine mathematische Modellierungssprache, die eine Formulierung mathematischer Modelle und Optimierungsprobleme in abstrakter Form ermöglicht und diese in eine Form übersetzt, die ein Optimierungsalgorithmus zur Berechnung der eigentlichen Lösung benötigt. Die Optimierungsalgorithmen werden bei AMPL als Solver bezeichnet. Zur Lösung von ganzzahligen LOP ist der Solver CPLEX vorgesehen, welcher zur Durchführung sämtlicher Testreihen verwendet wurde.[145]

Der Solver CPLEX ist ein Produkt der Firma ILOG, welches für die Lösung von ganzzahligen LOP eingesetzt werden kann; zur Ermittlung der Lösung stehen CPLEX unterschiedliche Methoden, wie beispielsweise Schnittebenenverfahren oder Heuristiken, zur Auswahl, die er, solange er beim Aufruf nicht anders instruiert wird, nach Bedarf einzeln oder gemischt zur Lösungsermittlung einsetzt.[146] Wenn nicht anders instruiert oder die Berechnung vom Benutzer abgebrochen wird, berechnet der Solver nach Aussagen von ILOG eine exakte Lösung. Bei einem Abbruch der Berechnungen durch den Benutzer liefert CPLEX das bis dahin ermittelte beste Zwischenergebnis.

Bei den im Rahmen der Arbeit durchgeführten Testreihen wurden die von CPLEX durchgeführten Berechnungen nicht abgebrochen.

5.4.2 Modell- und Datensatz

AMPL wird in zwei unterschiedlichen Modi betrieben, dem Modell- und dem Datenmodus. Im Modellmodus erhält AMPL die mathematische Formulierung des zu lösenden Problems, im Datenmodus die zur Berechnung erforderlichen Zahlenwerte von den im Modell enthaltenen Parametern.

Die Zielfunktionen aus Kapitel 5.2.4 sowie die Nebenbedingungen aus Kapitel 5.2.5 wurden in einer AMPL-spezifischen Skriptsprache formuliert und in einer Textdatei abgespeichert.

---

[145] Vgl. Fourer, Gay, Kernighan 2003 /AMPL/ S. 36.

[146] Produktinformationen der Firma ILOG bezüglich CPLEX.

Die Zahlenwerte der Parameter entsprechen den Planungsdatensätzen aus Kapitel 11 und wurden für die im Rahmen der Arbeit durchgeführten Testreihen manuell erstellt.

Das erstellte AMPL-Skript sowie der Datensatz einer einfachen Testreihe befinden sich kommentiert in Anhang 2 ab Seite 173.

5.4.3 Die Workflows der kleinen Testreihen

Die kleinen Testreihen mit der AMPL-Studentenversion erfolgten an Hand von drei Workflows, deren Abläufe in Anlehnung an Aris als ereignisgesteuerte Prozessketten im Folgenden dargestellt sind. Die relativ einfachen Workflows wurden einerseits auf Grund der in der Arbeit gemachten Annahmen gemacht, wie beispielsweise der Ausschluss offener endogener Entscheidungsprozesse, sowie die durch die eingesetzte Studentenversion von AMPL gesetzte Restriktion, in der lineare Gleichungssysteme mit maximal 300 Variabeln sowie maximal 300 Haupt- und Nebenbedingungen gelöst werden können.

In den folgenden Abbildungen werden Ereignisse mit E<Nr.> und Aktivitätentypen mit AktT<Nr.> gekennzeichnet.

5.4.3.1 Workflow 1

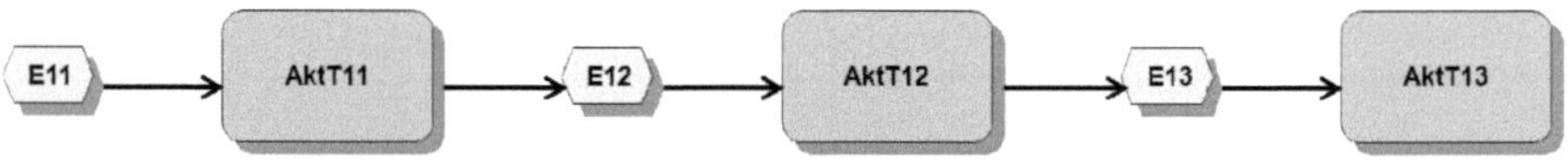

Abbildung 23: Workflow mit serieller Abarbeitung der Aktivitätentypen

5.4.3.2 Workflow 2

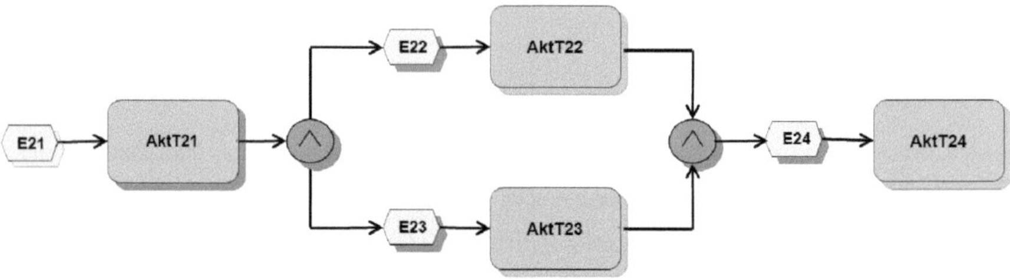

Abbildung 24: Workflow mit einer Und-Verzweigung und einer Und-Verknüpfung

5.4.3.3 Workflow 3

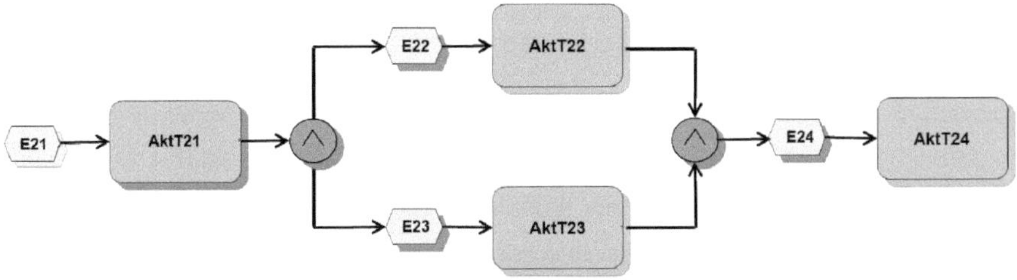

Abbildung 25: Workflow mit Und-Verzweigung u. zwei seriellen Aktivitätentypen

5.4.4 Festgehaltene Zahlenwerte der kleinen Testreihen

Die kleinen Testreihen wurden auf einem Pentium III (648 MHz) mit einem Arbeitsspeicher von 384 MB durchgeführt. Dabei wurde neben der Überprüfung, ob und in welcher Zeitdauer AMPL das binäre LOP lösen kann, eine Sicherung der berechneten Ergebnisse gemacht, die im Anschluss mit den Ergebnissen anderer Testreihen auf Plausibilität hinsichtlich folgender Punkte geprüft wurde:

1. Variable Bearbeitungskosten für alle Aktivitäten im Planungszeitraum.
2. Anzahl von Zeitintervallen, in welchen Aktivitäten von den einzelnen Ressourcen bearbeitet wurden.
3. Auslastung aller dem WfMS zur Verfügung stehenden Ressourcen.
4. Anzahl von Aktivitäten, die im Vieraugenprinzip bearbeitet wurden.
5. Anzahl bearbeiteter Aktivitäten pro Aktivitätentyp und Ressource.

Insgesamt erfolgten vier Testreihen mit unterschiedlichen Kombinationen der drei oben beschriebenen Workflows. Zur Plausibilitätsprüfung wurden die manuell erstellten Planungsdatensätze mehrfach variiert, wie beispielsweise die Ressourcenverfügbarkeit und die Faktoren für die Bestimmung der Ober- und Unterschranken.

Der anschließende Vergleich der Ergebnisse erlaubt die Schlussfolgerung, dass es sich bei dem binären LOP um eine erfolgreiche Implementierung handelt, welche sich für die Berechnung der Ressourceneinsatzplanung eignet.

5.4.5 Testreihe mit realistischem Planungsdatensatz

Der Algorithmus wurde ebenfalls an Hand eines realistischen Planungsdatensatzes auf einem leistungsfähigen Server der Firma Sun Microsystems vom Typ Sun Fire 15K und einer AMPL-Vollversion (Version 10.0) und des Solvers CPLEX (Version 10.0) im Rechenzentrum der Universität Köln getestet. Der Server verfügt über 72 UltraSPARC-III-Prozessoren und einen gemeinsamen Hauptspeicher von 144 GB.

Mittels des realistischen Planungsdatensatzes erfolgte eine Ressourceneinsatzplanung von 27 Ressourcen auf insgesamt 60 Aktivitäten für 14 Tage mit einer Zeitintervalldauer τ von 150 Sekunden. Die 60 Aktivitäten entstammen sechs verschiedenen übergeordneten Aktivitätentypen, die wiederum auf drei definierte Workflows verteilt sind. Das lineare Optimierungsproblem konnte erfolgreich in 67 Minuten gelöst werden.

Komplexere Planungsdatensätze konnten auf Grund der vom Rechenzentrum vorgegebenen Kapazitätsrestriktionen bezüglich Arbeitsspeicher nicht eingesetzt werden.

5.4.6 Ergebnis der Testreihen

Das im Rahmen der Arbeit zur Ermittlung des Ressourceneinsatzes formulierte binäre LOP konnte im Rahmen der Arbeit innerhalb eines vertretbaren Zeitaufwands mittels des Solvers CPLEX unter realen Bedingungen gelöst werden, wenn auch nicht innerhalb der bisher angesetzten Intervalldauer $\tau = 150$ Sekunden.

Ein realer Einsatz des Algorithmus ist dennoch, wenn auch mit gewissen Einschränkungen und erhöhten Kosten, möglich, indem eine Kombination der folgenden Maßnahmen angewendet wird:

1. Verlängerung der Intervalldauer τ.
2. Erzwingung eines vorzeitigen Berechnungsabbruchs des Optimierungsalgorithmus und Übernahme des eventuell suboptimalen Zwischenergebnisses.
3. Verwendung einer performanteren Modellierungssprache als AMPL, wie beispielsweise OPL von ILOG.
4. Einsatz von leistungsstärkerer Hardware.

6 Das Prognosemodul

Zentrales Element des Algorithmus ist das Prognosemodul, das sowohl die statistischen Auswertungen der aus dem operativen WfMS stammenden Daten durchführt als auch den Betriebszustand des Gesamtsystems prognostiziert. Weicht der Betriebszustand vom Normalbetrieb ab, so trifft das Prognosemodul in einem ihm vom Disponenten vorgegebenen Rahmen Gegenmaßnahmen, um das Gesamtsystem wieder in den Normalbetrieb zurückzuführen.

Darüber hinaus erstellt das Prognosemodul die bereits in Kapitel 11 skizzierten Planungsdatensätze (PDS) für das Planungsmodul, die gegebenenfalls bereits die von ihm als notwendig erachteten Gegenmaßnahmen in den gesetzten Rahmenbedingungen enthalten.

6.1 Modulspezifische Datenstruktur und Ablaufbeschreibung

Einführend werden in diesem Kapitel die lokalen Variabeln sowie die Methodik des Prognosemoduls dargestellt. Die folgenden Kapitel sind entsprechend der Ablaufbeschreibung des Moduls nach Kapitel 6.1.2 strukturiert.

6.1.1 Modulinterne Variabeln

Das Prognosemodul besitzt lokale Variabeln und Tabellen, in die es Veränderungen und Auffälligkeiten, die es während der Aktualisierung der Tabelle *GS_WfInstanz[]* und der Auswertung der operativen Daten identifiziert, für die anschließende Weiterverarbeitung zwischenspeichert:

- *LS_Akt_end[]:* im vorangegangenen Zeitintervall beendete Aktivitäten.
- *LS_Akt_Verz[]:* Aktivitäten, deren geplanter Start- oder Endtermin überschritten wurde.
- *LS_Anz_Res_Einsatz:* Anzahl an Ressourcen, die im vorangegangenen Zeitintervall eingesetzt waren.
- *LS_Res_Reihe[]:* Ressourcen, welche die vorgegebene Bearbeitungsreihenfolge nicht eingehalten haben.
- *LS_WfInst_end[]:* im vorangegangenen Zeitintervall beendete Workflowinstanzen.
- *LS_WfInst_neu[]:* im vorangegangenen Zeitintervall neu instanziierte Workflowinstanzen.

Die in den lokalen Variabeln und Tabellen zwischengespeicherten Auffälligkeiten werden im Prognosemodul schrittweise abgearbeitet und teilweise in dem vom Prognosemodul zu erstellenden Report an den Disponenten vermerkt.

Weitere vom Prognosemodul verwendete lokale Variabeln und Tabellen werden nach und nach in Kapitel 6 eingeführt. Eine Übersicht aller lokalen Tabellen und Variabeln vom Prognosemodul befinden sich in Anhang 1 ab Seite 169.

6.1.2 Ablaufbeschreibung

Das Prognosemodul durchläuft in jedem Zeitintervall einen fest vorgegebenen Arbeitsablauf, der startet, sobald das Kommunikationsmodul das Flag *GF_Abfrage_WfMS* auf „ja" setzt. Dieser Arbeitsablauf und die dahinter stehenden Aufgaben werden in den folgenden Kapiteln näher erläutert.

1. Auswertung der vom Kommunikationsmodul aus der WAPI-Abfrage zur Verfügung gestellten Ergebnisse, Festhalten der Veränderungen und Auffälligkeiten in lokalen Variabeln und Tabellen sowie Aktualisierung der operativen Daten in der Tabelle *GS_WfInstanz[]*.
2. Erstellung einer Prognose über den zu erwartenden Betriebszustand des Gesamtsystems in der oder den Planungsperioden.
3. Bei Bedarf Erstellung einer Liste von Maßnahmen, die das Gesamtsystem in den Normalbetrieb zurückführen sollen.
4. Erstellung der drei Planungsdatensätze für das Planungsmodul.
5. Während der Berechnung der Ressourceneinsatzplanung durch das Planungsmodul:
   - Aktualisierung der statistischen Daten und
   - Erstellung eines Kurzberichts über die Vorkommnisse des vergangenen Zeitintervalls und der soeben erstellten Prognose.
6. Soweit vorhanden, Einstellen der vom Planungsmodul ermittelten effizientesten Ressourceneinsatzplanung in der Tabelle *GS_WfInstanz[]*.

6.1.3 Kurz- und mittelfristige Planungsdatensätze

Das Prognosemodul legt durch die später beschriebene Erstellung der Planungsdatensätze fest, ob im aktuellen Zeitintervall eine kurzfristige Planung, also für die kommenden sieben Tage, oder eine mittelfristige Planung über die gesamte Planungsdauer von drei Wochen vom Planungsmodul ermittelt werden soll.

Eine kurzfristige Planung und die damit verbundene Prognose erfolgt in jedem Zeitintervall, die mittelfristige Planung und Prognose hingegen einmal täglich.

Wichtiges Bindeglied zwischen kurz- und mittelfristiger Planung ist der Disponent, der mittels der vom Algorithmus erstellten Prognose sowie der mittelfristigen Ressourceneinsatzplanung und der damit verbundenen berechneten Auslastung jeder einzelnen Ressource die Ressourcenverfügbarkeit kurz- und mittelfristig verändern kann; größere Kapazitätsengpässe oder Kapazitätsüberschüsse kann er mittelfristig durch den erhöhten oder verminderten Einsatz von

Externen und beziehungsweise oder der Anordnung von Auf- oder Abbau von Überstunden oder Mehrarbeit kompensieren.

6.2 Aktualisierung der Tabelle *GS_WfInstanz[]*

Nachdem das Kommunikationsmodul die Antworten auf seine WAPI-Abfragen vom WfMS in die globale Tabelle *G_WfMS_Zustand[]* eingetragen hat, setzt es das Flag *GF_Abfrage_WfMS* auf „ja". Das Prognosemodul startet dann mit der Aktualisierung der Tabelle *GS_WfInstanz[]*.

6.2.1 Initialisierungen bei Bearbeitungsstart

Nach Bearbeitungsstart setzt das Prognosemodul zuerst das Flag *GF_Kommunikation* auf „nein" und signalisiert hiermit dem Kommunikationsmodul, dem WfMS keine vorgesehenen Ressourcenzuordnungen mehr mitzuteilen. Hiermit wird mit einer Ausnahme vermieden, dass die Ressourceneinsatzplanung im Planungsmodul auf den im WfMS tatsächlichen Gegebenheiten beruht und zwischen WfMS und Algorithmus keine Inkonsistenzen hinsichtlich zugeordneter Ressourcen entstehen (s. „Anpassungsumfang" und „Anpassungsdauer" in Kapitel 4.5.3). Die Ausnahme besteht darin, dass eine Ressource, welche eine Aktivität im aktuellen Zeitintervall beendet, in diesem Zeitintervall bereits mit der Bearbeitung der nächsten für sie eingeplanten Aktivität beginnen kann; da die Ressource im Falle einer Planungsänderung die Aktivität nicht mehr bearbeiten soll, wird sie in beiden Fällen vom Algorithmus darüber informiert, so dass die Ausnahme nicht weiter betrachtet wird.

Dann inkrementiert das Prognosemodul das aktuelle Zeitintervall *GS_aktuell* und vergleicht dieses mit der Systemuhr; sollte es auf Grund von unerwarteten Verzögerungen im vergangenen Zeitintervall von der Systemzeit abweichen, erfolgt eine Korrektur.

Um Mitternacht inkrementiert das Prognosemodul die globale Konfigurationsvariable *GS_Planungsende* um $\frac{86.400}{\tau}$ Zeitintervalle und löscht alle fiktiven Workflowinstanzen (siehe Kapitel 6.3.4) in der Tabelle *GS_WfInstanz[]*; handelt es sich um Neujahr, so sind alle Zeitintervallangaben inklusive aller Planzeiten in *GS_WfInstanz[]* um ein Jahr zu reduzieren, was bei Aktivitäten und Workflowinstanzen zu negativen Startintervallen führen kann.

Zuletzt initialisiert es die in Kapitel 6.1.1 präsentierten lokalen Variabeln und Tabellen und kann dann mit der eigentlichen Auswertung von *G_WfMS_Zustand[]* beginnen.

6.2.2 Aktualisierung der Tabelle *GS_WfInstanz[]*

Die Aktualisierung der Tabelle *GS_WfInstanz[]* erfolgt mittels der vom Kommunikationsmodul erstellten Tabelle *G_WfMS_Zustand[]*, deren Attribute in der folgenden Tabelle vorgreifend auf Kapitel 7.1.2 aufgeführt sind. Die Tabelle enthält pro Entität ein Flag das angibt, ob das Prognosemodul die entsprechende Workflowinstanz bereits in der Tabelle *GS_WfInstanz[]* aktualisiert hat.

Attribute	**Beschreibung**
W_Name_Wf	Name des übergeordneten Workflows.
F_Status	Flag, ob Workflowinstanz vom Prognosemodul bearbeitet wurde.
W_ID_Wf	Identifier des übergeordneten Workflows.
W_ID_WfInst	Identifier der Workflowinstanz.
W_Wf_Status	Status der Workflowinstanz.
E_Akt	Anzahl zugehöriger Aktivitäten.
E_Akt []	
W_Name_AktTyp	Name des übergeordneten Aktivitätentyps im WfMS.
W_ID_Akt	Identifier der Aktivität.
W_Akt_Status	Zustand der Aktivität.

Tabelle 30: Attribute der Tabelle *G_WfMS_Zustand[]*

Das Prognosemodul durchläuft einmal die gesamte Tabelle *GS_WfInstanz[]*, sucht den entsprechenden Statuseintrag in der Tabelle *G_WfMS_Zustand[]*, aktualisiert die Werte in *GS_WfInstanz[]* und trägt die während des Durchlaufs erhaltenen Besonderheiten in die dafür vorgesehenen lokalen Variabeln und Tabellen ein. Findet das Modul eine Workflowinstanz in *G_WfMS_Zustand[]* nicht, so wurde diese im vergangenen Zeitintervall beendet.

Im Anschluss daran durchläuft es die Tabelle *G_WfMS_Zustand[]*, um nach nicht bearbeiteten Workflowinstanzen zu suchen; bei diesen handelt es sich um Workflowinstanzen, welche neu instanziiert wurden und kreiert entsprechend einen neuen Eintrag in *GS_WfInstanz[]*.

Weitere Tätigkeiten des Prognosemoduls zur Erkennung von Veränderungen und Besonderheiten werden nach der folgenden Abbildung erläutert, welche einen Überblick über die Bearbeitungsabfolge des Prognosemoduls für die Aktualisierung gibt:

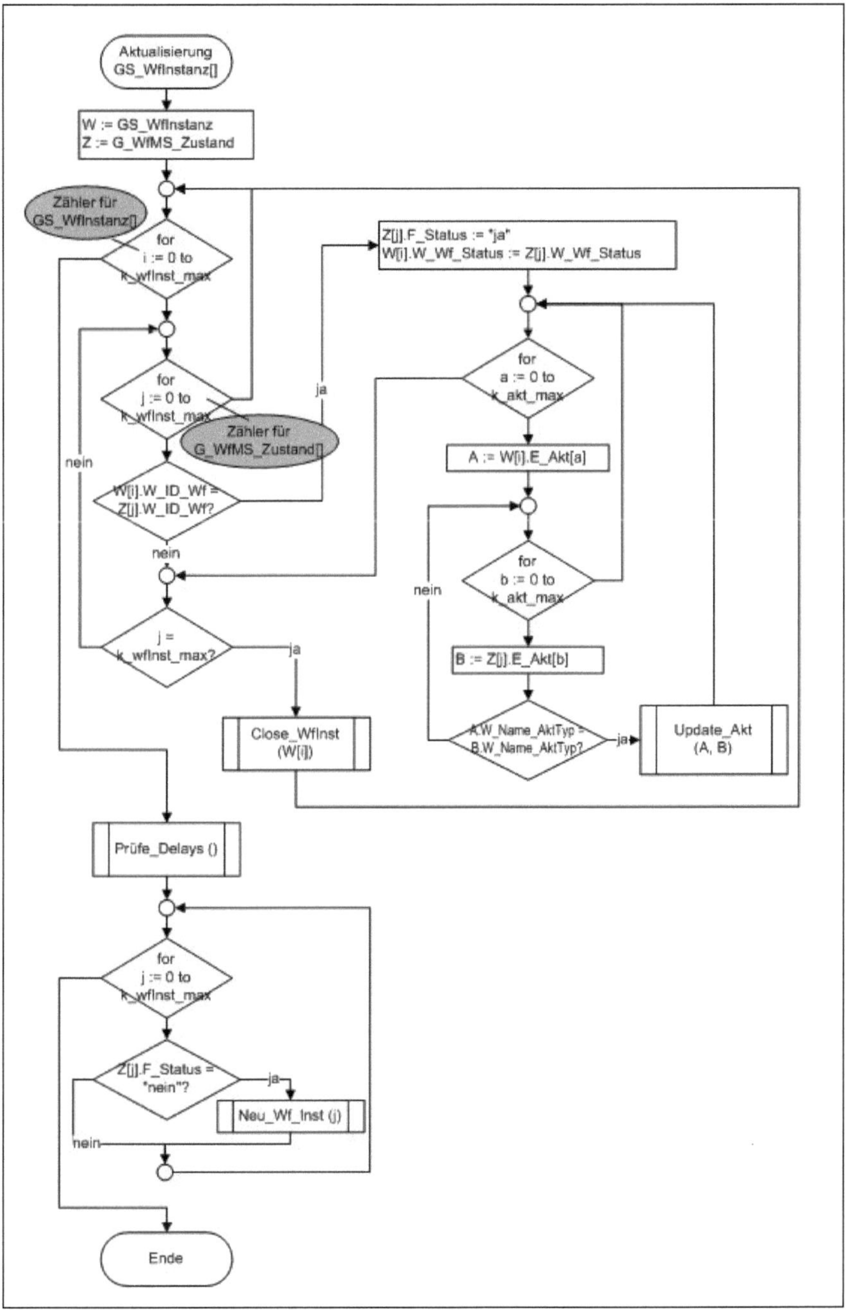

Abbildung 26: Aktualisierung der Tabelle *GS_WfInstanz[]*

Die Funktion „Update_Akt()" aktualisiert die Daten der Aktivität in *GS_WfInstanz[]*, und fügt, wenn die Aktivität im vergangenen Zeitintervall beendet wurde, die entsprechende ID in *LS_Akt_end[]* hinzu.

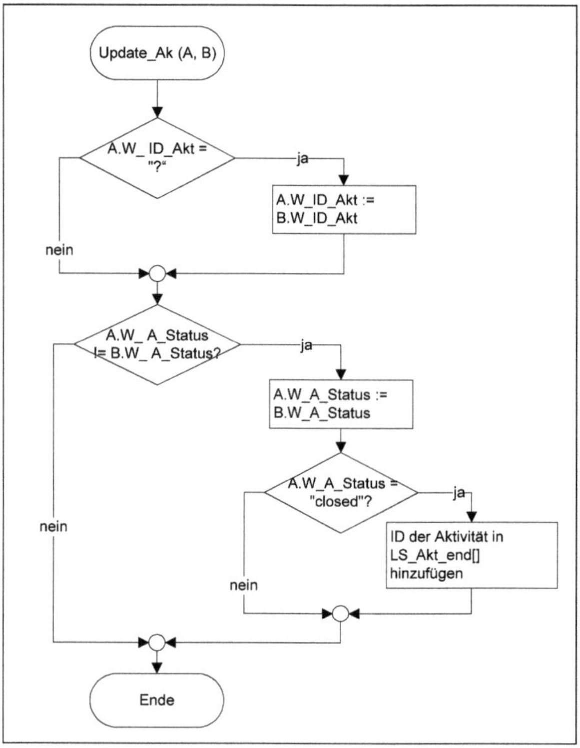

Abbildung 27: Die Funktion Update_Akt()

Das Kommunikationsmodul überträgt ausschließlich Workflowinstanzen in die Tabelle *G_WfMS_Zustand[]*, die sich im Status „open" befinden. Die Identifier der Workflowinstanzen, die bisher im Status „open" waren, in der Tabelle *G_WfMS_Zustand[]* aber nicht vorhanden sind und von daher den Status „close" einnehmen, werden von der Funktion „Close_WfInst()" (siehe Abbildung 26) in *LS_WfInst_end[]* hinzugefügt.

Die Funktion „Prüfe_Delays()" durchläuft nach der vorangegangenen Aktualisierung erneut die gesamte Tabelle *GS_WfInstanz[]*, um Verzögerungen im Bearbeitungsstand der Aktivitäten vom Ist zum Plan herauszufinden und in *LS_Akt_Verz[]* festzuhalten. Die darin ausgeführte Funktion „Prüfe_Bearb()" überprüft außerdem an Hand der Tabelle *G_Res_BearbAblauf[]* (siehe Kapitel 6.7.2), ob die Ressourcen die jeweils vom Planungsmodul vorgesehene Bearbeitungsreihenfolge der Aktivitäten eingehalten haben. Ist dies nicht der

Fall, so wird der Identifier der Ressource sowie der momentan bearbeiteten Aktivität in *LS_Res_Reihe[]* eingetragen und die in der Ablaufreihenfolge vorangehenden Aktivitäten zur Weitergabe an eine andere Ressource in *GS_WfInstanz[]* freigegeben. Bearbeiten im Rahmen des Vieraugenprinzips zwei Ressourcen eine Aktivität, so erfolgt für „Lehrer“ und „Schüler“ in *LS_Res_Reihe[]* jeweils ein Eintrag.

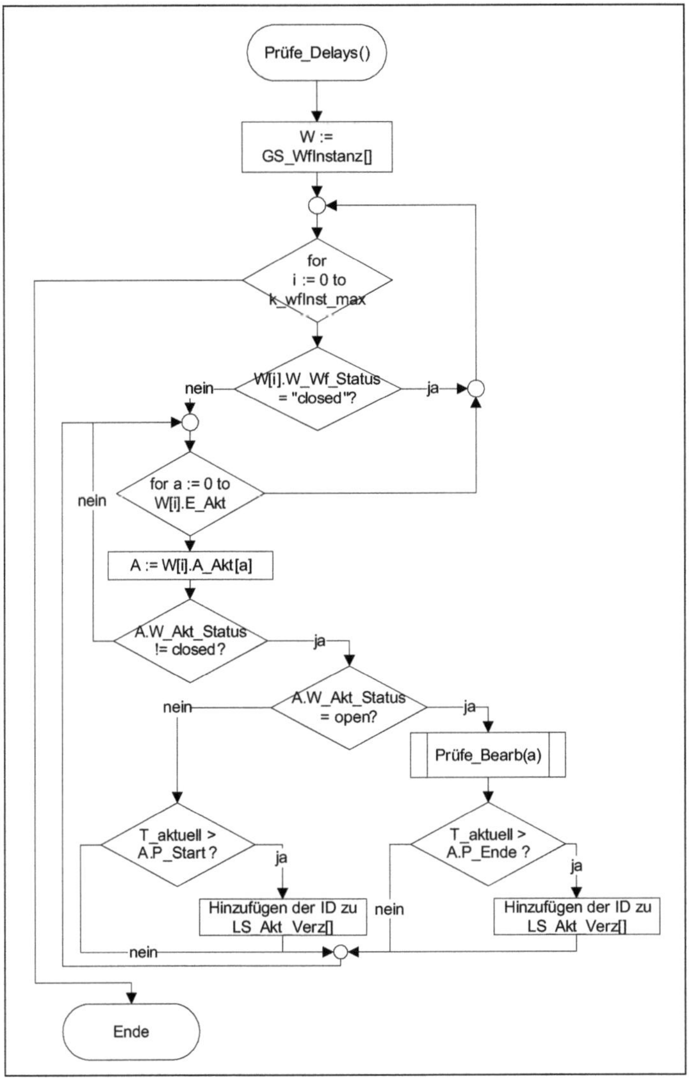

Abbildung 28: Die Funktion Prüfe_Delays()

Im letzten Schritt hält die Funktion „Neu_Wf_Inst()“ die Indizes der Workflowinstanzen aus *G_WfMS_Zustand[]* in *LS_WfInst_neu[]* fest, die dem Algorithmus bisher unbekannt sind; die neuen Workflowinstanzen sind in *G_WfMS_Zustand[]* diejenigen, deren Flag vom Prognosemodul während der Aktualisierung von *GS_WfInstanz[]* nicht auf „ja“ gesetzt und somit nicht bearbeitet wurden.

Die während der Aktualisierung der Tabelle *GS_WfInstanz[]* und in lokalen Variablen und Tabellen festgehaltenen Auffälligkeiten werden schrittweise bis zum Ende des Arbeitsablaufs vom Prognosemodul weiterverarbeitet.

6.2.3 Neue Workflowinstanz

Nachdem nun die Daten aller dem Algorithmus bereits bekannten Instanzen aktualisiert sind, erfolgt die Erstellung der in *LS_WfInst_neu[]* festgehaltenen neu instanziierten Workflowinstanzen in der Tabelle *GS_WfInstanz[]*. Hierzu werden die für den Algorithmus relevanten Informationen aus den Tabellen, welche das Meta-Modell beschreiben, ausgelesen und in *GS_WfInstanz[]* kopiert; ebenso wird das aktuelle Zeitintervall eingetragen, um eventuell für spätere Auswertungen den genauen Zeitpunkt der Instanziierung zu haben. Dann werden im Rahmen einer Vorwärts- und Rückwärtsrechnung die frühesten Start- und spätesten Lieferzeitpunkte aller in der Workflowinstanz enthaltenen Aktivitäten ermittelt und ebenfalls in die Tabelle *GS_WfInstanz[]* eingetragen.

6.2.3.1 Eintrag neuer Workflowinstanzen in *GS_WfInstanz[]*

Die Erfassung der operativen Daten durch das Prognosemodul erfolgt in einer für jede Workflowinstanz geschaffenen Entität in der Tabelle *GS_WfInstanz[]*. Die für den Algorithmus relevanten Attribute werden aus den Tabellen, welche das Meta-Modell beschreiben, in die Entität immer nach demselben Schema übertragen:

1. Reservierung des nächst freien Eintrags in die Tabelle *GS_WfInstanz[]* und Initialisierung aller Datenfelder des Eintrags auf Null.
2. Übertragung der operativen Daten für die neue Workflowinstanz aus dem WfMS mittels der Tabelle *G_WfMS_Zustand[]* in *GS_WfInstanz[]*; der Index der neuen Workflowinstanz in die Tabelle *G_WfMS_Zustand[]* wird der internen Datenstruktur in *LS_WfInst_neu[]* entnommen. Zu den übertragenen Daten zählen der Name des übergeordneten Workflows, der Identifier der Workflowinstanz sowie der aktuelle Status.
3. Aus der Meta-Tabelle *GM_Workflow[]* entnimmt das Prognosemodel von dem übergeordneten Workflow folgende Daten in *GS_WfInstanz[]*:
   - Priorität,

- maximale Bearbeitungsdauer und somit den Liefertermin sowie
- den Index auf den ersten Aktivitätentyp in der Ablaufbeschreibung des übergeordneten Workflows (Tabelle *G_Ablauf[]*).

4. Mit den Daten aus Schritt drei wird die neue Workflowinstanz vom Prognosemodul in der Tabelle *GS_WfInstanz[]* instanziiert, indem es aus *G_Ablauf[]* vom Start- bis zum Endaktivitätentyp folgende Daten in *GS_WfInstanz[]* kopiert:
   - Indizes in die Meta-Tabelle *GM_Aktivitätentyp[]* der übergeordneten Aktivitätentypen,
   - Verbindungstyp für Nachfolgeraktivitätentyp(en) und
   - Indizes in *GS_WfInstanz[]* der Vorgänger- und Nachfolgeraktivitäten jeder Aktivität der soeben instanziierten Workflowinstanz.
5. Eintrag der Anzahl zu bearbeitender Aktivitäten in *GS_WfInstanz[]*.

6.2.3.2 Vorwärts- und Rückwärtsrechnung

Wie bereits in Kapitel 5.1.4 erwähnt, erfolgt auch im Algorithmus eine Durchlaufterminierung für die auszuführenden Aktivitäten ohne Berücksichtigung der vorhandenen Kapazitäten. Hierfür berechnet das Prognosemodul beim Start jeder Workflowinstanz für jede zu bearbeitende Aktivität an Hand der Vorwärts- und Rückwärtsrechnung den frühesten Start- sowie den spätesten Endzeitpunkt. Als Bearbeitungsdauer der Aktivität wird jeweils die aus den operativen Daten ermittelte durchschnittliche Durchführungsdauer des übergeordneten Aktivitätentyps (siehe Kapitel 4.3.4) aus der Meta-Tabelle *GM_Aktivitätentyp[]* verwendet. Entsprechend werden die von den Ressourcen gemachten Pausen während der Bearbeitung bei der Vorwärts- und Rückwärtsrechnung berücksichtigt. Hierbei besteht die Annahme, dass keine Aufträge angenommen werden, die unter der durchschnittlichen Bearbeitungszeit des übergeordneten Workflows fertig gestellt werden müssen.
Die Vorwärtsrechnung wird auch eingesetzt, wenn sich der geplante Liefertermin einer einzelnen Aktivität verzögert, die Rückwärtsrechnung, wenn sich der Liefertermin einer gesamten Workflowinstanz verschiebt.

6.3 Prognose des Betriebszustands

Vor der Erstellung der Planungsdatensätze erstellt das Prognosemodul immer eine Prognose, in welchem Betriebszustand sich das Gesamtsystem befinden wird und geht dabei in folgenden Schritten vor:

1. Formulierung der Ressourcenanforderungsprofils an Hand der zu bearbeitenden Workflowinstanzen im WfMS, wofür es einmal täglich fiktive Workflowinstanzen hinzufügt,

2. Aufstellen des tatsächlichen Ressourcenverfügbarkeitsprofils und
3. Vergleich der beiden Profile zur Determinierung des Betriebszustandes.

6.3.1 Die drei Planungsperioden

Um dem Disponenten die Möglichkeit zu geben, gezielt auf anstehende Ressourcenengpässe, -mängel oder -unterauslastungen reagieren zu können, wäre es wenig zielführend, wenn das Prognosemodul den erwarteten Betriebszustand für eine Dauer von drei Wochen ermitteln würde. Aus diesem Grund teilt das Prognosemodul den gesamten Planungszeitraum in drei gleichgroße Perioden auf, die so genannten Planungsperioden (s. auch Kapitel 2.3.2).
Gleichzeitig besteht auch nicht die Notwendigkeit in jedem Zeitintervall eine komplette Ressourceneinsatzplanung über drei Wochen zu ermitteln; eine Verbesserung der Datenqualität hinsichtlich Auftragslage in naher Zukunft tritt wesentlich häufiger ein, als in ferner Zukunft. Von daher erfolgt im Algorithmus einmal täglich sowohl die Prognose als auch die Ressourceneinsatzplanung über den gesamten Planungszeitraum, am Ende eines jeden Zeitintervalls lediglich für das erste Drittel, also der Planungsperiode eins. Das Ende der drei Planungsperioden berechnet sich an Hand der globalen Variable *GS_Planungsende* jeweils um Mitternacht:

- Periode 3: $T_{3,\,Ende} = GS\_Planungsende$ (1)
- Periode 2: $T_{2,\,Ende} = GS\_Planungsende - \left(7Tage \cdot \frac{86.400}{\tau} \frac{Zeitintervalle}{Tag} \right)$ (2)
- Periode 1: $T_{1,\,Ende} = GS\_Planungsende - \left(14Tage \cdot \frac{86.400}{\tau} \frac{Zeitintervalle}{Tag} \right)$ (3)

6.3.2 Erstellung eines Belastungsprofils

Im Rahmen der Arbeit soll eine Prognose hinsichtlich des Betriebszustandes des Gesamtsystems und pro Planungsperiode erstellt werden, wobei im ersten Schritt das Ressourcenanforderungsprofil formuliert wird. Hierfür stehen dem Prognosemodul aus dem WfMS alle zu bearbeitenden Workflowinstanzen mit ihren dahinter liegenden Aktivitäten und deren frühesten Start- und spätesten Endzeitpunkten zur Verfügung. Diese sicheren Aufträge werden mit unsicheren Aktivitäten ergänzt, um zukünftige Beauftragungen zu berücksichtigen; die unsicheren Aktivitäten, welche im Rahmen der Arbeit als „fiktiv" bezeichnet werden, berechnen sich aus einem vom Disponenten vorgegeben Prozentsatz auf Basis der reell erfolgten Beauftragungen. Aus den reell und fiktiv zu bearbeitenden Aktivitäten wird nun die Anzahl der zu bearbeitenden Aktivitäten pro Aktivitätentyp und Planungsperiode ermittelt und daraus mittels der durchschnittlichen Bearbeitungsdauer pro Aktivitätentyp die Kapazitätsnachfrage pro Aktivitätentyp und Planungsperiode abgeleitet. Bei diesem Vorgehen erfolgt implizit eine Glättung beziehungsweise Nivellierung der Kapazitätsnachfrage[147] über jeweils eine Planungsperiode, wobei die im Workflowmodell vorgegebene Bearbeitungsreihenabfolge innerhalb einer Planungsperiode nicht mehr beachtet wird.

Im zweiten Schritt erstellt das Prognosemodul das tatsächliche Ressourcenverfügbarkeitsprofils mittels der vom HR-System bereitgestellten Informationen hinsichtlich Verfügbarkeit der Ressourcen im Prognosezeitraum; unvorhersehbare Abweichungen, beispielsweise bedingt durch Krankheit, sind darin nicht berücksichtigt. Für die Erstellung des Kapazitätsangebots ist aber neben der Verfügbarkeit der Ressource auch deren Qualifikation relevant, also welche Aktivitätentypen jeweils bearbeitet werden können.[148] Da die Ressourcen in der Regel mehrere Aktivitätentypen bearbeiten können, wird das Kapazitätsangebotsprofil nicht statisch sondern in Form eines Gleichungssystems formuliert. Wie bei der Kapazitätsnachfrage erfolgt auch beim Kapazitätsangebot eine Nivellierung pro Planungsperiode.

Im dritten und letzten Schritt wird nun mittels der Kapazitätsnachfrage und des Kapazitätsangebots ein Belastungsprofil erstellt.[149] Darin kann nun pro Aktivitätentyp und Planungsperiode erkannt werden, ob die Kapazitätsnachfrage abgedeckt werden kann oder nicht.

6.3.3 Das Ressourcenanforderungsprofil

Das Prognosemodul leitet das Ressourcenanforderungsprofil aus den im WfMS gestarteten Workflowinstanzen und ihren jeweiligen Lieferterminen ab. Die Liefertermine der Workflowinstanzen selbst werden nicht berücksichtigt, von Interesse sind die frühesten Start- (FS_j) und spätesten Endzeitpunkte (SE_j) aller im Planungszeitraum zu bearbeitenden Aktivitäten j sowie die jeweils benötigte durchschnittliche Bearbeitungsdauer des übergeordneten Aktivitätentyps a (DA_a).[150]

Da in der Regel der zur Verfügung stehende Bearbeitungszeitraum für eine Aktivität größer ist als die tatsächlich benötigte durchschnittliche Bearbeitungsdauer, berechnet das Prognosemodul den so genannten Bearbeitungsfaktor; dieser gibt an, zu welchem prozentualen Anteil die Bearbeitung über den gesamten möglichen Bearbeitungszeitraum zu erfolgen hätte. Ist der Bearbeitungsfaktor größer als eins und ist damit die zur Verfügung stehende Bearbei-

---

[147] Vgl. Corsten, H. 2000 /Projektmanagement/ S. 190.

[148] Vgl. Glaser, H.; Geiger, W.; Rohde, V. 1992 /PPS/ S. 179.

[149] Vgl. Corsten, H. 2000 /Projektmanagement/ S. 180 ff.

[150] Verwendete Symbole aus Kapitel 5.2.2.; Werte werden Tabelle *GS_WfInstanz[]* entnommen.

tungszeit pro Aktivität kleiner als die durchschnittlich benötigte Bearbeitungsdauer, so wird er gleich eins gesetzt. Die Berechnung des Bearbeitungsfaktors pro Aktivität j (BF_j) ist wie folgt:

$$BF_j = \frac{DA_a}{SE_j \quad FS_j} \tag{4}$$

Nach Ermittlung aller Bearbeitungsfaktoren berechnet das Prognosemodul pro Planungsperiode und Aktivität die für eine termingerechte Lieferung erforderliche Anzahl zu bearbeitender Zeitintervalle aus der Anzahl in der jeweiligen Periode liegenden Bearbeitungsintervallen multipliziert mit dem Bearbeitungsfaktor.

Das Prognosemodul pflegt die Ressourcenanforderungstabelle *LS_Res_Anforderung[]*, in welcher unter anderem folgende Informationen pro Aktivität enthalten sind:

- Identifier der Aktivität,
- Startintervall (FS_j),
- Endintervall (SE_j),
- Bearbeitungsfaktor (BF_j) und
- Anzahl zu bearbeitender Zeitintervalle in den Planungsperiode eins sowie gegebenenfalls zwei und drei.

Die Vorgehensweise für die Erstellung des Ressourcenanforderungsprofils wird an Hand des Beispiels in Abbildung 29 erläutert.

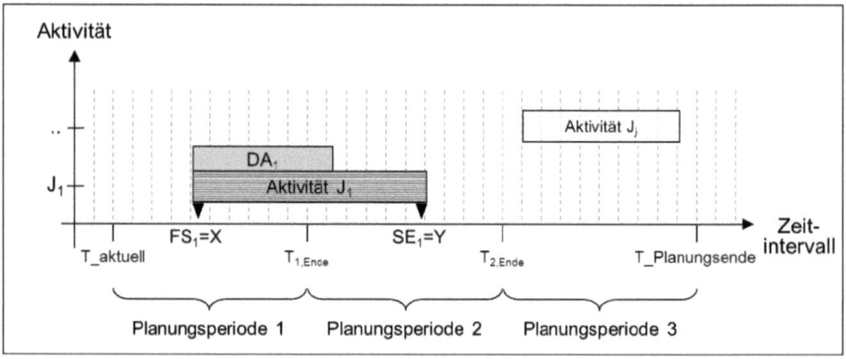

Abbildung 29: Das Ressourcenanforderungsprofil für die Aktivität J_1

Die Aktivität J_1 soll zwischen dem Zeitintervall X und dem Zeitintervall Y bearbeitet werden, also in einem möglichen Zeitraum der Y minus X Zeitintervalle beträgt. Die erste Hälfte des möglichen Bearbeitungszeitraums liegt in Planungsperiode eins, die zweite in Planungsperiode zwei.

Die durchschnittliche Bearbeitungsdauer des übergeordneten Aktivitätentyps (DA_1) beträgt hier 60 % der zur Verfügung stehenden Zeit, so dass der entsprechende Bearbeitungsfaktor BF_1 0,6 beträgt. Damit ist die Anzahl der durchschnittlich zu bearbeitenden Zeitintervalle für die Planungsperioden eins und zwei identisch ($A_{11} = A_{12}$) und beträgt $0{,}5 \cdot |Y - X| \cdot 60\%$. Entsprechend werden die Zahlenwerte der Aktivität J_1 in die Ressourcenanforderungstabelle *LS_Res_Anforderung[]* übertragen:

Aktivität	Start-intervall	End-intervall	Bearbei-tungsfaktor	Anzahl zu bearbeitender Zeitintervalle in Periode 1	Periode 2	Periode 3
J_1	X	Y	0,6	A_{11}	A_{12}	0

Tabelle 31: Eintrag der Aktivität J1 in *LS_Res_Anforderung[]*

Die Ressourcenanforderungstabelle wird nicht in jedem Zeitintervall neu erstellt; sie wird aktualisiert wenn

- der früheste Start- oder späteste Endzeitpunkt einer Aktivität verschoben wird,
- der früheste Startzeitpunkt einer Aktivität in der Vergangenheit liegt,
- eine Aktivität beendet wird oder
- eine neue Workflowinstanz im WfMS kreiert wird.

Sind die Informationen aller Aktivitäten in der Tabelle *LS_Res_Anforderung[]* eingetragen, so berechnet das Prognosemodul die pro Aktivitätentyp und Planungsperiode zu bearbeitenden Zeitintervalle durch Summation der Bearbeitungszeitintervalle der jeweils untergeordneten Aktivitäten:

Aktivitätentyp	Anzahl zu bearbeitender Zeitintervalle in Periode 1	Periode 2	Periode 3
Aktivitätentyp 1	a_{11}	a_{12}	a_{13}
- Aktivitäten[]			
Aktivitätentyp 2	a_{21}	a_{22}	a_{23}
- Aktivitäten[]			
…	…	…	…

Tabelle 32: Die Tabelle *LS_Res_Anforderung[]* für alle Aktivitätentypen

Für weitere Betrachtungen wird der Vektor A_i eingeführt, welcher ausschließlich die Summen der Bearbeitungsintervalle von den Aktivitäten pro Aktivitätentyp a und Planungsperiode i aus der Tabelle *LS_Res_Anforderung[]* enthält:

$$A_i = \begin{pmatrix} a_{i1} \\ a_{i2} \\ \ldots \\ a_{iA} \end{pmatrix}, \qquad \text{mit } i = \{1, 2, 3\} \tag{5}$$

In dem hier dargestellten Anforderungsprofil sind die vom Algorithmus hinzugefügten fiktiven Aktivitäten, die im folgenden Kapitel näher erläutert werden, bereits enthalten.

6.3.4 Fiktive Workflowinstanzen

In WfMS befinden sich ausschließlich konkret instanziierte Workflowinstanzen, eine Einschätzung über eventuell in Zukunft folgende Beauftragungen existiert nicht. Um ein möglichst realitätsnahes Ressourcenanforderungsprofil zu bekommen und die im WfMS fehlende Prognose zu kompensieren, fügt der Algorithmus in jeder Planungsperiode eine so genannte fiktive Workflowinstanz für alle eventuell kommenden Beauftragungen hinzu.

Die Ressourcenanforderungen der fiktiven Workflowinstanzen berechnen sich als zusätzlich prozentualer Anteil der realen Aktivitäten im WfMS pro Planungsperiode und entsprechen dem in Kapitel 6.3.2 erwähnten unsicheren Anteil des Belastungsprofils.[151] Der Anteil der fiktiven Aktivitäten pro Planungsperiode wird in den globalen Konfigurationsvariabeln vom Disponenten vorgegeben.

Planungsperiode	Anteil fiktiver Ressourcenanforderungen von Gesamtanforderung
1	*GK_Anteil_fiktiv_1* (Defaultwert 10 %)
2	*GK_Anteil_fiktiv_2* (Defaultwert 18 %)
3	*GK_Anteil_fiktiv_3* (Defaultwert 25 %)

Tabelle 33: Metrik für die Bestimmung der fiktiven Ressourcenanforderungen

Für fiktive Workflowinstanzen enthält die Meta-Tabelle *GM_Workflow[]* einen eigenen Eintrag (siehe Kapitel 4.4.2.3), der keine nähere Beschreibung hinsichtlich zu bearbeitender Aktivitätentypen oder der Ablaufreihenfolge enthält; es handelt sich hierbei um den übergeordneten Workflow für alle fiktive Workflowinstanzen.

Um Mitternacht werden vom Prognosemodul alle fiktiven Workflowinstanzen gelöscht (s. Kapitel 6.2.1), so dass in der Ressourcenanforderungstabelle (s. Tabelle 32) nur noch die im WfMS vorgesehenen realen Workflowinstanzen enthalten sind. Das Prognosemodul berechnet dann pro Aktivitätentyp und Planungsperiode die Anzahl der fiktiv zu bearbeitenden Aktivitäten ($\text{Anz\_Akt}_{ia}^{\text{fiktiv}}$; a: Aktivitätentyp, i: Planungsperiode):[152]

$$\text{Anz\_Akt}_{ia}^{\text{fiktiv}} = \frac{a_{ia} \cdot \text{A\_Anteil\_fiktiv\_i}}{\text{DA}_a} \qquad \text{mit } i = \{1, 2, 3\} \tag{6}$$

[151] Vgl. Mayer, H. 2006 /Statistik/ S. 119 ff.

[152] a_{ia}: Anzahl zu bearbeitender Zeitintervalle der Aktivität a in der Planungsperiode i; A_Anteil_fiktiv_i: prozentualer Anteil von fiktiven Instanzen in der Planungsperiode i; DA_a: durchschnittliche Bearbeitungsdauer für die Aktivität a.

$Anz\_Akt^{fiktiv}_{ia}$ wird durch die Anzahl der Tage in der Planungsperiode (sieben Tage) geteilt und das Ergebnis ganzzahlig aufgerundet; dieser Wert entspricht der Anzahl an fiktiven Aktivitäten des Aktivitätentyps a, die täglich in der Planungsperiode i zu bearbeiten sind. Die so berechneten fiktiven Aktivitäten werden in *LS_Res_Anforderung[]* sowie der übergeordneten fiktiven Workflowinstanz in *GS_WfInstanz[]* hinzugefügt; Vorgänger- oder Nachfolgeraktivitätentypen gibt es nicht.

Nachdem die fiktiven Aktivitäten in der Tabelle *LS_Res_Anforderung[]* eingetragen sind, werden die Anzahl zu bearbeitender Zeitintervalle pro Aktivitätentyp und Planungsperiode vom Prognosemodul neu berechnet.

6.3.5 Das Ressourcenistprofil

Das Ressourcenistprofil wird in Form eines Gleichungssystems dargestellt, da die im WfMS eingesetzten Ressourcen in der Regel flexibel für mehrere Aktivitätentypen eingesetzt werden können und somit kein statisches Profil existiert. Entsprechend der Ressourcenanforderungstabelle wird das Ist-Profil für die drei Planungsperioden beschrieben. Das Gleichungssystem setzt sich aus einer Ressourcenqualifikations-, einer Ressourceneinsatz- und einer Ressourcenverfügbarkeitsmatrix zusammen, die wie folgt aufgebaut sind:

- In der **Ressourcenqualifikationsmatrix** wird für alle Ressourcen 1 bis S angegeben, welche der Aktivitätentypen 1 bis A jeweils alleine bearbeitet werden können. Die Ressourcenqualifikationsmatrix liegt in zwei Ausprägungen vor, eine, in welcher nur Ressourcen mit der Qualifikation „Bearbeiter" oder „Lehrer" für die Bearbeitung der untergeordneten Aktivitäten berechtigt sind (Q_1) und eine zweite, in der darüber hinaus alle Ressourcen mit der Qualifikation „Alternativ" hinzukommen (Q_2).[153]

$$Q_\kappa = \begin{pmatrix} q_{\kappa 11} & q_{\kappa 12} & \cdots & q_{\kappa 1S} \\ q_{\kappa 21} & q_{\kappa 22} & \cdots & q_{\kappa 2S} \\ .. & & & \\ q_{\kappa A1} & q_{\kappa A2} & \cdots & q_{\kappa AS} \end{pmatrix}, \text{ mit } \kappa = \{1, 2\} \qquad (7)$$

Die Ressourcenqualifikationsmatrizen werden vom Prognosemodul mittels der Tabelle *G_Performer[]* nach Start des Algorithmus erstellt und überarbeitet, sobald sich die Qualifikation einer Ressource für einen Aktivitätentyp verändert (z.B. ein Schüler wird zum Bearbeiter), eine Ressource ausscheidet oder neu hinzukommt. Die beschriebenen Ressourcenveränderungen können ausschließlich vom Disponenten über das Kommunikationsmodul angestoßen werden. Bei einer Veränderung setzt das Kommunikationsmodul das Flag *GF_Res_Änderung* auf „ja“, um das Prognosemodul über die erfolgte Änderung zu informieren. Während das Planungsmodul die effizienteste Ressourceneinsatzplanung ermittelt, erstellt das Prognosemodul die neuen Tabellen und setzt dann das Flag *GF_Res_Änderung* wieder auf „nein“.

- Der **Ressourcenverfügbarkeitsvektor** V gibt für jede Ressource 1 bis S die Anzahl der jeweils verfügbaren Zeitintervalle pro Planungsperiode i an; das Prognosemodul aktualisiert wenn erforderlich die Spalte der Verfügbarkeiten von Planungsperiode eins in jedem Zeitintervall, die der anderen beiden Planungsperioden um Mitternacht:

$$V_i = \begin{pmatrix} v_{i1} \\ v_{i2} \\ \ldots \\ v_{iS} \end{pmatrix}, \qquad \text{mit } i = \{1, 2, 3\} \qquad (8)$$

- In der **Ressourceneinsatzmatrix** enthält die Anzahl von Zeitintervallen, die jede Ressource s für die Bearbeitung der Aktivitäten des übergeordneten Aktivitätentyps a zur Verfügung steht. Die Ressourceneinsatzmatrix existiert in einer Ausprägung pro Planungsperiode i und enthält die Variabeln des Gleichungssystems:

$$X_i = \begin{pmatrix} x_{i11} & x_{i12} & \ldots & x_{i1S} \\ x_{i21} & x_{i22} & \ldots & x_{i2S} \\ .. & & & \\ x_{iA1} & x_{iA2} & \ldots & x_{iAS} \end{pmatrix}, \qquad \text{mit } i = \{1, 2, 3\} \qquad (9)$$

Das Gleichungssystem für das Ressourcenistprofil sieht wie folgt aus:

$$\sum_{a=1}^{A} x_{ias} \cdot q_{\kappa as} \leq v_{is} \qquad i = \{1,2,3\}, s = \{1,2,..,S\}, \kappa = \{1,2\} \qquad (10)$$

6.3.6 Feststellung des Betriebszustandes

Nach der Erstellung des Ressourcenanforderungs- und des Ressourcenistprofils kann das Prognosemodul nun durch einen Vergleich der Profile den Betriebszustand des Gesamtsystems pro Planungsperiode prognostizieren.

Zunächst überprüft das Modul, ob Ressourcenmangel in einer oder mehreren Planungsperioden vorliegen und trägt diese gegebenenfalls entsprechend in die lokale Variable *LS_Betriebszustand[i]* ein. Im System besteht in einer Planungsperiode Ressourcenmangel, wenn die Summe der angeforderten Ressourceneinsatzzeitintervalle in einer Planungsperiode

[153] $q_{\kappa as} = 1$: Ressource kann Aktivität alleine bearbeiten; 0: kann nicht.

(A_i) größer ist als die Summe der verfügbaren Zeitintervalle (V_i) aller dem WfMS zur Verfügung stehenden Ressourcen.

Im nächsten Schritt stellt das Prognosemodul mittels des im Anschluss dargestellten Gleichungssystems fest, welche Planungsperioden sich im Betriebszustand „Normalbetrieb" oder „Ressourcenengpass" befinden. Das verwendete Gleichungssystem setzt sich aus dem Gleichungssystem des Ressourcenistprofils und den Anforderungen aus der Ressourcenanforderungstabelle zusammen:

$$\sum_{s=1}^{S} x_{ias} \cdot q_{\kappa as} = a_{ia} \qquad i = \{1,2,3\}, a = \{1,2,.., A\}, \kappa = \{1,2\} \qquad (11)$$

$$\text{NB: } \sum_{a=1}^{A} x_{ias} \cdot q_{\kappa as} \leq v_{is} \qquad i = \{1,2,3\}, s = \{1,2,.., S\}, \kappa = \{1,2\} \qquad (12)$$

Die Berechnung des Gleichungssystems kann parallel für jede Planungsperiode (i = 1, 2, 3) sowie jeweils mit und ohne den Einsatz von alternativen Ressourcen (κ=1, 2) erfolgen; es lässt sich in sechs voneinander unabhängige Sub-Gleichungssystemen trennen. Wurde in Schritt eins bereits Ressourcenmangel festgestellt, so werden die Sub-Gleichungssysteme für die entsprechende(n) Planungsperiode(n) nicht gelöst.

Der Betriebszustand pro Planungsperiode i wird dann in Abhängigkeit der gelösten Sub-Gleichungssysteme festgelegt und in die lokale Variable *LS_Betriebszustand[i]* eingetragen:

κ=1	κ=2	Betriebszustand	Bemerkung
☑	☑	Normalbetrieb	
☐	☑	Ressourcenengpass 1	durch Einsatz alternativer Ressourcen in Normalbetrieb zu überführen.
☐	☐	Ressourcenengpass 2	zusätzliche Maßnahmen einzuleiten, um WfMS in Normalbetrieb überzuführen.
☑	☐	-	Kombination kann nie eintreten.

Tabelle 34: Betriebszustand in Abhängigkeit der gelösten Sub-Gleichungssysteme

Die Unterscheidung von Ressourcenengpass 1 und 2 wird in *LS_Betriebszustand[i]* zur späteren Identifizierung von Gegenmaßnahmen festgehalten, das WfMS in allen Planungsperioden in den „Normalbetrieb" zu überführen.

Im letzten Schritt der Prognose ermittelt das Prognosemodul die Aktivitätentypen, deren Aktivitäten auf Grund fehlender (qualifizierter) Ressourcen als erste nicht mehr bearbeitet werden können; diese werden im Folgenden als kritische Aktivitätentypen bezeichnet. Hierfür berechnet das Prognosemodul mittels des Verfügbarkeitsvektors V und der Ressourcenqualifikationsmatrix Q_2 die maximal verfügbare Anzahl von Zeitintervallen pro Aktivitätentyp und Planungsperiode:[154]

$$A_i^{max} = \begin{pmatrix} a_{i1}^{max} \\ a_{i2}^{max} \\ \dots \\ a_{iA}^{max} \end{pmatrix}, \qquad \text{mit } i = \{1, 2, 3\} \qquad (13)$$

Die Berechnung der Maximalwerte wird exemplarisch an a_{11}^{max}, also der maximal verfügbaren Anzahl von Zeitintervallen für Aktivitätentyp eins in der Planungsperiode eins gezeigt:

$$a_{11}^{max} = \sum_{s=1}^{S} v_{1s} \cdot q_{11s} \qquad (14)$$

Nun wird für jeden Aktivitätentyp pro Planungsperiode der Quotient des Maximalwertes und der entsprechenden angeforderten Anzahl von Zeitintervallen gebildet und hieraus der Aktivitätentypquotientenvektor F_i gebildet:

$$f_{ia} = \frac{a_{ia}^{max}}{a_{ia}} \quad \rightarrow \quad F_i = \begin{pmatrix} f_{i1} \\ f_{i2} \\ \dots \\ f_{iA} \end{pmatrix} \qquad (15)$$

Für die Werte der Quotienten gilt der Grundsatz: „Je kleiner der Quotient, desto kritischer der Aktivitätentyp“. Ein Schwellwert, ab wann ein Aktivitätentyp als kritisch einzustufen ist, wird vom Disponenten vorgegeben; der Defaultwert für die globale Konfigurationsvariable *GK_OG_krit_AktTyp* beträgt 3,0.

Quotienten f_{ia}, welche den Schwellwert *GK_OG_krit_AktTyp* unterschreiten, werden vom Prognosemodul als „kritisch“ eingestuft. Im Folgeschritt hält das Prognosemodul in der lokalen Tabelle *LS_krit_Wf_i[]* pro Workflow und Planungsperiode fest, welche Aktivitätentypen als kritisch identifiziert wurden:

LS_krit_Wf$_i$[]	
W_ID_Wf	ID des Workflows, in welcher als kritisch eingestufte Aktivitätentypen vorkommen
S_Anz_krit_AktTyp	Anzahl als kritisch eingestufter Aktivitätentypen.
S_AktTyp[]	
S_ID_AktTyp	ID der kritisch eingestuften Aktivitätentypen.
S_f_Quotient	Quotient f_{ia} des entsprechenden Aktivitätentyps.

Tabelle 35: Die Tabelle *LS_krit_Wf$_i$[]*

[154] Bei kritisch identifizierten Workflows erfolgt immer der Einsatz alternativer Ressourcen (κ=2)

6.4 Herbeiführung des Normalbetriebs

Das Planungsmodul kann das binäre LOP nur lösen, wenn sich das Gesamtsystem im Normalbetrieb befindet. Sagt das Prognosemodul hiervon abweichende Betriebszustände in einer oder mehreren Planungsperioden voraus, so leitet es in dem vom Disponenten vorgegebenem Spielraum Gegenmaßnahmen ein und hinterlegt diese in den anschließend zu erstellenden Planungsdatensätzen.

6.4.1 Mögliche Gegenmaßnahmen des Prognosemoduls

Das Prognosemodul kann einem Ressourcenengpass oder -mangel durch kurzfristige Kapazitäts- oder Belastungsanpassungen (siehe Kapitel 2.3.2) sowie dem Einsatz von alternativen Ressourcen oder Kombinationen der im Folgenden aufgezeigten Maßnahmen entgegenwirken:

1. Einsatz von alternativen Ressourcen bei Aktivitätentypen, die in der Prognose als kritisch identifiziert wurden.
2. Anordnung von Überstunden für einzelne Ressourcen entsprechend der globalen Konfigurationsvariablen *GK_Überstunden* unter der Annahme, dass sich hierdurch die variablen Kosten pro Zeiteinheit nicht verändern.
3. Verschiebung von Lieferterminen einzelner Workflowinstanzen mit geringer Priorität und niederen Pönalen um $GK\_Verz\_WfInst_w$ Zeitintervalle.
4. Anordnung eines Bearbeitungsstopps für einzelne Workflowinstanzen mit geringer Priorität und niederen Pönalen.

Die Maßnahmen zwei bis vier werden vom Prognosemodul gezielt in den einzelnen Planungsperioden eingesetzt; Maßnahme eins hingegen erfolgt entweder über alle oder keine Planungsperiode.

6.4.2 Kombinationen der Gegenmaßnahmen

Die vier möglichen Gegenmaßnahmen werden abhängig von den in der lokalen Variabeln *LS_Betriebszustand[i]* festgehaltenen Betriebszuständen eingesetzt. Ausnahme bildet Maßnahme eins (Einsatz alternativer Ressourcen), die, sobald ein Ressourcenengpass oder -mangel in einer Planungsperiode erkannt wird, über den gesamten Planungszeitraum angewendet wird. Maßnahme zwei (Anordnung von Überstunden) wird in der Planungsperiode angewandt, in der ein Ressourcenengpass zwei (s. Tabelle 34 S. 123) vorhergesagt wurde; die Maßnahmen drei (Verschiebung des Liefertermins) und vier (Bearbeitungsstopp) werden ausschließlich bei Ressourcenmangel angewandt.

Beim Eintritt eines oder mehrerer Ressourcenmängel greifen die Maßnahmen zwei bis vier in Abhängigkeit von den Planungsperioden (PP), in denen die Ressourcenmängel auftreten; eine Abhängigkeit zu anderen Betriebszuständen als Ressourcenmangel besteht nicht. Für die Planungsperioden zwei und drei wird immer auf die im Rahmen der um Mitternacht erfolgten Prognose berechneten Betriebszustände zurückgegriffen.

Das Ergebnis, welche Maßnahmen in welcher Planungsperiode zu ergreifen sind, werden in der lokalen Variablen *LS_Gegenmaßnahmen[i]* festgehalten.

Die vorgenommenen Anpassungen werden protokolliert und dem Disponenten im Rahmen des vom Prognosemodul regelmäßig zu erstellenden Reports zur Verfügung gestellt.

Ressourcenmangel			Maßnahme in PP 1			Maßnahme in PP 2			Maßnahme in PP 3		
PP 1	PP 2	PP 3	2	3	4	2	3	4	2	3	4
x			x	x		x					
x	x		x		x	x	x		x		
x		x	x	x		x			x		x
	x					x	x		x		
	x	x				x		x	x		x
		x				x			x		x
x	x	x	x		x	x		x	x		x

Tabelle 36: Einzuleitende Maßnahmen beim Auftreten von Ressourcenmangel

6.4.3 Auswirkungen der Gegenmaßnahmen auf WfMS

Die in Kapitel 6.4.1 beschriebenen möglichen Maßnahmen des Prognosemoduls, das Gesamtsystem in den Normalbetrieb zurückzuführen, wirken sich unterschiedlich im WfMS aus beziehungsweise bedürfen der Unterstützung des Disponenten zur Umsetzung. Die Konsequenzen des Einsatzes der vier Maßnahmen werden im Folgenden pro Maßnahme aufgezeigt:

<u>Maßnahme eins</u> - Einsetzen von alternativen Ressourcen:

- Die alternativen Ressourcen werden in den Planungsdatensätzen für den alternativen Einsatz freigegeben und somit unter Einhaltung der Nebenbedingungen in der Ressourceneinsatzplanung des LOP berücksichtigt.
- Das WfMS erhält über die eingebettete Bibliotheksfunktion die vorgesehene Zuordnung der alternativen Ressourcen zu Aktivitäten und sendet diesen das entsprechende Workitem zu.
- Die Maßnahme wird umgehend ohne Mitwirkung des Disponenten umgesetzt.

<u>Maßnahme zwei</u> - Anordnung von Überstunden

- Die vorgesehenen Überstunden werden in die Planungsdatensätzen und somit in das LOP eingebracht, so dass die Ressourcen entsprechend den vom Prognosemodul vorgesehenen

Verfügbarkeitszeiten eingeplant werden. Die vorgesehenen Überstunden sind jedoch weder den Ressourcen bekannt, noch im HR-System eingeplant.

- Ohne Einwirken des Disponenten verlassen die Ressourcen zum ursprünglich vorgesehenen Zeitpunkt ihren Arbeitsplatz, so dass der vom Planungsmodul ermittelte Einsatzplan nicht eingehalten werden kann. Die in den Überstunden zur Bearbeitung vorgesehenen Aktivitäten geraten demzufolge in Verzug.
- Maßnahme zwei wird nur umgesetzt, wenn der Disponent die vom Algorithmus vorgesehenen Überstunden befürwortet und diese den Ressourcen mitteilt und ans HR-System weiterleitet.

Maßnahme drei - Verschieben von Lieferterminen

- Durch das Verschieben der Liefertermine einzelner Workflowinstanzen geht das Planungsmodul davon aus, dass sich das Gesamtsystem im Normalbetrieb befindet. Der Ressourceneinsatzplan wird ermittelt und ans WfMS kommuniziert.
- Das WfMS, welches über die vom Algorithmus geplante Lieferterminverschiebung nicht informiert wird, stuft die entsprechenden Workflowinstanzen beziehungsweise Aktivitäten als verspätet ein. Es leitet, wenn nicht speziell konfiguriert, keine Gegenmaßnahmen ein, um die Terminverschiebung zu unterbinden.
- Maßnahme drei wird de facto umgesetzt, wenngleich im Algorithmus und im WfMS eine unterschiedliche Wahrnehmung bezüglich der Einhaltung einzelner Liefertermine entsteht. Dies kann nur durch eine entsprechende Änderung der Liefertermine im WfMS durch den Disponenten umgangen werden.

Maßnahme vier - Stoppen einzelner Workflowinstanzen

- Wie bei den Maßnahmen zwei und drei geht das Planungsmodul durch das Stoppen einzelner Workflowinstanzen davon aus, dass sich das Gesamtsystem im Normalbetrieb befindet.
- Dem WfMS werden für die vom Algorithmus angehaltenen Workflowinstanzen keine Ressourcen zur Bearbeitung der Aktivitäten mehr zur Verfügung gestellt. Es stuft die entsprechenden Workflowinstanzen als verspätet ein. Das WfMS leitet, wenn nicht speziell konfiguriert, keine Gegenmaßnahmen ein, um die Bearbeitung der Instanzen zu forcieren.
- Wie bei Maßnahme drei wird die Maßnahme faktisch umgesetzt; auch hier ist der Disponent aufgefordert an Hand des Reports zu entscheiden, ob er die gestoppten Workflowinstanzen im WfMS in den Zustand „closed.aborted“ setzt, zusätzliche Ressourcen zur Verfügung stellt oder durch Prioritätenerhöhung die angehaltenen Workflowinstanzen im nächsten Zeitintervall vom Planungsmodul wieder einplanen und somit fortführen lässt.

6.5 Erstellung der Planungsdatensätze

Dem Prognosemodul stehen nun die Prognosen bezüglich der Betriebszustände des Gesamtsystems in dem oder den Planungsperioden (*LS_Betriebszustand[i]*), die durchzuführenden Gegenmaßnahmen (*LS_Gegenmaßnahmen[i]*), um das System gegebenenfalls in den Normalbetrieb zurückzuführen sowie die als ressourcenkritisch identifizierten Workflows (*LS_krit_Wf$_i$[]*) zur Verfügung. Es kann somit mit der Erstellung der drei Planungsdatensätze (FPDS, TPDS und KPDS) für die kurz- oder mittelfristige Ressourceneinsatzplanung beginnen, die Gegenstand dieses Kapitels ist.

Die Planungsdatensätze (PDS) werden in diesem Kapitel exemplarisch im AMPL-Format (siehe Anhang 2) als Textdatendatei schrittweise aufbereitet; die Erstellung der PDS in einem anderen Format ist jederzeit möglich und lässt sich sehr einfach und schnell realisieren.

Bei der kurzfristigen Planung werden die Planungsdatensätze nur für die erste Planungsperiode erstellt; da der Interessenschwerpunkt hierbei auf den ersten beiden maximal drei Tagen liegt, werden alle Aktivitäten, deren Liefertermine außerhalb der ersten Planungsperiode liegen, nicht im Planungsdatensatz und somit in der Ressourceneinsatzplanung berücksichtigt. Da die Methodik bei der Erstellung der Planungsdatensätze bei der kurz- und der mittelfristigen Planung identisch ist, wird im folgenden Kapitel nicht weiter differenziert.

6.5.1 Identifikation anzupassender Workflowinstanzen

Für den Fall, dass eine Verschiebung von Lieferterminen oder das Stoppen von einzelnen Workflowinstanzen erforderlich ist (lokale Variable *LS_Gegenmaßnahmen[i]*), sind vom Prognosemodul vor Erstellung der Planungsdatensätze die von den Maßnahmen drei und vier betroffenen Workflowinstanzen konkret festzulegen.

Für die Selektion werden zunächst die Workflowinstanzen zusammengestellt, deren übergeordneter Workflow als kritisch eingestuft wurde und dementsprechend in der Tabelle *LS_krit_Wf$_i$[]* aufgeführt ist. Die Workflowinstanzen werden pro übergeordnetem Workflow und Planungsperiode i sortiert.

Workflowinstanzen, deren Bearbeitung in zwei oder drei Planungsperioden erfolgen kann, werden der Planungsperiode zugeordnet, in der am meisten Zeitintervalle für eine mögliche Bearbeitung zur Verfügung stehen. Eine Instanz, die beispielsweise 500 Zeitintervalle in Planungsperiode eins und 200 Zeitintervalle in Planungsperiode zwei bearbeitet werden kann, wird Planungsperiode eins zugeordnet.

Unabhängig von der Maßnahme, wird die Anzahl der von den Maßnahmen drei und vier betroffenen Workflowinstanzen pro Planungsperiode mittels eines so genannten Gewichtungsfaktors ($GK\_GewFakt_{\eta}$; η = 1, 2, 3, 4) festgelegt, der wiederum entsprechend der in Abbildung 30 dargestellten Metrik mittels dem „Quotient unter Grenzwert“ ermittelt wird. Der „Quotient unter Grenzwert“ gibt an, wie viel Prozent der Quotient f_{ia} eines kritischen Aktivitätentyps unter der vom Disponenten vorgegeben Obergrenze *GK_OG_krit_AktTyp* liegt. Der daraus berechnete Gewichtungsfaktor gibt an, für welchen prozentualen Anteil der untergeordneten Workflowinstanzen die Maßnahme greift. Enthält eine Workflowinstanz mehrere kritische Aktivitätentypen, so werden die Gewichtungsfaktoren addiert.

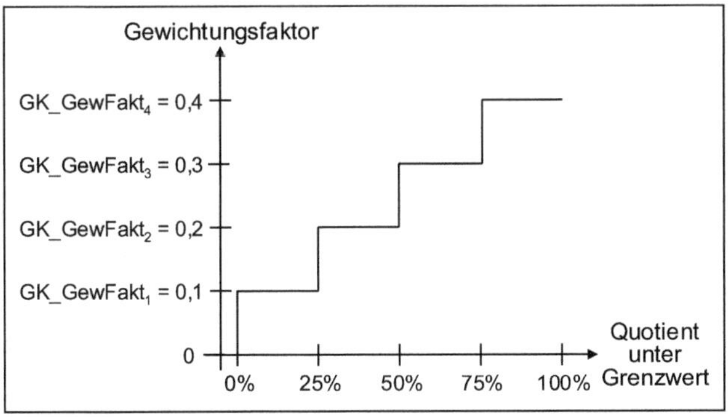

Abbildung 30: Metrik des Gewichtungsfaktor[155]

Nachdem die Anzahl der betroffenen Workflowinstanzen bekannt ist, wählt das Prognosemodul nach folgendem Schema die konkret betroffenen Workflowinstanzen aus:

- Prinzipiell werden die Maßnahmen auf die Workflowinstanzen als erstes angewandt, welche die niedrigste Priorität besitzen.
- Für den Fall, dass mehrere Workflowinstanzen dieselbe Priorität haben, erfolgt die Auswahl an Hand der durch Anwendung der Maßnahme entstehenden Kosten:
  - Maßnahme drei: Vergleich der entstehenden Pönalen bei Terminverschiebung.
  - Maßnahme vier: Vergleich der bereits entstandenen variablen Kosten inklusive der Pönalen bei Abbruch.

Die Vorgehensweise wird an folgendem Beispiel verdeutlicht:

Rahmenbedingungen: die beiden Aktivitätentypen A1 und A5 des Workflows W2 wurden als einzige Aktivitätentypen in der Prognose als kritisch eingestuft (f_{11} = 2,6; f_{15} = 1,7); in Planungsperiode eins wird als Gegenmaßnahme das Verschieben von Lieferterminen empfohlen. Der Grenzwert *GK_OG_krit_AktTyp* beträgt 3,0. Es gibt in der betrachteten

[155] Zahlenwerte sind beispielhaft angegeben und dienen als Grundlage für anschließendes Rechenbeispiel

Planungsperiode insgesamt 17 Workflowinstanzen vom Workflow W2.

<u>Anwendung der Metrik:</u>

- Berechnung der beiden Quotienten unter Grenzwert:

  Aktivitätentyp 1: $1 \quad \frac{2,6}{3,0} = 13\%$, Aktivitätentyp 5: $1 \quad \frac{1,7}{3,0} = 43\%$

- Ablesen und Addition der entsprechenden Gewichtungsfaktoren: 0,1 + 0,2 = 0,3
- Die Anzahl von Workflowinstanzen, deren Liefertermin um einen Tag verschoben wird, berechnet sich aus dem Gewichtungsfaktor multipliziert mit der Anzahl von Workflowinstanzen: $0,3 \cdot 17 = 5,1$.
- Es werden bei den fünf Workflowinstanzen mit der geringsten Priorität die Liefertermine in die nächste Planungsperiode verschoben. Sollten mehrere Instanzen mit derselben Priorität zur Auswahl stehen, werden die Instanzen mit den kleinsten Pönalen als erste verschoben.

Für jeden kritisch eingestuften Workflow werden die untergeordneten Workflowinstanzen mit der empfohlenen Maßnahme und den oben dargestellten Kosten in die lokale Tabelle *LS_Sonder_WfInst[]* eingetragen.

Die Empfehlungen mit den damit verbundenen Kosten werden für den Disponenten in einem Kurzbericht festgehalten (siehe Kapitel 6.6.5); der Disponent kann unter anderem durch Veränderung der Prioritäten der Workflowinstanzen im Algorithmus die Empfehlungen anpassen.

6.5.2 Bereits zugeordnete Aktivitäten

Aktivitäten, die entweder derzeit von einer Ressource bearbeitet werden (im Folgenden Akt_2 genannt) oder deren für die Bearbeitung vom Algorithmus vorgesehene Ressource dem WfMS bereits kommuniziert wurde (Akt_1), sollen nicht in allen Planungsdatensätzen erneut Ressourcen zugeordnet werden. Die Nachfolgeaktivitäten von Akt_1 und Akt_2 allerdings dürfen nicht vor dem geplanten Bearbeitungsende ihrer Vorgänger für eine Bearbeitung eingeplant werden. Deshalb schafft das Prognosemodul in diesen Fällen für die Nachfolgeraktivitäten einen künstlichen Startzeitpunkt, der dem geplanten Endzeitpunkt von Akt_1 oder Akt_2 entspricht.

6.5.3 Ressourcen, Aktivitäten und Aktivitätentypen

Im ersten Teil der Planungsdatensätze werden jeweils die einzuplanenden Ressourcen, die Aktivitäten sowie deren übergeordneten Aktivitätentypen und die zur Verfügung stehenden Stufen der Zukunftsrelevanz für den Algorithmus in der jeweiligen Textdatei der PDS deklariert.[156] Die Informationen für die Deklarationen entnimmt das Prognosemodul den globalen Tabellen sowie *LS_Sonder_WfInst[]*:

1. Eintragen der Identifier aller vorhandenen **Ressourcen** aus der Tabelle *G_Performer[]*.
2. Fortsetzung der Textdateien mit allen Identifiern der **Aktivitäten** aus der Tabelle *GS_WfInstanz[]*, die sich nicht im Status „closed“ befinden, deren übergeordnete Workflowinstanz nicht auf Grund der Maßnahme vier (*LS_Sonder_WfInst[]*) gestrichen wurde oder deren zugeordnete Ressource nicht ermittelt werden muss (Akt_1, Akt_2). Soll eine Ressource in einem vorgegebenen Zeitraum ausgeplant werden (*GF_ResAusplanung* = „ja“ – siehe Kapitel 7.3.2), so sind in allen Planungsdatensätzen die Aktivitäten vom Typ Akt_1 und Akt_2, die in diesem Zeitraum von der Ressource bearbeitet werden sollen, zur Wiedereinplanung einzutragen.
   Während der Erstellung der Textdateien erzeugt das Prognosemodul für jeden der drei Planungsdatensätze zu dem soeben beschriebenen Vorgang die lokale Tabelle *LS_Akt_PDS[]*, in der zu jedem Aktivitätentyp die untergeordneten Aktivitäten mit folgenden Attributen eingetragen werden:
   - Identifier der Aktivität.
   - Index der übergeordneten Workflowinstanz in *GS_WfInstanz[]*.
   - Index der Aktivität innerhalb der Workflowinstanz in *GS_WfInstanz[]*.
3. Kopie der Identifier aller **Aktivitätentypen** aus *LS_Akt_PDS[]* in die jeweilige Textdatei, die mindestens eine untergeordnete Aktivität aufweisen.
4. Erstellung einer Liste in die PDS mittels *LS_Akt_PDS[]*, in welcher zu jedem Aktivitätentyp dessen untergeordnete Aktivitäten aufgeführt sind.
5. Erstellung einer Liste, welche die möglichen Stufen λ der Zukunftsrelevanz innerhalb des Algorithmus aufzeigt.
6. Erstellung einer Liste, welche an Hand des übergeordneten Aktivitätentyps die Zukunftsrelevanz λ pro Aktivität angibt.

---

[156] „Textdatei“ dient hier lediglich als Bezeichnung für die Zielquelle, in welche die PDS geschrieben werden; eine Ablage der PDS ist zur Minimierung der Bearbeitungszeit im Arbeitsspeicher anzustreben.

6.5.4 Qualifikationen der Ressourcen

Nach erfolgter Deklaration der Ressourcen, Aktivitätentypen und Aktivitäten wird auf Aktivitätenebene festgehalten, welche Ressourcen mit welcher Qualifikation welche Instanz in welcher durchschnittlichen Bearbeitungsdauer bearbeiten können. Für jede Aktivität entsteht im Planungsdatensatz dementsprechend pro potenzielle Ressource eine Zeile mit folgenden Attributen:

- Identifier der Aktivität.
- Identifier der Ressource.
- Qualifikation der Ressource.
- Durchschnittliche Bearbeitungsdauer.
- Bearbeitungsdauer bei Vieraugenprinzip.

Um dem Algorithmus die Einplanung des Vieraugenprinzips zu ermöglichen, sind bei den beiden Angaben zur Bearbeitungsdauer folgende Besonderheiten zu beachten:

- Bei Ressourcen mit der Qualifikation „Bearbeiter“ und „Lehrer“ wird unter „durchschnittliche Bearbeitungsdauer“ deren tatsächlich durchschnittliche Bearbeitungsdauer eingetragen;
- bei Schülern hingegen die vom Disponenten in der Meta-Tabelle *GM_Aktivitätentyp[]* vorgegebene Bearbeitungszeit beim Vieraugenprinzip.
- Unter „Bearbeitungsdauer bei Vieraugenprinzip“ steht bei Lehrer und Schüler die vorgegebene Bearbeitungsdauer des Disponenten wohingegen beim Bearbeiter erneut dessen tatsächliche durchschnittliche Bearbeitungsdauer eingetragen wird. Alternativressourcen werden bei einem Einsatz wie Bearbeiter behandelt.

Die Einträge in die Planungsdatensätze erfolgen entlang der lokalen Tabelle *LS_Akt_PDS[]*; ist der Aktivitätentyp in der Prognose als nicht kritisch eingestuft, werden für jede untergeordnete Aktivität die Ressourcen mit den Qualifikationen „Bearbeiter“, Lehrer“ und „Schüler“ als potenzielle Bearbeiter eingetragen. Handelt es sich um einen kritischen Aktivitätentyp kommen noch die Alternativressourcen pro Aktivität hinzu.

Parallel zu dem oben beschrieben Vorgang erstellt das Prognosemodul für jede Planungsdatei eine temporäre Tabelle, in der für jeden Aktivitätentyp die Ressourcen aufgeführt werden, die diese alleine bearbeiten können; die Tabelle wird nach der Erstellung aller Einträge für die Ressourcenqualifikationen in den jeweiligen Planungsdatensatz als Liste hinzugefügt.

Danach wird eine weitere Tabelle erstellt, in welcher angegeben wird, ob eine Ressource als „erfahren“ für einen Aktivitätentyp eingestuft werden kann; dies erfolgt durch einen Ver-

gleich der Anzahl bereits durchgeführter Aktivitäten eines Aktivitätentyps und der vom Disponenten in *GM_Aktivitätentyp[]* vorgegebenen Untergrenze.
Zuletzt wird eine Tabelle eingestellt, in welcher die Anzahl von Schülern auf Ebene der Aktivitätentypen pro Zukunftsrelevanzgrad λ eingetragen wird.

6.5.5 Ablaufreihenfolge

Die aus dem Meta-Modell resultierenden Ablaufreihenfolgen der Aktivitäten werden für den Algorithmus vereinfacht als Vorgänger-Nachfolger-Paar auf Aktivitätenebene dargestellt. Eine Aktivität die beispielsweise drei Vorgänger hat, erhält entsprechend drei Einträge.
Für die Erstellung der Vorgänger-Nachfolger-Paare durchläuft das Prognosemodul die Tabelle *LS_Akt_PDS[]* und sucht die entsprechenden Vorgängeraktivitäten in der Tabelle *GS_WfInstanz[]*.
Abhängig vom Planungsdatensatztyp werden die Vorgänger-Nachfolger-Paare mit Vorgängeraktivitäten vom Typ Akt_1 oder Akt_2 nicht in die Textdateien eingetragen.

6.5.6 Verfügbarkeit der Ressourcen

Die Verfügbarkeiten der Ressourcen entnimmt das Prognosemodul der globalen Tabelle *GK_Res_Verf[][]*, die vom Kommunikationsmodul gepflegt wird. Abhängig vom Planungsdatensatztyp (FPDS, TPDS oder KPDS), setzt es die Verfügbarkeit der Ressourcen, welche dem WfMS bereits für die Bearbeitung konkreter Aktivitäten kommuniziert wurden oder bereits eine Aktivität bearbeiten, in den bereits verplanten Zeitintervallen auf null.
Für den Fall, dass in einer oder mehreren Planungsperioden Überstunden (Maßnahme zwei) empfohlen wurde, sind zunächst die Ressourcen in der entsprechenden Planungsperiode zu identifizieren, die für mindestens einen als kritisch eingestuften Aktivitätentyp qualifiziert sind; die Verfügbarkeit dieser Ressourcen wird dann in der vorgegebenen Planungsperiode um *GK_Überstunden* Zeitintervalle pro Tag erhöht.

6.5.7 Start- und Liefertermin

Bei der Instanziierung einer Workflowinstanz innerhalb der Tabelle *GS_WfInstanz[]* führt das Prognosemodul eine Vorwärts- und Rückwärtsrechnung durch und ermittelt für jede Aktivität den frühesten Start- sowie den spätesten Endzeitpunkt. Hierbei sind zwei Besonderheiten bei den einzutragenden frühesten Startzeitpunkten zu beachten:

- Keine Vorverlagerung des frühesten Startzeitpunktes von Aktivitäten vor den vom Disponenten vorgegebenem Zeitpunkt für die Workflowinstanz (Tabelle *GS_WfInstanz[]*), soweit eine solche Vorgabe vorhanden ist.

- Verwendung des geplanten Liefertermins der Vorgängeraktivität als frühesten Startzeitpunkt, wenn es sich bei dieser um den Typ Akt_1 oder Akt_2 handelt (Ausnahme ist abhängig vom Planungsdatensatztyp).

Wurde vom Prognosemodul die Empfehlung ausgesprochen, Liefertermine zu verschieben (Maßnahme drei), so wird der Liefertermin aller von den in der Tabelle *LS_Sonder_WfInst[]* als kritisch eingestuften Workflowinstanzen um $GK\_Verz\_WfInst_w$ in der Tabelle *GS_WfInstanz[]* verschoben. Die Endtermine der Aktivitäten, die in der Tabelle *LS_Akt_Verz[]* als zeitverzögert eingetragen wurden, werden um $GK\_Verz\_Akt_w$ Zeitintervalle ebenfalls in *GS_WfInstanz[]* nach hinten verschoben.

Zum Abschluss führt das Prognosemodul erneut eine Vorwärts- und Rückwärtsrechnung durch (siehe Kapitel 6.2.3.2) und trägt die neu berechneten frühesten Start- und Endzeitpunkte in die PDS ein.

6.5.8 Sonstige Einträge

Am Ende der PDS werden noch die aktuellen statistischen Durchschnittswerte bezüglich Bearbeitungsdauer und variabler Bearbeitungskosten pro Aktivitätentyp aus der Tabelle *GM_Aktivitätentyp[]*, die vom HR-System zur Verfügung gestellten variablen Ressourcenkosten pro Zeitintervall, die minimale Auslastung pro Ressource sowie die in den globalen Konfigurationsdateien vorgegebenen Ober- und Untergrenzen in den Nebenbedingungen der LOPs in die Planungsdatensätze geschrieben.

Das Prognosemodul setzt dann das Flag *GF_PDatensatz* auf „ja“, damit das Planungsmodul mit der Lösung der LOPs starten kann.

6.6 Aktualisierung der statistischen Daten und Kurzbericht

Nach Fertigstellung der drei Planungsdatensätze durch das Prognosemodul, startet das Planungsmodul die LOPs zur Ermittlung des Ressourceneinsatzplans; parallel hierzu aktualisiert das Prognosemodul die statistischen Daten und erstellt einen Kurzbericht für den Disponenten, der die wichtigsten Ereignisse und Erkenntnisse des letzten Zeitintervalls zusammenfasst.

Die in diesem Kapitel in Klammer stehenden Namen sind die Attributsnamen der Tabellen, deren Werte im Rahmen der Aktualisierung vom Prognosemodul verändert werden. Ein Überblick aller Tabellen und Attributsnamen befindet sich in Anhang 1 ab Seite 159.

6.6.1 Die vier Zeiträume

Wie bereits in Kapitel 4.3.4 beschrieben, erfolgt die Aufbereitung der statistischen Daten pro Aktivitätentyp, Workflow sowie Ressource in vier Zeiträumen, die sich teilweise zeitlich überlagern. Um eine kontinuierliche Fortschreibung der Zeiträume zu ermöglichen, sind neben den vier Zeiträumen die Daten der vergangenen 28 Tage aller statistischen Daten auf Meta-Ebene zu archivieren.

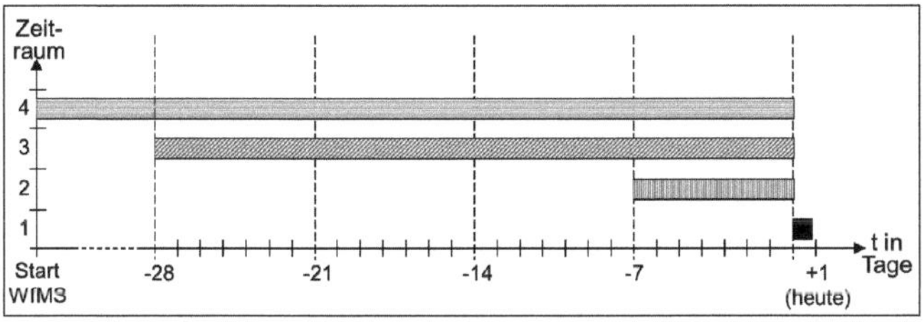

Abbildung 31: Die vier Zeiträume der statistischen Auswertung

Zeitraum eins wird nach der Erstellung der PDS in jedem Zeitintervall vom Prognosemodul aktualisiert, die anderen Zeiträume zwei bis vier jeweils um Mitternacht. In den Zeiträumen zwei und drei werden die Daten des jeweils letzten Tags aus der Statistik herausgenommen und durch die Werte des soeben beendeten Tages ergänzt; in Zeitraum vier werden die Daten des soeben beendeten Tages mit hinzugenommen.

6.6.2 Statistische Daten

Um eine effiziente Ressourceneinsatzplanung ermitteln zu können, benötigt der Algorithmus folgende statistische Daten für jedes der vier in Kapitel 6.6.1 vorgestellten Zeiträume (siehe auch Kapitel 4.3.4):

1. **Anzahl**, wie oft eine Workflowinstanz oder eine Aktivität durchgeführt wurde beziehungsweise wie oft eine Ressource eine Instanz selbst bearbeitet hat.
2. **Dauer**, wie lange für die Bearbeitung und die Durchführung einer Workflowinstanz oder einer Aktivität und pro Ressource benötigt wurden; hierbei wird jeweils die durchschnittliche, die maximale und die minimale Bearbeitungs- und Durchführungsdauer pro Zeitraum erfasst.
3. Die durchschnittlichen, minimalen und maximalen variablen **Kosten** für die Bearbeitung einer Workflowinstanz oder einer Aktivität und pro Ressource.
4. Die **Auslastung** jeder Ressource.

Die Datenerfassung, auf Grund welcher die statistischen Werte zustande kommen, erfolgt durch das Prognosemodul in jedem Zeitintervall in den Tabellen *GS_WfInstanz[]* und *G_Performer[]*. Nachdem eine Aktivität oder Workflowinstanz beendet ist, werden die jeweiligen erfassten Daten ausgewertet und die Ergebnisse der Auswertung in die übergeordneten Meta-Tabellen *GM_Aktivitätentyp[]*, *GM_Workflow[]* und *G_Performer[]* eingetragen.

6.6.3 Datenerfassung

Für die Datenerfassung durchläuft das Prognosemodul in jedem Zeitintervall die Tabelle *GS_WfInstanz[]* und prüft für jede Aktivität im Status open.running, ob die zugeordnete Ressource verfügbar ist. Wurde die Aktivität bisher noch nicht bearbeitet und ist jetzt im Status open.running, so wird das aktuelle Zeitintervall als Startintervall für die Aktivität (S_Akt_Start_Ist) in *GS_WfInstanz[]* geschrieben; ist die Startzeit der übergeordneten Workflowinstanz nicht eingetragen, wird das aktuelle Zeitintervall ebenfalls als Startintervall (S_WfInst_Start_Ist) für diese festgehalten. Ist die zugeordnete Ressource laut der Tabelle *GK_Res_Verf[][]* im vergangenen Zeitintervall verfügbar gewesen, so wird die Anzahl der reell bearbeiteten Zeitintervalle für die Aktivität in *GS_WfInstanz[]* (S_Zähler_Perf_Ist), die Anzahl der eingesetzten Zeitintervalle der Ressource in *G_Performer[]* (S_Anz_eingesetzt) sowie die lokale Variable *LS_Anz_Res_Einsatz*, in welcher die Anzahl eingesetzter Ressourcen im vergangenen Zeitintervall festgehalten wird, um eins inkrementiert.

Zuletzt durchläuft das Prognosemodul die Ressourcenverfügbarkeitstabelle *GK_Res_Verf[][]* und inkrementiert den Zähler in der Tabelle *G_Performer[]*, welcher die Gesamtverfügbarkeit der Ressource für das WfMS angibt (S_Anz_verfügbar).

6.6.4 Datenauswertung nach Beendigung einer Instanz

Während der Aktualisierung der Tabelle *GS_WfInstanz[]* werden die im vergangenen Zeitintervall beendeten Aktivitäten in der Tabelle *LS_Akt_end[]* und die beendeten Workflowinstanzen in *LS_WfInst_end[]* (siehe Kapitel 6.2.2) eingetragen. An dieser Stelle erfolgt die statistische Auswertung der gesammelten Daten für die jeweils beendeten Instanzen, zuerst für die beendeten Aktivitäten, dann für die beendeten Workflowinstanzen.

6.6.4.1 Aktivität

Mittels des Identifier in der Tabelle *LS_Akt_end[]* liest das Prognosemodul zunächst den Status der Aktivität aus der globalen Tabelle *GS_WfInstanz[]* aus. Befindet sich die Instanz im Status „closed.aborted“ oder „closed.terminated“, so wurde die Aktivität nicht regulär beendet; die Auswertung ist beendet. Ist sie im Status „closed.completed“, wird das aktuelle Zeitintervall als Bearbeitungsende in *GS_WfInstanz[]* (S_Akt_Ende_Ist) eingetragen. Die Differenz aus Bearbeitungsende und Bearbeitungsstart entspricht der Durchführungsdauer T_D der beendeten Aktivität. Im übergeordneten Aktivitätentyp wird die Anzahl der bearbeiteten Instanzen um eins inkrementiert. Dann wird überprüft, ob T_D kleiner als die eingetragene minimale oder größer als die maximale Durchführungsdauer ist und gegebenenfalls T_D als neuer

Minimal- oder Maximalwert übernommen. Schließlich wird noch die neue durchschnittliche Durchführungsdauer für den Aktivitätentyp berechnet.

Mit der durch die Ressource benötigte Bearbeitungsdauer T_B (S_Zähler_Perf_Ist) wird anschließend die durchschnittliche Bearbeitungsdauer des übergeordneten Aktivitätentyps aktualisiert sowie die variablen Kosten für die Bearbeitung durch Multiplikation von T_B mit den vom HR-System vorgegebenen variablen Kosten pro Zeiteinheit berechnet; im Rahmen eines Vieraugeneinsatzes werden die variabeln Kosten beider Ressourcen addiert. Das Ergebnis wird einerseits in *GS_WfInstanz[]* eingetragen (S_Bearb_Kosten) und andererseits auf gleiche Weise wie die soeben beschriebene Bearbeitungsdauer in die Tabelle *GM_Aktivitätentyp[]* übertragen.

Im Anschluss wird die Bearbeitungsdauer in der Tabelle *G_Performer[]* der Ressource mittels T_B aktualisiert, ebenfalls mit der Prüfung ob T_B den bisherigen Minimal- bzw. Maximalwert unter bzw. überschreitet; erfolgte die Bearbeitung im Rahmen des Vieraugenprinzips, so erfolgt der Eintrag ausschließlich bei der Ressource mit der Qualifikation „Schüler"; beim „Lehrer" wird ausschließlich die Anzahl der bearbeiteten Aktivitäten um eins erhöht, die Bearbeitungsdauer T_B bleibt unberücksichtigt.

Liegt die Bearbeitungsdauer einer Ressource, die nicht die Qualifikation „Schüler" hat, über einem vom Disponenten vorgegebenen Grenzwert, so wird die Ressource mit Identifier des Aktivitätentyps und benötigter Bearbeitungsdauer in der Tabelle *GS_Report_Disponent[]*, welche später für die Erstellung eines Reports für den Disponenten verwendet wird, als „Auffälligkeit" eingetragen. Der Grenzwert berechnet sich aus dem Durchlaufzeitobergrenzfaktor (Konfigurationsvariable *GK_OG_Durchlaufzeit*$_a$) multipliziert mit der durchschnittlichen Bearbeitungsdauer des übergeordneten Aktivitätentyps, erhöht um den maximalen Anpassungsfaktor von Arbeitsstufe f = 3 (*GK_Anpassung_NB*$_3$*[]*) der Nebenbedingung eins des LOP (Zeit).

6.6.4.2 Workflowinstanz

Ist eine Workflowinstanz beendet, so überprüft das Prognosemodul in der Tabelle *GS_WfInstanz[]* zunächst, ob sich alle in ihr enthaltenen Aktivitäten im Zustand „closed.completed" befinden. Ist dies der Fall, so wurde die Workflowinstanz korrekt beendet und das aktuelle Zeitintervall wird in *GS_WfInstanz[]* als Bearbeitungsende der Workflowinstanz festgehalten (S_WfInst_Ende_Ist).

Entsprechend der Auswertung einer beendeten Aktivität werden folgende Werte in die Meta-Tabelle *GM_Workflow[]* des übergeordneten Workflows übertragen:

- Anzahl der bearbeiteten Workflowinstanzen um eins inkrementieren.

- Durchführungsdauer.
- Variable Bearbeitungskosten, berechnet aus der Summe der variablen Kosten aller zur Workflowinstanz gehörenden Aktivitäten.

Wurde die Workflowinstanz nicht korrekt beendet, so wird als Status der Workflowinstanz in *GS_WfInstanz[]* „incorrect“ eingetragen und von einer weiteren Auswertung abgesehen.

Der Datensatz der soeben beendeten Workflowinstanz wird nun für eventuell spätere Analysezwecke archiviert und in *GS_WfInstanz[]* gelöscht, um Platz für neu instanziierte Workflowinstanzen zu schaffen.

6.6.5 Erstellung einer Kurzübersicht

Das Prognosemodul erstellt für jedes Zeitintervall eine Kurzübersicht in der globalen Tabelle *GS_Report_Disponent[]*, welche Statuswechsel oder neue Workflowinstanzen aus dem operativen WfMS, identifizierte Auffälligkeiten, das Prognoseergebnis sowie die unter Umständen vom Prognosemodul empfohlenen Maßnahmen für den weiteren Betrieb enthält. Diese Kurzübersichten werden für die Erstellung von Reports verwendet, welche das Kommunikationsmodul dem Disponenten regelmäßig zur Verfügung stellt. Die in der Kurzübersicht enthaltenen Informationen sind stichwortartig aufgelistet, wobei der jeweils in Klammer angegebene Variablen- beziehungsweise Tabellenname die entsprechende Datenquelle ist:

- Beendete Workflowinstanzen (*LS_WfInst_end[]*).
- Neu instanziierte Workflowinstanzen (*LS_WfInst_neu[]*).
- Aktivitäten, deren geplanter Start- oder Endtermin überschritten wurde (*LS_Akt_Verz[]*).
- Erwartete Betriebszustände pro Planungsperiode (*LS_Betriebszustand[]*).
- Kritische Workflows mit Anzahl untergeordneter Workflowinstanzen und deren kritischen Aktivitätentypen mit den jeweiligen Quotienten (*LS_krit_Wf*$_i$*[]*).
- Detaillierung der kritischen Workflowinstanzen (*LS_Sonder_WfInst[]*):
    - Identifier der Workflowinstanz,
    - bisher entstandene variable Kosten,
    - Pönale pro Tag Lieferverzögerung,
    - Pönale bei Nichtleistung sowie
    - empfohlene Maßnahme(n) seitens des Prognosemoduls.
- Auslastung aller verfügbaren Ressourcen im vergangenen Zeitintervall (*GK_Res_Verf[][]*, *LS_Anz_Res_Einsatz*).

- Ressourcen, deren Bearbeitungsdauer für eine Aktivität über dem vorgegebenen Grenzwert liegt (siehe Kapitel 6.6.4) oder welche die vorgegebene Bearbeitungsreihenfolge der Aktivitäten nicht eingehalten haben (*LS_Res_Reihe[]*).
- Ressourcen, welche auf Grund expliziter Anordnung des Disponenten aus der aktuellen Ressourceneinsatzplanung herausgenommen wurden (*G_Res_Ausplanen[]*).

Des Weiteren wird noch das Ergebnis vom Planungsmodul hinsichtlich der effizienten Ressourceneinsatzplanung in die Tabelle *GS_Report_Disponent[]* eingetragen, was Gegenstand des nächsten Kapitels ist.

6.7 Einstellung des Ergebnisses vom Planungsmodul

Sobald das Planungsmodul das Flag *GF_Berechnung* auf „ja“ setzt, beginnt für das Prognosemodul der letzte Schritt in der Arbeitsabfolge eines Zeitintervalls – die Einstellung des vom Planungsmodul berechneten Ergebnisses hinsichtlich effizientester Ressourceneinsatzplanung (s. Kapitel 4.2.3) in die Tabellen *GS_WfInstanz[]* und *GS_Report_Disponent[]*.

Eine Archivierung der Kurzübersichten (*GS_Report_Disponent[]*) erfolgt jeweils um Mitternacht, wenn die effizienteste Lösung in beiden Tabellen eingetragen wurde. Auf das Archiv haben alle drei Module lesenden Zugriff.

Der Lösungsindex *GP_Erg_Planung* in die Tabelle *GP_Ergebnis[]* sowie die Summe der drei Effizienzquotienten der effizientesten Lösung (siehe Kapitel 5.3) werden im Kurzbericht eingetragen; beträgt sein Wert „-1“, so konnte das LOP vom Planungsmodul trotz aller vom Disponenten eingeräumten Spielräumen nicht gelöst werden.

6.7.1 Lösung des LOP nicht möglich

Konnte das Planungsmodul keines der LOPs lösen, so setzt das Prognosemodul das Flag *GF_extra_Report* auf „ja“, damit das Kommunikationsmodul dem Disponenten einen Sonderbericht per E-Mail zusendet (siehe Kapitel 7.3.4). Des Weiteren setzt es das Flag *GF_Kommunikation* auf „ja“, damit Ressourcenanfragen seitens des WfMS ab sofort wieder mit der zuletzt ermittelten Ressourceneinsatzplanung beantwortet werden, obwohl diese mit größter Wahrscheinlichkeit nicht mehr effizient ist.

Eine Änderung der Situation ist durch den Disponenten herbeizuführen. Möglichkeiten hierfür können Anpassungen von Parametern im Algorithmus, teilweise Erhöhung der Ressourcenqualifikation von „Schüler“ auf „Bearbeiter“ oder der Einsatz zusätzlicher Ressourcen sein.

6.7.2 Ressourceneinsatzplanung liegt vor

Liegt der Wert von *GP_Erg_Planung* zwischen null und 26, so liegt eine Lösung vor und kann vom Prognosemodul aus der Tabelle *GP_Ergebnis[]* in die Tabelle *GS_WfInstanz[]* übertragen werden. Hierzu durchläuft das Prognosemodul die Tabelle *GP_Ergebnis[]* und überträgt die Indizes der eingeplanten Bearbeiter sowie die geplanten Start- und Endintervalle sukzessive für jede Aktivität. Parallel hierzu trägt es pro Ressource jede zu bearbeitende Aktivität sowie deren jeweilig geplante Bearbeitungsstart und -ende in die Tabelle *G_Res_BearbAblauf[]* ein, damit das Kommunikationsmodul jedem Bearbeiter per E-Mail seine individuell geplante Bearbeitungsreihenfolge mitteilen kann.

Resultiert die Lösung aus einem Teilplanungs- oder Komplettplanungsdatensatz, so prüft das Prognosemodul an Hand des Attributs K_Status_Perf in *GS_WfInstanz[]* beim Eintragen der Lösung, ob die Bearbeitung beziehungsweise die Zuordnung der Aktivität an eine andere Ressource im WfMS übertragen werden muss. Eine Neuzuordnung wird erforderlich, wenn eine Ressource für die Bearbeitung der Aktivität dem WfMS bereits kommuniziert wurde (Akt_1) oder die Aktivität bereits bearbeitet wird (Akt_2) und sich die neu zugeordnete Ressource von der Alten unterscheidet. Sind diese Voraussetzungen erfüllt, so schreibt das Prognosemodul die Identifier der Aktivität sowie der neuen und alten Ressource in die globale Tabelle *G_Reassign_Workitem[]*. Hat der Disponent die Ausplanung einer Ressource angeordnet (*GF_ResAusplanung* = „ja" – siehe Kapitel 7.3.2), so trägt das Prognosemodul ebenfalls die entsprechenden neuen Workitem-Zuordnungen in *G_Reassign_Workitem[]* ein und setzt das Flag *GF_ResAusplanung* wieder auf „nein".

Anschließend vervollständigt das Prognosemodul noch *G_Res_BearbAblauf[]*, indem es für alle Ressourcen die Bearbeitungsablaufnummern der Aktivität ermittelt und in die Tabelle einträgt; unter Bearbeitungsablaufnummer ist in diesem Zusammenhang die Position der Aktivität in der Ablaufreihenfolge der Ressource zu verstehen.

Zuletzt setzt das Prognosemodul das Flag *GF_Kommunikation* auf „ja".

6.8 Ablauf des Prognosemoduls im Überblick

In der folgenden Abbildung wird der Ablauf des Prognosemoduls in einer graphischen Übersicht wiedergegeben.

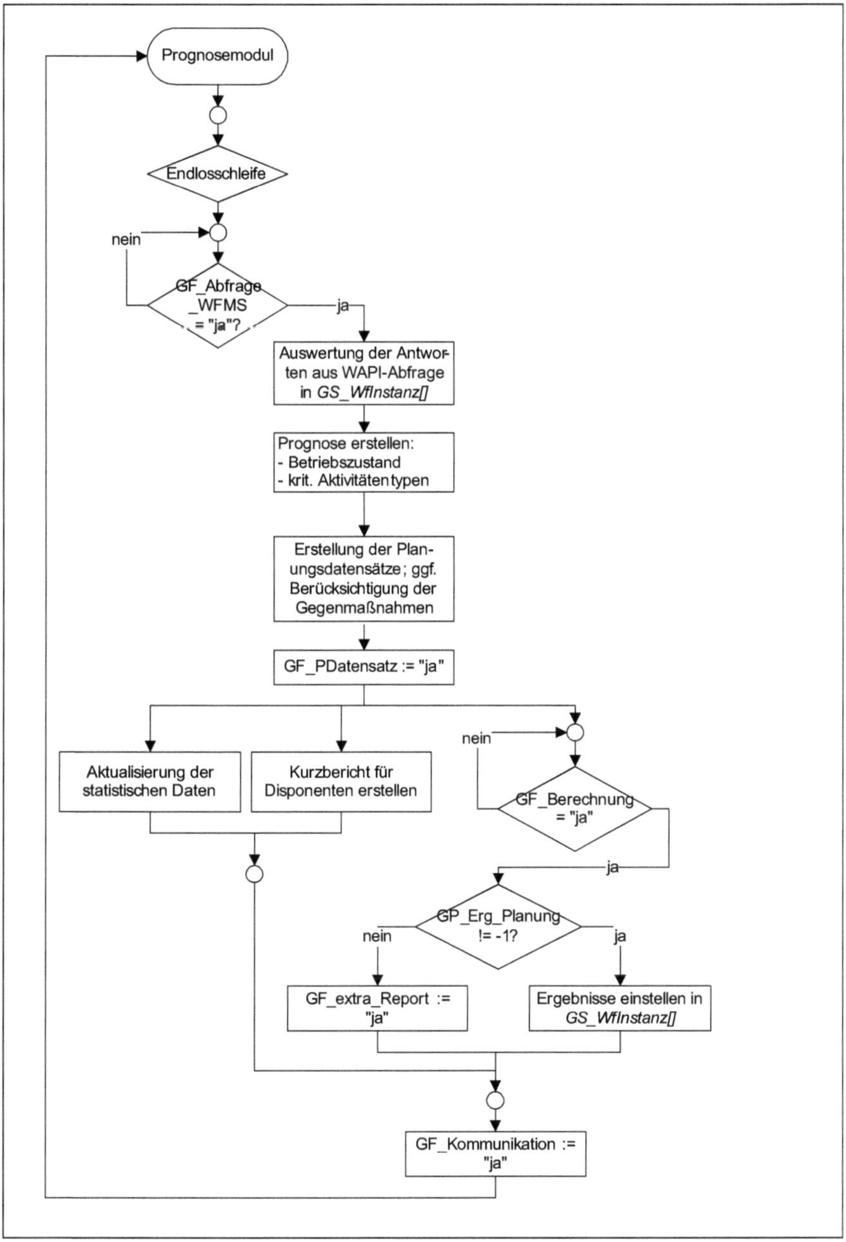

Abbildung 32: Ablaufbeschreibung des Prognosemoduls

7 Das Kommunikationsmodul

Das Kommunikationsmodul stellt den Informationsaustausch des Algorithmus zur „externen Welt", also dem WfMS, dem HR-System, dem Disponenten sowie den menschlichen Ressourcen, sicher (siehe Kapitel 2.3.2). Die Methodik des Kommunikationsmoduls und wann es mit der externen Welt in Kontakt tritt, ist Gegenstand dieses Kapitels. Der in Kapitel 4.4.1 beschriebene einmalige Einlesevorgang wird ebenfalls durch das Kommunikationsmodul erbracht, wird jedoch in diesem Kapitel nicht weiter detailliert.

7.1 Kommunikation mit dem WfMS

Zwischen dem WfMS und dem Kommunikationsmodul besteht eine bidirektionale Schnittstelle, die über die von der WfMC definierten WAPI-Schnittstelle und die im WfMS eingebetteten proprietären Bibliotheksfunktion abläuft. Die WAPI Schnittstelle wird vom Kommunikationsmodul genutzt, um Abfragen oder Anweisungen ans WfMS zu schicken; die Bibliotheksfunktion wird vom WfMS genutzt, um die vom Algorithmus ermittelten effizientesten Ressourcenzuordnungen zu erhalten.

7.1.1 Die Bibliotheksfunktion

Das WfMS enthält eine eingebettete Bibliotheksfunktion (siehe Kapitel 3.5.2), um die vom Algorithmus für die Bearbeitung der Aktivitäten vorgesehenen Ressourcenzuordnungen abfragen zu können. Die Bibliotheksfunktion sendet hierfür über eine proprietäre Schnittstelle die Identifier der zu bearbeitenden Aktivität sowie der entsprechenden Workflowinstanz an das Kommunikationsmodul.

Steht das Flag *GF_Kommunikation* auf „nein", wartet das Modul bis das Flag vom Prognosemodul auf „ja" gesetzt wird. Für den Fall, dass die geeignete(n) Ressource(n) für die Bearbeitung der angefragten Aktivität ermittelt wurde(n), liefert es deren Identifier aus der Tabelle *GS_WfInstanz[]* an die Bibliotheksfunktion, anderenfalls eine Fehlermeldung. Bei positiver Antwort ans WfMS aktualisiert das Kommunikationsmodul den Status bezüglich der Ressource im WfMS in der Tabelle *GS_WfInstanz[]* und schreibt den Identifier der Ressource in die lokale Tabelle *LK_update_Reihenfolge[]*; die vom Planungsmodul geplante Ablaufreihenfolge mit den jeweilig geplanten Lieferterminen wird den Ressourcen per E-Mail nach jeder neuen Zuordnung oder dem Streichen einer bereits in der Vergangenheit erfolgten Zuordnung im WfMS vom Algorithmus mitgeteilt (siehe Kapitel 7.1.3).

7.1.2 Zustandsabfrage über WAPI

Das Kommunikationsmodul fragt selbstständig den operativen Zustand der vom WfMS gesteuerten Aktivitäten über WAPI ab, um am Ende eines Zeitintervalls die entsprechenden Daten dem Prognosemodul zur Verfügung stellen zu können. Beim Start der Abfrage setzt es das Flag *GF_Abfrage_WfMS* auf „nein".

Das Kommunikationsmodul geht bei der Abfrage immer nach demselben Schema vor, das in Abbildung 33 dargestellt ist. Es öffnet die Liste aller Workflowinstanzen, liest, solange diese sich nicht im Status „closed" befinden, die für den Algorithmus relevanten Daten ein und kopiert diese in die globale Tabelle *G_WfMS_Zustand[]*; danach öffnet es die Liste der darin enthaltenen Aktivitäten und kopiert ebenfalls die relevanten Daten nach *G_WfMS_Zustand[]*.

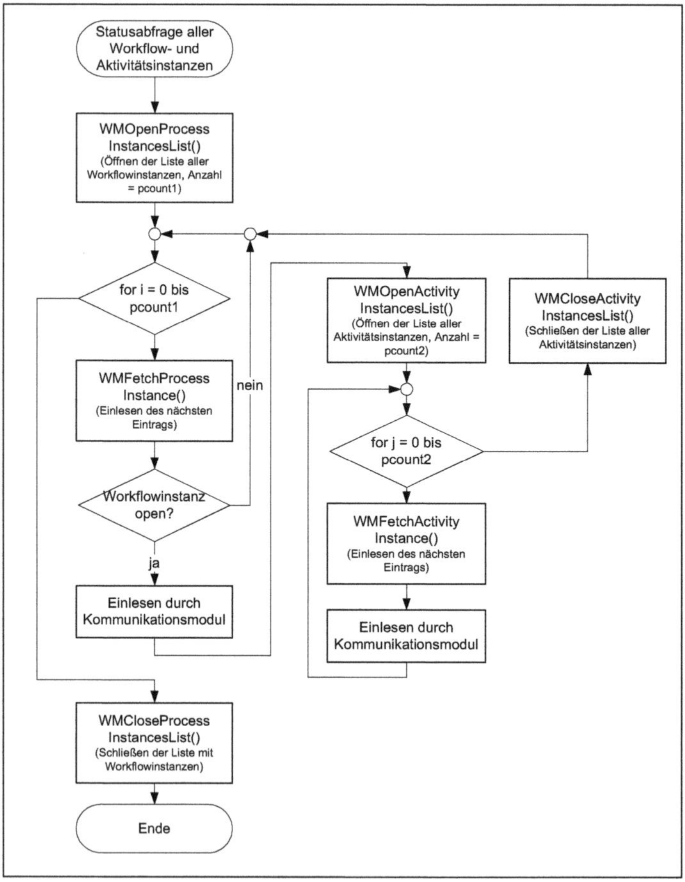

Abbildung 33: Statusabfrage des Kommunikationsmoduls

Zu den relevanten Daten zählen bei den Workflowinstanzen der Name des übergeordneten Workflows, der Identifier der Workflowinstanz im WfMS sowie deren Zustand. Von den Aktivitäten werden der Name des übergeordneten Aktivitätentyps, der Identifier der Aktivität sowie deren Zustand in *G_WfMS_Zustand[]* eingetragen.

Nach erfolgtem Einlesen aller Antworten aus dem WfMS, setzt das Kommunikationsmodul das Flag *GF_Abfrage_WfMS* auf „ja", um dem Prognosemodul zu signalisieren, dass die Antworten auf die WAPI Abfragen vom WfMS für die Auswertung bereit stehen.

7.1.3 Neuzuordnung eines Workitems über WAPI

Die einzig direkt durchgeführte Manipulation des Algorithmus im WfMS ist die Neuzuordnung eines bereits zu einer Ressource zugeordneten Workitems an eine andere, unabhängig davon, ob die Ressource das entsprechende Workitem bereits bearbeitet oder nicht.

Die Information, welche Workitems einer anderen Ressource mittels der WAPI-Funktion WMReassignWorkItem() zugeordnet werden sollen, entnimmt das Kommunikationsmodul der globalen Tabelle *G_Reassign_Workitem[]*. Nachdem die Änderungen operativ im WfMS erfolgt sind, trägt das Kommunikationsmodul den Identifier der jeweiligen Ressourcen in die Tabelle *LK_update_Reihenfolge[]* ein und löscht den soeben bearbeiteten Eintrag in der Tabelle *G_Reassign_Workitem[]*.

Die aktuelle vom Planungsmodul geplante Bearbeitungsreihenfolge mit dem jeweilig geplanten Bearbeitungsende wird menschlichen Ressourcen per E-Mail vom Kommunikationsmodul zugeschickt, sobald in der Tabelle *LK_update_Reihenfolge[]* der entsprechende Eintrag erfolgt ist. Der Eintrag wird unmittelbar nach Versand der E-Mail in *LK_update_Reihenfolge[]* gelöscht. Die Liste wird mittels der in Kapitel 6.7.2 vorgestellten Tabelle *G_Res_BearbAblauf[]* erstellt.

Eine Beeinflussung der Bearbeitungsreihenfolge mittels des WfMS wäre mit einer entsprechenden Manipulation der Prioritäten von den Workitems, den Aktivitäten oder den Workflowinstanzen durch den Algorithmus denkbar. Eine solche Manipulation ist jedoch seitens der WfMC nicht zugelassen, so dass auf den Versand der E-Mail zurückgegriffen wird.[157]

7.2 HR-System

Entsprechend der in Kapitel 2.3.4 getroffenen Annahmen ist die Schnittstelle des Kommunikationsmoduls zum HR-System oder ersatzweise einem Dienstplan nicht Gegenstand der Arbeit und ist in der Praxis für jedes HR-System individuell zu betrachten.

---

[157] Vgl. WfMC 1998 /Application/ S. 108, 110 u. 111.

Angenommen wird, dass das HR-System die Ressourcenverfügbarkeiten sowie die Löhne und Gehälter der menschlichen Ressourcen an den Algorithmus liefert.

Das Kommunikationsmodul trägt die Ressourcenverfügbarkeiten für den gesamten Planungszeitraum täglich um Mitternacht in die globale Tabelle *GK_Res_Verf[][]* ein, korrigiert um die vom Disponenten angeordneten Zeiträume, in denen eine Ressource dem System nicht zur Verfügung steht (*G_Res_Ausplanen[]*); Tabelleneinträge in *G_Res_Ausplanen_Archiv[]*, die in der Vergangenheit liegen, werden gelöscht. Das Zeitintervall null in der Verfügbarkeitsmatrix der Tabelle *GK_Res_Verf[][]* entspricht dem Attributswert „K_Start", das um Mitternacht mit *GS_aktuell* aktualisiert wird.

Vom HR-System kommunizierte Verfügbarkeitsänderungen, beispielsweise bedingt durch Krankheit einer Ressource, zwischen den täglichen Aktualisierungen werden, sobald das Flag *GF_Kommunikation* auf „ja" steht, vom Kommunikationsmodul in die Tabelle *GK_Res_Verf[][]* eingetragen.

Am Monatsende liest das Kommunikationsmodul auch die Löhne und Gehälter der menschlichen Ressourcen ein, rechnet diese pro Zeitintervall um und aktualisiert gegebenenfalls die Tabelle *G_Performer[]*.

7.3 Schnittstelle zum Disponenten

Der Disponent verfügt über eine Schnittstelle zum Kommunikationsmodul, über die er eine Vielzahl von Parametern und Einstellungen einsehen und anpassen kann, über die er aber auch Reports vom Algorithmus erhält beziehungsweise einfordern kann. Die Schnittstelle wird auch nach dem Einlesevorgang des Meta-Modells genutzt, um die in Kapitel 4.4.3 dargestellten Zusatzinformationen vom Disponenten abzufragen.

7.3.1 Meta-Tabellen und *G_Performer[]*

Der Disponent kann sich neben den globalen Tabellen auch alle Meta-Tabellen über die Schnittstelle zum Kommunikationsmodul anzeigen lassen, in denen er folgende Attribute anpassen kann:

Meta-Tabelle	anpassbares Attribut
GM_Workflow[]	Priorität (M_Priorität).
	maximale Bearbeitungsdauer (M_Zeitlimit).
	Pönale bei einem Tag Terminverschiebung (D_Pönale_Verz).
	Pönale bei Nichterfüllung (D_Pönale_Nicht).

Meta-Tabelle	anpassbares Attribut
GM_Aktivitätentyp[]	maximale Bearbeitungsdauer (M_Zeitlimit_AktTyp).
	Anzahl bearbeiteter Aktivitäten, um als „erfahren eingestuft zu werden (E_Anz_Akt_Erf).
	Einlernfaktor zur Berechnung der erwarteten Bearbeitungsdauer für Schüler (D_Faktor_Einlernen).
	Einschätzung, in welchem Grad der Aktivitätentyp zukünftig nachgefragt werden wird (E_Relevanz_Futur).
G_Performer[]	E-Mail-Adresse (D_E-Mail).
	Qualifikation der Ressource (D_Perf_Qualifikation) pro Aktivitätentyp.
	Minimale Auslastungsvorgabe (E_Auslastung_min).

Tabelle 37: Attribute in Meta-Tabellen, die Disponent anpassen kann

In der Meta-Tabelle *GM_Aktivitätentyp[]* wird das Attribut „Priorität“ weder bei Aktivitätentypen noch bei Aktivitäten im Rahmen des Algorithmus verwendet; eine Selektierung der kritischen Workflowinstanzen für die Maßnahmen drei und vier erfolgt auf Basis der Priorität der Workflowinstanz. Eine Änderung der Priorität auf Ebene der Aktivitätentypen würde entsprechend keinen Einfluss auf die Ressourceneinsatzplanung nehmen.

Eine Anpassung des Attributs D_Perf_Qualifikation für einen Aktivitätentyp durch den Disponenten in der Tabelle *G_Performer[]* kann folgende Ursachen haben:

- Erweiterung des Ressourcenkreises für einen Aktivitätentyp durch Hinzufügen von alternativen Ressourcen, welche auch die entsprechende Qualifikation haben.
- Performance einer Ressource liegt deutlich unter dem Durchschnitt, so dass eine Schulung angemessen scheint (Einstufung der Ressource als „Schüler“).
- Eine Ressource soll für die Bearbeitung eines Aktivitätentyps qualifiziert werden (Qualifikation auf „Schüler“ setzen)
- Höherstufung der Qualifikation einer Ressource von „Schüler“ auf „Alternativressource“ oder „Bearbeiter“, beispielsweise auf Grund der Empfehlung eines Lehrers.
- Angabe der Qualifikation einer neuen internen oder externen Ressource.

Nach Änderungen von Ressourcenqualifikationen setzt das Kommunikationsmodul das Flag *GF_Res_Änderung* auf „ja“, damit die Änderungen bei der nächsten Planung berücksichtigt werden (siehe Kapitel 6.3.5).

7.3.2 Operative Daten

Sämtliche operative Daten der Workflowinstanzen befinden sich in der Tabelle *GS_WfInstanz[]*, nachdem das Prognosemodul die Instanziierung durchgeführt hat. Wie bei den Meta-Tabellen können auch in *GS_WfInstanz[]* Attributswerte, wie beispielsweise die Priorität einer Workflowinstanz oder Pönalen bei Lieferverzögerung oder Nichtlieferung, vom

Disponenten verändert werden; die Anpassung erfolgt auch hier ausschließlich innerhalb des Algorithmus, nicht aber im WfMS. Eine weitere Möglichkeit des Disponenten den Ressourceneinsatzplan nachhaltig zu beeinflussen, ist das Setzen des frühesten Starttermins einzelner Workflowinstanzen; auch diese Vorgabe wird in der Tabelle *GS_WfInstanz[]* festgehalten.

Eine Verlängerung der Durchführungs- und damit der Bearbeitungsdauer von Aktivitäten kann vom Disponenten indirekt durch eine Verschiebung des Liefertermins der übergeordneten Workflowinstanz herbeigeführt werden; eine allgemeine Anpassung der Bearbeitungszeit kann der Disponent durch eine Erhöhung der maximalen Bearbeitungsdauer in der Meta-Tabelle *GM_Workflow[]* erreichen.

Eine weitere Option des Disponenten ist die Ausplanung einer bereits verplanten Ressource im Ressourceneinsatzplan für einen bestimmten Zeitabschnitt; dies kann bei dem Eintreten von Störungen jeder Art erfolgen, in denen die Ressource immediat ihrer bisherigen Tätigkeiten entbunden wird, um die aufgetretene Störung zu beseitigen. In diesem Fall trägt das Kommunikationsmodul den Identifier der Ressource sowie den Start- und Endzeitpunkt der Ausplanungsphase in die globale Tabelle *G_Res_Ausplanen[]* ein und setzt das Flag *GF_ResAusplanung* auf „ja". Die entsprechenden Abwesenheiten werden in der globalen Tabelle *GK_Res_Verf[][]* nachgetragen.

7.3.3 Parameter des Algorithmus

Im Algorithmus gibt es eine Reihe von Parametern sowie lokale und globale Variabeln und Tabellen, die jederzeit vom Disponenten verändert werden können. Die folgende Liste gibt hierüber stichpunktartig einen Überblick:

- Prozentualer Anteil, den die Faktoren für die Ober- und Untergrenzen in den Nebenbedingungen des linearen Gleichungssystems (*GK_Anpassung_NB$_f$[]*) jeweils in den Arbeitsstufen f = 2 und 3 vom Algorithmus angepasst werden dürfen; die Angaben erfolgen pro Faktor, aber nicht in Abhängigkeit des Aktivitätentyps.
- Anteil fiktiver Aktivitäten pro Planungsperiode i (*GK_Anteil_fiktiv_i*).
- Maximale prozentual zugelassene durchschnittliche Abweichung aller Ressourcenauslastungen von der Minimalvorgabe in *G_Performer[]* (*GK_DeltaAuslas_max*).
- Gewichtsfaktor zur Berechnung der Anzahl von Workflowinstanzen, die in die darauf folgende Planungsperiode verschoben werden sollen (*GK_GewFakt$_\eta$*)
- Durchlaufzeitobergrenzenfaktor für Aktivitätentyp a (*GK_OG_Durchlaufzeit$_a$*).
- Flexibilitätsobergrenze bezüglich der maximalen Einsätze erfahrener Ressourcen für Aktivitäten eines Aktivitätentyps (*GK_OG_Flexibilität$_a$*).

- Kostenobergrenzfaktor für Aktivitätentyp a (*GK_OG_Kosten*$_a$).
- Schwellwert für Aktivitätsquotienten f_{ia} (siehe Kapitel 6.3.6), ab wann ein Aktivitätentyp vom Prognosemodul als kritisch einzustufen ist (*GK_OG_krit_AktTyp*).
- Flexibilitätsuntergrenze bezüglich minimaler Anzahl von Schülereinsätzen pro Zukunftsrelevanzgrad λ (*GK_UG_Flexibilität*$_\lambda$).
- Anzahl von Zeitintervallen, die der Liefertermin einer dem Workflow w untergeordneten Workflowinstanz beim Eintreten von Ressourcenmangel nach hinten verschoben wird (*GK_Verz_WfInst*$_w$).

7.3.4 Reports

Das Prognosemodul erstellt für den Disponenten einen Report, welcher durch Aufbereitung der Kurzübersichten aus der Tabelle *GS_Report_Disponent[]* zusammengestellt wird. Ein Report enthält immer eine Übersicht über mehrere Zeitintervalle, was dem Disponenten wichtige Erkenntnisse bei der Abschätzung von Entwicklungen im WfMS geben soll.

Das Kommunikationsmodul erstellt alle 15 Minuten aus den Kurzübersichten der kurzfristigen Planung einen Report und leitet diesen an den Disponenten weiter. Der gleiche Report wird erstellt, wenn das Prognosemodul einen außergewöhnlichen Report an den Disponenten schicken möchte und das Flag *GF_extra_Report* entsprechend auf „ja“ gesetzt hat. Im letzteren Fall setzt das Kommunikationsmodul nach Versand des Reports das Flag wieder auf „nein“. Der um Mitternacht automatisch erstellte Report der mittelfristigen Planung wird ebenfalls an den Disponenten geschickt.

Der Disponent kann auch einen Report einfordern, der sich auf eine konfigurierbare Anzahl von Zeitintervallen bezieht. Gewünschte Erweiterungen des Reports seitens des Disponenten, wie beispielsweise die aktuelle abzuarbeitende Anzahl von Workflowinstanzen desselben Workflows, sind durch eine Anpassung der Reportstruktur *GS_Report_Disponent[]* leicht umzusetzen. Die Darstellungsform des Reports sollte flexibel und einfach den Anforderungen des Disponenten anzupassen sein.

8 Schlussfolgerungen

Der Algorithmus der vorliegenden Arbeit wurde entwickelt, um im Zusammenspiel mit kommerziellen administrativen Workflow Management Systemen (WfMS) eine dynamische Ressourceneinsatzplanung hinsichtlich unterschiedlicher Kriterien durchzuführen, die im Gesamtsystem zu einer effizienten Nutzung der vorhandenen Ressourcen führt.
Das folgende Kapitel enthält die aus der vorliegenden Arbeit gewonnenen Erkenntnisse sowie die Zusammenfassung eines Projekts, den Algorithmus in der Praxis einzusetzen.

8.1 Gewonnene Erkenntnisse

Die Funktionserweiterung von kommerziellen administrativen WfMS mit dem im Rahmen der Arbeit entwickelten Algorithmus kompensiert den Mangel einer dynamischen Ressourcenzuordnung zu Aktivitäten und führt das Gesamtsystem unter Berücksichtigung der sich unregelmäßig verändernden Rahmenbedingungen zu einer effizienten Ressourceneinsatzplanung. Die Ermittlung des Ressourceneinsatzes erfolgt mittels eines hierfür entwickelten heuristischen Ansatzes, der eine Adaption und ein Wegfallen vereinzelter Nebenbedingungen auf Grund der NP-Schwere des LOP bei Nichtlösung zulässt und die frühesten Start- und spätesten Endtermine der Aktivitäten, wie in PPS-Systemen mittels der Vorwärts- und Rückwärtsterminierung, unabhängig von den vorhandenen Kapazitäten berechnet. Die derzeit verwendeten drei Zielkriterien können auf Grund des einfachen und modularen Aufbaus des Algorithmus einfach verändert oder um weitere Kriterien ergänzt werden.
Mittels eines Reports, welcher vom Algorithmus mehrmals täglich erstellt wird, erhält der Disponent vergangenheitsbezogene Informationen über den Status der Workflowinstanzen im WfMS, eine Prognose hinsichtlich der zu erwartenden Ressourcensituation bei den vom WfMS zu steuernden Ressourcen sowie, im Falle eines Ressourcenengpasses oder -mangels, eine Liste der vom Algorithmus eingeleiteten Maßnahmen, um die Workflowinstanzen soweit möglich termingerecht fertig zu stellen. Mit diesen Informationen kann der Disponent mit einem Vorlauf von bis zu drei Wochen Kapazitätsanpassungen vornehmen; bei internen Ressourcen können die Kapazitätsanpassungen durch den Auf- beziehungsweise Abbau von Überstunden oder Mehrarbeit erfolgen, bei externen Ressourcen durch Abruf oder Ausphasen.
Die möglichen Kapazitätsanpassungen sowie den vom Algorithmus durch gezielte Schulungen angestrebten Kompetenzausbau und der damit verbundenen gesteigerten Ressourceneinsatzflexibilität erweitern die Möglichkeiten des Gesamtsystems, sich sehr zeitnahe an sich verändernde Rahmenbedingungen anzupassen. Die Flexibilität hat allerdings auch ihren Preis,

der sich durch Schulungen im Rahmen des Vieraugenprinzips sowie der Verhinderung von Spezialisierungen der Ressourcen bemerkbar macht.

Vor dem Start des Algorithmus sind vom Disponenten an Hand von Variabeln der Handlungsspielraum des Algorithmus zu konfigurieren sowie Attributswerte, welche für eine detailliertere Beschreibung von Workflowabläufen und einer Performancesteigerung des Algorithmus im erweiterten Meta-Modell eingesetzt werden, festzulegen. Die Herausforderung für den Disponenten besteht nun darin, die für das vorliegende System passenden Werte dieser Variabeln und Parameter zu bestimmen, die von mehreren Faktoren abhängig sind; hierzu zählen die Anzahl zu steuernder Ressourcen, deren Qualifikationen sowie die aktuelle Geschäftssituation, dem so genannten Betriebszustand. Die Parameter und Variabeln sind vom Disponenten kontinuierlich, beispielsweise an Hand der vom Algorithmus regelmäßig zur Verfügung gestellten Reports, zu hinterfragen und gegebenenfalls zu adaptieren.

Der gemeinsame Einsatz von Algorithmus und WfMS führt zu einer Ressourcenzuordnung, die von Dritten nicht einfach nachzuvollziehen ist, da es sich im Vergleich zu der Ressourcenzuordnung in WfMS um ein relativ komplexes Konstrukt handelt. Die in WfMS bewusst einfach gewählte Ressourcenzuordnung mittels Organisations- oder Rollenzugehörigkeit geht hierbei verloren.

Der Algorithmus schließt offene endogene Entscheidungsprozesse durch seinen Input-Output-Ansatz aus, was zu einer Reduktion der Prozessmodellierungsmöglichkeiten und gleichzeitig zu einem leichten Abrücken von der Realität führt, da reell existierende und genutzte Freiheiten von Ressourcen nicht berücksichtigt werden. In der prozess- und strukturorientierten Produktionsfunktion vom Typ G nach Matthes werden offene endogene Entscheidungsprozesse explizit berücksichtigt, deren Einsatz jedoch die bereits oben angedeutete Komplexität des Algorithmus weiter erhöhen würde.[158]

Eine offene Frage bleibt die minimal mögliche Zeitintervalldauer, in welcher einerseits die vom Algorithmus durchzuführenden Aufgaben auch noch real bewerkstelligt und andererseits die Echtzeitanforderungen erfüllt werden können. Für das Planungsmodul konnte im Rahmen von Testreihen mittels einer Implementierung in AMPL (A Modeling Language for Mathematical Programming) eine Bearbeitungsdauer nachgewiesen werden, die bei sehr vereinfachten Testreihen im Sekundenbereich liegt und unter realen Bedingungen bei etwas über einer Stunde.

---

[158] Vgl. Matthes, W. 2008 /Produktionsfunktion/

Die Testreihen haben bewiesen, dass das binäre LOP innerhalb endlicher Zeit gelöst werden kann. Bei einem Überschreiten der vorgesehenen Zeitintervalldauer τ ermöglicht der eingesetzte Optimierungsalgorithmus CPLEX von ILOG gegebenenfalls auch die Option, die Berechnungen unter Lieferung der bisher ermittelten Lösung abzubrechen.
Die Aufgaben des Prognosemoduls können gegebenenfalls auf mehrere leistungsstarke Rechner verteilt werden. Offen aber bleibt die Antwortzeit des WfMS auf die WAPI-Abfragen des Kommunikationsmoduls, die von der Komplexität der zu steuernden Produktion sowie vom WfMS selbst abhängt und somit herstellerspezifisch ist.

8.2 Praktischer Einsatz des Algorithmus

Die auf Grund des zunehmenden Kostendrucks sowie der vom Kunden erwarteten zunehmenden Flexibilität entstandene Notwendigkeit, eine abteilungsübergreifende optimierte Ressourceneinsatzplanung anzustreben, hat bei der IT-Tochter eines Großunternehmens in den vergangenen Jahren erheblich zugenommen. Im dortigen IT Operations-Bereich sind heute noch rund 100 Mitarbeiter beschäftigt, die für ihren Kunden unterschiedliche Leistungen im IT-Infrastrukturbereich erbringen. Die Leistungen werden in Eigenleistung oder durch externe Dienstleister erbracht, die Steuerung jedoch erfolgt immer durch IT Operations. Bei den zu erbringenden Betriebsleistungen handelt es sich im Wesentlichen um die Bereitstellung der internen IT-Infrastruktur, der Administration von Entwicklungsservern, dem Field Service, dem Monitoring von Applikationen und Schnittstellen sowie der schnellen Behebung von plötzlich auftretenden Störungen. Neben den regulären Betriebsleistungen erbringen dieselben Mitarbeiter aus IT Operations unterschiedliche Leistungen in SW-Entwicklungsprojekten, wie beispielsweise die Paketierung von Anwendungen aus der Entwicklung für die Überführung in den Betrieb (Release to Production) sowie betriebsnahe Consultingleistungen in den Entwicklungsprojekten selbst. Bei der Ressourceneinsatzplanung sind von daher sowohl die Anforderungen aus dem Betrieb, als auch vom Projektgeschäft zu berücksichtigen; während der Einsatz in Projekten sowohl vom Start- als auch vom Endzeitpunkt determiniert ist, sind Einsätze im Betrieb, insbesondere für die Behebung von Störungen innerhalb vertraglich vereinbarter Reaktionszeiten, nur sehr schwer oder gar nicht vorherzusagen.
Die für die einzelnen Services verantwortlichen Disponenten müssen die von ihnen benötigten Ressourcen, die auf drei Standorte verteilt sind, bei den jeweiligen Abteilungsleitern einzeln abstimmen; stehen nicht ausreichend interne Ressourcen zur Verfügung, so werden über den Einkauf Externe über Rahmenverträge abgerufen. Ein Gesamtüberblick der geplanten Ressourceneinsätze innerhalb des Bereiches ist de facto nicht verfügbar, so dass mögliche Konsequenzen eines Ressourcenausfalls, insbesondere bei Schlüsselpersonen, häufig zu spät er-

kannt werden. Eine Ressourcenplanung erfolgt in einem Projektmanagementtool, welches allerdings den Anforderungen des Betriebs nicht gerecht wird. Die durch den Einsatz des Tools verbundenen Nachteile für IT Operations wurden 2007 im Rahmen einer Diplomarbeit herausgearbeitet.[159]

In einem ersten Schritt wurden in den Jahren 2007 bis 2009 die von „IT Operations“ erbrachten Leistungen sowie die dazugehörigen Prozesse bei den Betriebsleistungen verstärkt vereinheitlicht und personenunabhängig soweit möglich standardisiert. Nach einer Umorganisation, bei welcher im Jahr 2009 acht der elf Standorte geschlossen und das Personal von 150 auf 100 Mitarbeiter in IT Operations reduziert wurden, erfolgte Anfang 2010 in einem zweiten Schritt bei einem Teilbereich von „IT Operations“ mit 50 Mitarbeitern sukzessive die Modellierung der standardisierten Prozesse in dem von IT Operations eingesetzten WfMS im Rahmen eines Piloten, so dass Ende 2010 etwa 65 % der Beauftragungen an die Mitarbeiter über das WfMS erfolgen konnten. Auf Grund einer weiteren Umorganisation konnten im Jahr 2011 der Anteil der Beauftragungen über das WfMS nicht weiter erhöht werden, weshalb die ursprünglich geplante Anbindung des Algorithmus an das WfMS über die standardisierte Schnittstelle nicht realisiert wurde und derzeit aus Kostengründen nicht mehr geplant ist.

[159] Nicht veröffentliche Diplomarbeit eines Studenten der Berufsakademie Eisenach, der sein Praxissemester in IT Operations erbrachte.

9 Zusammenfassung

Veränderte Rahmenbedingungen und ein verstärkter Wettbewerbsdruck zwingen Unternehmungen zunehmend, die ihnen zur Verfügung stehenden Produktionsfaktoren effizient einzusetzen und durch deren Kombination einen optimalen Output flexibel und zeitnahe zu erzeugen, um den sich ständig verändernden Marktanforderungen zu entsprechen. Ein elementarer und in den westlichen Industrieländern auch sehr teurer Produktionsfaktor ist die menschliche Arbeit, die, in der Regel über mehrere Standorte verteilt, insbesondere im Dienstleistungsbereich zum rechten Zeitpunkt mit der erforderlichen Qualifikation und möglichst geringen Vorhaltezeiten verfügbar sein muss. Die hierfür vom Disponenten zu erbringende Ressourceneinsatzplanung ist nach mehreren Gesichtspunkten zu optimieren, um einen langfristigen Erfolg des Unternehmens unter den neuen Rahmenbedingungen zu sichern.

Die Zielsetzung der vorliegenden Arbeit war es, durch den parallelen Einsatz eines zu entwickelnden Algorithmus und einem oder mehreren WfMS, welche den von der Workflow Management Coalition gesetzten Standards entsprechen, einen effizienten Einsatz der zur Verfügung stehenden Ressourcen dynamisch zu erreichen. Die Zielsetzung kann in fünf Teilziele zergliedert werden:

1. **Einsatzeffizienz**: Dynamische Ermittlung eines effizienten Ressourceneinsatzplans für die im WfMS zu steuernden Ressourcen durch einen Algorithmus.
2. **Flexibilität**: Die Einsatzplanung fördert den Kompetenzausbau der Ressourcen, um deren Einsatzmöglichkeiten zu erweitern und somit flexibler auf veränderte Rahmenbedingungen reagieren zu können.
3. **Prognose**: Ergänzung der in WfMS vorhandenen vergangenheitsbezogenen Analyse durch eine zukunftsorientierte Prognose hinsichtlich der zu erwartenden Ressourcensituation.
4. **Echtzeitplanung**: Anpassung der Ressourceneinsatzplanung in Echtzeit, um Störungen jeder Art umgehend in der dynamischen Planung zu berücksichtigen.
5. **Konfigurierbarkeit**: Ressourceneinsatzplanung erfolgt auf Basis einer situationsbedingten Anpassung der vom Disponenten konfigurierbaren Rahmenparameter.

Der im Rahmen dieser Arbeit entwickelte Algorithmus setzt sich aus einem Kommunikations-, einem Prognose- und einem Planungsmodul mit klar abgegrenzten Aufgaben zusammen. Über das Kommunikationsmodul erfolgt der gesamte Informationsaustausch des Algorithmus mit der externen Welt, wie dem oder den WfMS, dem HR-System, dem Disponenten sowie den menschlichen Ressourcen. Das Prognosemodul stellt vergangenheitsorientierte statisti-

sche Daten zur Verfügung, erstellt Prognosen bezüglich der anstehenden Ressourcensituation, leitet bei Ressourcenengpässen in einem vom Disponenten vorgegebenen Spielraum Gegenmaßnahmen ein, um das Gesamtsystem wieder in den Normalbetrieb zurückzuführen, und stellt dem Disponenten Reports zur Verfügung. Die eigentliche Ressourceneinsatzplanung erfolgt im Planungsmodul mittels eines binären linearen Optimierungsproblems (LOP), welches vom Prognosemodul, angepasst an die prognostizierte Ressourcensituation, formuliert wird.
Zur Ermittlung der Ressourceneinsatzplanung (Teilziel 1) werden die drei LOPs parallel nach den konkurrierenden Zielkriterien Bearbeitungszeit (Minimierung), variable Ressourceneinsatzkosten (Minimierung) und Ressourceneinsatzflexibilität (Maximierung) berechnet. Im Anschluss werden pro gelöstem LOP drei vom Disponenten vorgegebene Effizienzquotienten ermittelt und summiert; das LOP mit der größten Quotientensumme wird als effizienteste Lösung angenommen und an das WfMS auf Anfrage kommuniziert. Eine Anpassung, Erweiterung oder Gewichtung der Effizienzquotienten kann jederzeit erfolgen.
Mit diesem Ansatz wird der bestehende Zielkonflikt zwischen den drei Zielgrößen nicht aufgelöst; er ermöglicht es jedoch einfach neue Zielfunktionen in den Algorithmus einzubinden oder existierende anzupassen und damit die ebenfalls geforderte Einsatzflexibilität des Algorithmus zu gewährleisten. Die Lösung der LOPs erfolgt unter der Annahme, dass alle zu bearbeitenden Workflowinstanzen termingerecht fertig gestellt werden.
Eine Steigerung der Ressourceneinsatzflexibilität wird durch Einplanung von Schulungen im Rahmen des Vieraugenprinzips sowie dem Setzen einer Obergrenze für die maximale Anzahl zu bearbeitender Aktivitäten desselben Aktivitätentyps von erfahrenen Ressourcen in den Nebenbedingungen (Teilziel 2) erreicht.
Das Prognosemodul erstellt vor jeder Planung einen Ausblick, wie sich die Ressourcensituation über den zu planenden Zeitraum entwickeln wird und stellt diesen dem Disponenten im Rahmen eines Reports zur Verfügung (Teilziel 3). Zu den tatsächlich anstehenden Workflowinstanzen fügt das Prognosemodul im Rahmen der Prognose so genannte fiktive Workflowinstanzen hinzu, welche zukünftig eintreffenden Aufträge berücksichtigen sollen. Stehen Ressourcenengpässe oder -mängel an, so gibt das Prognosemodul situationsbedingt alternative Ressourcen für die Bearbeitung der als kritisch identifizierten Aktivitäten frei, ordnet Überstunden oder Mehrarbeit an, verschiebt Liefertermine oder stoppt die Bearbeitung einzelner Workflowinstanzen.
Die Ressourceneinsatzplanung und alle damit verbundenen Aufgaben im Algorithmus erfolgen zyklisch in einer vom Disponenten festzulegenden Zeitintervalldauer. Die Intervalldauer ist so zu wählen, dass die von den Modulen zu erbringenden Aufgaben vollständig durchge-

führt werden können und gleichzeitig die Echtzeitanforderungen (Teilziel 4) erfüllt werden, um bei nicht vorhersehbaren Störungen zeitnahe eine Einsatzumplanung der Ressourcen umzusetzen.
Für den Disponenten besteht die Möglichkeit, über eine Schnittstelle zum Kommunikationsmodul wesentliche Parameter des Algorithmus jederzeit anzupassen (Teilziel 5). Zu den wesentlichen Parametern gehören im LOP die Ober- und Untergrenzen in den Nebenbedingungen; im operativen Teil sind darunter die Liefertermine und Prioritäten der Workflowinstanzen, die zu erwartenden Pönalen bei Terminverschiebung oder Nichtlieferung, die individuelle Auslastungsuntergrenze der Ressourcen sowie für Weiterqualifikation zu berücksichtigende Ressourcen zu verstehen.
Die vom Algorithmus vorgesehene Bearbeitungsreihenfolge wird individuell jeder menschlichen Ressource bei Änderungen oder dem Hinzukommen neuer Aktivitäten mitgeteilt. Diese detaillierte individuelle Planung versetzt den Algorithmus in die Lage, die Bearbeitung jeder einzelnen Aktivität zielgerichtet zu steuern und somit im Gegensatz zu kommerziellen WfMS einen effizienten, der aktuellen Situation angepassten Ressourceneinsatz zu erzielen. Abbrüche bereits gestarteter Bearbeitungen oder Änderungszuweisungen von Aktivitäten zu einer neuen Ressource im WfMS werden wenn möglich vermieden.
Mit dem in der Arbeit verfolgtem Ansatz werden Disponenten erstmals in die Lage versetzt, eine dynamische Ressourceneinsatzplanung und -steuerung in einem von ihnen vorgegebenen Rahmen durch ein oder mehrere WfMS durchführen zu lassen, wenn diese den vorgegebenen Standards der WfMC entsprechen. Da die Kommunikation des Algorithmus über standardisierte Schnittstellen erfolgt, ist ein Wechsel des WfMS-Herstellers oder ein paralleler Einsatz mehrerer WfMS unterschiedlicher Hersteller möglich. Die Ressourceneinsatzplanung selbst stützt sich auf Methoden der Ressourceneinsatzplanung in Produktionsplanung und -steuerungssystemen (PPS) sowie im Projektmanagement entsprechend dem Resource Constrained Project Scheduling Problem (RCPSP), welche in Kombination eingesetzt werden. Die Einsatzplanung erfolgt unter Berücksichtigung der durchschnittlichen individuellen Bearbeitungsdauer jeder einzelnen Ressource, welche durch das Prognosemodul an Hand statistischer Auswertungen pro Aktivitätentyp und Ressource bereitgestellt wird.
Für den Disponenten erstellt der Algorithmus einen Report, der sowohl einen vergangenheits- als auch einen zukunftsorientierten Überblick der Vorkommnisse im WfMS sowie in der Ressourceneinsatzplanung gibt. Mit dem Report wird der Disponent in die Lage versetzt, mit einem Vorlauf von bis zu drei Wochen Kapazitätsanpassungen bei den Ressourcen herbeizuführen; darüber hinaus wird er auf Ressourcen aufmerksam gemacht, die für die Bearbeitung ein-

zelner Aktivitäten überproportional viel Zeit benötigen und kann diese durch gezielte Schulungen wieder effizienter machen oder zukünftig für die Bearbeitung von Aktivitäten einzelner Aktivitätentypen dem System nicht mehr zur Verfügung stellen.
Die Notwendigkeit von IT-Systemen mit den oben beschriebenen Eigenschaften für eine effiziente Ressourceneinsatzplanung wurde auch im IT-Infrastrukturbereich bei der IT-Tochter eines Großunternehmens erkannt; der im Rahmen dieser Arbeit vorgestellte Ansatz zur dynamischen Ressourceneinsatzplanung sollte deshalb in einem Teilbereich der IT-Infrastruktur mit 50 Mitarbeitern im Jahr 2010 pilotiert werden und bei nachweisbarem Erfolg auf den übrigen Bereich ausgeweitet werden. Umorganisationen haben jedoch dazu geführt, dass der angestrebte Anteil von 75 % der Mitarbeiterbeauftragungen über ein WfMS nicht erreicht und das Projekt gestoppt wurde.
Weitergehender Forschungsbedarf besteht in der Erweiterung der Funktionalitäten des Algorithmus bei der Aufhebung der Einschränkungen in der Workflowmodellierung sowie bei der Erweiterung der Zielkriterien. Der Algorithmus schließt in der vorliegenden Form offene endogene Entscheidungsprozesse auf Grund seines Input-Output-Ansatzes aus, wodurch in der Realität existierende Freiheiten von Ressourcen nicht berücksichtigt werden. Die drei Zielkriterien könnten um weitere ergänzt werden, wie beispielsweise die Maximierung von qualitativen Merkmalen, wobei eine Rückkopplung an den Algorithmus mittels Kundenbefragungen erfolgen könnte. Ideale Kombinationen von Ressourceneinsätzen für eine Effizienzsteigerung des Outputs hinsichtlich Qualität könnten so vom Algorithmus identifiziert und gezielt eingesetzt werden.

10 Anhang 1 – Variablen und Tabellen

In Anhang 1 erfolgt eine detaillierte Übersicht der im Rahmen des Algorithmus verwendeten Variabeln und Tabellen mit den jeweiligen Attributen. Für die Attribute erfolgt jeweils eine Kurzbeschreibung.

10.1 Namenskonventionen

Einleitend erfolgt eine Übersicht, welche Konventionen bei der Namensvergabe von Variabeln und Tabellen sowie deren Attribute im Rahmen der Arbeit verwendet wurden.

10.1.1 Variabeln und Tabellen

Kürzel	Bedeutung
G_	Globale Variable, auf welche mehr als ein Modul sowohl Schreib- als auch Lesezugriff hat.
G*X*_	Globale Variable, die von allen Modulen gesehen werden kann, aber nur von Modul X verändert *X*. steht für K (Kommunikationsmodul), P (Planungsmodul) oder S (Prognosemodul).
GF_	Flags zur Kommunikation zwischen den drei Modulen.
GM_	Global sichtbare Meta-Tabellen.
L*X*_	Variable, die nur lokal in einem Modul sichtbar ist; *X* steht für K (Kommunikationsmodul), P (Planungsmodul) oder S (Prognosemodul).

Tabelle 38: Namenskonvention bei Variabeln und Tabellen

10.1.2 Attribute

Kürzel	Bedeutung
D_	Attributswert wird vom Disponenten festgelegt.
E_	Attributswert wird vom Algorithmus während Einlesevorgang festgelegt.
F_	Flag.
H_	Daten aus dem HR-System.
M_	Attributswerte aus dem Meta-Modell des WfMS.
P_	Attributswerte, die vom Planungsmodul verwaltet werden.
S_	Attributswerte, die vom Prognosemodul verwaltet werden.
W_	Daten aus dem operativen WfMS.

Tabelle 39: Namenskonvention bei Attributen in Tabellen

10.2 Konstanten

Konstanten dienen der Festlegung der maximalen Anzahl von Entitäten innerhalb einer Tabelle. Sie starten immer mit dem Kürzel „k_“.

Konstantenname	Begrenzung der Entitäten in Tabelle
k_wfmodell_max	*GM_WfModell[].*
k_akttyp_max	*GM_Aktivitätentyp[].*
k_trans_max	*GM_Transition[].*
k_perf_max	*G_Performer[].*
k_wf_max	*GM_Workflow[].*
k_part_max	*GM_Participant[].*
k_ablauf_max	*G_Ablauf[].*
k_wfinst_max	*GS_WfInstanz[].*

Tabelle 40: Konstanten

10.3 Tabellen des Meta-Modells

GM_WfModell[]	
M_ID_Modell	Identifier aus WfMS.
M_Modellname	Name aus WfMS.
M_Status	Status des Modells: in Revision, released oder in Testphase.
M_Kosteneinheit	Verwendete Kosteneinheit (i.d.R. Währung).
E_Index_WF[]	Index der Workflows in der Meta-Tabelle GM_Workflow[].

Tabelle 41: Die Meta-Tabelle *GM_WfModell[]*

GM_Workflow[]	
M_ID_Workflow	Identifier des Workflows aus WfMS.
M_Name_WF	Name des Workflows aus WfMS.
M_Zeiteinheit	Jahr, Monat, Stunde, Minute, Sekunde.
M_Priorität	Priorität (kleinste Priorität 0, höchste 100).
M_Zeitlimit	Zeitlimit für Bearbeitung, in Anzahl Zeiteinheiten.
D_Pönale_Verz	Pönale für einen Tag Verzögerung.
D_Pönale_Nicht	Pönale bei Nichterfüllung.
E_Indizes_AktTyp[]	Indizes der Aktivitätentypen in GM_Aktivitätentyp[], die zum Workflow gehören.
E_Index_Start	Index des Startaktivitätentyps in *G_Ablauf[].*
S_Daten[][]	Statistische Daten in den vier Betrachtungszeiträumen.
S_Anz_Wf	Anzahl, wie oft Workflow durchgeführt wurde.
S_Dauer_avg	Durchschnittliche Anzahl von Intervallen für Durchführung.
S_ Dauer_min	Minimale Anzahl von Intervallen für Durchführung.
S_ Dauer_max	Maximale Anzahl von Intervallen für Durchführung.
S_Kosten_min	Minimale variable Gesamtkosten für Durchführung.
S_Kosten_avg	Durchschnittliche variable Gesamtkosten für Durchführung.
S_Kosten_max	Maximale variable Gesamtkosten für Durchführung.

Tabelle 42: Die Meta-Tabelle *GM_Workflow[]*

GM_Aktivitätentyp[][160]	
M_ID_AktTyp	Identifier des Aktivitätentyps in WfMS.
M_Name_AktTyp	Name des Aktivitätentyps in WfMS.
M_Zeitlimit_AktTyp	maximal vorgesehene Bearbeitungsdauer.
M_Typ_AktTyp	reines Routing oder Implementierung.
M_Typ_Transition_ein	Typ der eingehenden Transition.
M_Typ_Transition_aus	Typ der ausgehenden Transition.
M_Prio	Priorität des Aktivitätentyps.
M_Participant[]	Name der Participants im WfMS, die Aktivitätentyp bearbeiten können.
E_Index_Participant[]	Index der Participants, die Aktivitätentyp bearbeiten können.
E_Perf[]	Indizes der Performer in G_Performer[], die für die Bearbeitung des Aktivitätentyps qualifiziert sind.
E_Anz_Akt_Erf	Anzahl zu bearbeitender Instanzen, ab wann eine Ressource als erfahrener Bearbeiter zählt.
E_Relevanz_Futur	Einschätzung, ob Aktivitätentyp zukünftig verstärkt nachgefragt wird oder nicht.
D_Faktor_Einlernen	Einlernzeit = durchschnittliche Bearbeitungsdauer × Einlernfaktor.
S_Daten[][]	Statistische Daten in den vier Betrachtungszeiträumen.
S_Anz_AktTyp	Anzahl, wie oft Aktivitätentyp durchgeführt wurde.
S_BDauer_avg	Durchschnittliche Anzahl von Intervallen für die Bearbeitung.
S_Dauer_avg	Durchschnittliche Anzahl von Intervallen für Durchführung der Instanz (inklusive Bearbeitungspausen)
S_Dauer_min	Minimale Anzahl von Intervallen für Durchführung.
S_Dauer_max	Maximale Anzahl von Intervallen für Durchführung.
S_Kosten_min	Minimale variable Gesamtkosten für Bearbeitung.
S_Kosten_avg	Durchschnittliche variable Gesamtkosten für Bearbeitung.
S_Kosten_max	Maximale variable Gesamtkosten für Bearbeitung.

Tabelle 43: Die Meta-Tabelle *GM_Aktivitätentyp[]*

GM_Participant[]	
M_ID_Paricipant	Identifier des Participant (Bearbeiters) im WfMS.
M_Name_Participant	Name der Bearbeiters im WfMS.
M_Typ_Participant	Art des Participant: Organisationseinheit (OrgE), Mensch (HUMAN), Rolle (ROL) oder System (SYS).
E_Attr_1	Attribut 1 ist abhängig vom Participant-Typ OrgE: ID des Leiters; HUMAN: Vorname.
E_Attr_2	Attribut 2 ist abhängig vom Participant-Typ. OrgE: ID der übergeordneten Einheit; HUMAN: Nachname.

[160] Reihenfolge der Aktivitäten in *GM_Aktivität[]* ist identisch wie in E_Akt[] von *G_Performer[]*.

GM_Participant[]	
E_Attr_3	Attribut 3 existiert nur für Participant-Typ HUMAN: Identifier des Vertreters.
E_Attr_4[]	Attribut 4 ist abhängig vom Participant-Typ OrgE: Identifierliste der HUM, die in OrgE sind. ROL: Identifier der HUMAN, die Rolle einnehmen.

Tabelle 44: Die Meta-Tabelle *GM_Participant[]*

GM_Transition[]	
M_ID_Trans	Identifier der Transition im WfMS.
M_Name_Trans	Name der Transition im WfMS.
M_Trans_Art_ein	Transition Kind am "Eingang" (FROM/ FROM LOOP).
M_ID_AktTyp_ein	Identifier des eingehenden Aktivitätentyps im WfMS.
M_Trans_Art_aus	Transition Kind am "Ausgang" (TO/ TO LOOP).
M_ID_AktTyp_aus	Identifier der ausgehenden Aktivitätentyps im WfMS.
M_Cond_Trans	Bedingung (Condition), damit Transition erfolgt.
E_Index_AktTyp_ein	Index in *GM_Aktivitätentyp[]* des eingehenden Aktivitätentyps.
E_Index_AktTyp_aus	Index in *GM_Aktivitätentyp[]* des ausgehenden Aktivitätentyps.

Tabelle 45: Die Meta-Tabelle *GM_Transition[]*

G_Performer[]	
M_ID_Perf	Identifier des Performers im WfMS.
M_Name_Perf	Name des Performers im WfMS und damit in *GM_Participant[]*.
H_var_Kosten	variable Kosten pro Zeitintervall.
D_E-Mail	E-Mail Adresse bei menschlichen Ressourcen.
E_Index_Participant	Index des Performers in *GM_Participant[]*.
E_Perf_Typ	menschliche Ressource (HUMAN) oder SYSTEM.
E_Index_Stellvertreter	Index des Stellvertreters in *G_Performer[]* (nur HUMAN).
E_Index_OrgEinheit	Index der zugehörigen Organisationseinheit in *GM_Participant[]*.
E_Index_Rollen[]	Indizes der zugehörigen Rollen in *GM_Participant[]*.
E_Auslastung_min	Minimale Auslastungsvorgabe für Ressource.
E_AktTyp []	Indizes aller Aktivitätentypen in *GM_Aktivitätentyp[]*.[161]
D_Perf_Qualifikation	Qualifikation des Performers für Aktivitätentyp.
S_Daten[][]	Statistische Daten zu den jeweiligen Aktivitätentypen in den vier Betrachtungszeiträumen.
S_Anz_AktTyp	Anzahl, wie oft Aktivitätentyp durchgeführt wurde.
S_BDauer_avg	Durchschnittliche Intervallanzahl für Bearbeitung.
S_BDauer_min	Minimale Anzahl von Intervallen für Bearbeitung.
S_BDauer_max	Maximale Anzahl von Intervallen für Bearbeitung.

[161] Indexreihenfolge der Aktivitäten in E_Akt[] ist identisch mit derer in *GM_Aktivität*[].

G_Performer[]	
S_Daten_Res[]	Statistische Daten zur Verfügbarkeit der Ressource.
S_Anz_verfügbar	Intervallanzahl, in denen Ressource verfügbar war.
S_Anz_eingesetzt	Intervallanzahl, in denen Ressource eingesetzt war.

Tabelle 46: Die Tabelle *G_Performer[]*

G_Ablauf[]	
E_Index_AktTyp	Index der momentan betrachteten Aktivitätentypen in *GM_Aktivitätentyp[]*.
E_Verbindungstyp_NF	Verbindungstyp zum Nachfolgeraktivitätentyp.
E_Indizes_Vorgänger[]	Indizes des (der) Vorgängeraktivitätentyp(en) in *G_Ablauf[]*.
E_Indizes_Nachfolger[]	Indizes des (der) Nachfolgeraktivitätentyp(en) in *G_Ablauf[]*.

Tabelle 47: Die Tabelle *G_Ablauf[]*

10.4 Die Tabelle GS_WfInstanz[]

GS_WfInstanz[]	(maximal WfInst_max Workflowinstanzen)
M_Index_Wf	Index des übergeordneten Workflows in *GM_Workflow[]*.
M_Priorität_WfInst	Priorität der Workflowinstanz.
D_Pönale_Verz	Pönale für einen Tag Verzögerung.
D_Pönale_Nicht	Pönale bei Nichterfüllung.
W_ID_WfInst	Identifier der Workflowinstanz im WfMS.
W_WfInst_Ende	Spätestes Endintervall der Wf-Instanz (Liefertermin).
W_WfInst_Status	Status der Workflowinstanz im WfMS.
S_WfInst_Inst_Ist	Zeitintervall der Instanziierung der Workflowinstanz.
S_WfInst_Start_Ist	Zeitintervall des Bearbeitungsstarts.
S_WfInst_Start_Dispo	Vom Disponenten vorgegebener frühester Startzeitpunkt.
S_WfInst_Ende_Ist	Zeitintervall, in welchem Workflowinstanz beendet wurde.
E_Anz_AktTyp	Anzahl definierter Aktivitätentypen in der Workflow-instanz.
E_AktTyp []	(maximal Akt_max Aktivitäten pro Workflowinstanz).
W_Name_AktTyp	Name des übergeordneten Aktivitätentyps in Meta-Modell.
W_ID_Akt	Identifier der Aktivität im WfMS.
W_Akt_Status	Zustand der Aktivität im WfMS.
E_Index_AktTyp	Index des übergeordneten Aktivitätentyps in *GM_Aktivitätentyp[]*.
E_Verbindungstyp_NF	Art der Fortsetzung split, join, connect oder loop.
E_Indizes_Nachfolger[]	Indizes des (der) Nachfolgeraktivitätentyp(en) in E_AktTyp[].
E_Indizes_Vorgänger[]	Indizes des (der) Vorgängeraktivitätentyp(en) in E_AktTyp[].
K_Status_Perf	Status bzgl. Ressource in WfMS: nicht kommuniziert (0), Zuordnung dem WfMS bereits kommuniziert aber nicht in Arbeit (1), in Arbeit (2).
P_Start	geplantes Startintervall für Aktivität.
P_Ende	geplantes Bearbeitungsende für Aktivität.

GS_WfInstanz[]	(maximal WfInst_max Workflowinstanzen)
P_Index_Performer[]	Index der zur Bearbeitung vorgesehenen Ressource(n) in *G_Performer[]*.
S_Akt_Start	Frühester Bearbeitungsstart der Instanz.
S_Akt_Ende	Spätestes Bearbeitungsende der Instanz.
S_Akt_Start_Ist	Startintervall der Aktivität.
S_Akt_Ende_Ist	Endintervall der Aktivität (Bearbeitungsende).
S_Zähler_Perf_Ist	Zähler der Intervalle, die Performer Instanz bearbeitet.
S_Bearb_Kosten	variable Bearbeitungskosten für Aktivität.

Tabelle 48: Die Tabelle *GS_WfInstanz[]*

10.5 Globale Variabeln und Tabellen

Variablenname	Beschreibung	Schreibender Zugriff
GF_Abfrage_WfMS	Flag, ob Daten aus Statusabfrage des WfMS zur Verfügung stehen.	Kommunikationsmodul
GF_Berechnung	Flag, ob Daten aus der Berechnung des Ressourceneinsatzes bereit stehen.	Planungsmodul
GF_extra_Report	Flag, ob ein Extra-Report für den Disponenten zu erstellen ist.	Kommunikationsmodul, Prognosemodul
GF_Kommunikation	Flag, ob Einsatzplanung derzeit an WfMS kommuniziert werden kann.	Prognosemodul
GF_PDatensatz	Flag, ob die Planungsdatensätze vom Prognosemodul zur Verfügung stehen.	Prognosemodul, Planungsmodul
GF_Res_Änderung	Flag, ob sich die Qualifikation von Ressourcen oder der -bestand selbst verändert haben.	Kommunikationsmodul, Prognosemodul
GF_ResAusplanung	Flag, ob eine oder mehrere Ressourcen in aktuellem Einsatzplan auszuplanen sind.	Kommunikationsmodul, Prognosemodul
GP_Erg_Planung	Angabe, ob LOP gelöst wurde und wenn ja, welches die optimale Lösung ist (siehe Kapitel 5.3.3)	Planungsmodul

Tabelle 49: Globale Kommunikationsvariabeln

Variablenname	Beschreibung	Schreibender Zugriff
GK_Anpassung_NB$_f$[]	Anpassung der fünf Ober- und Untergrenzfaktoren in den Nebenbedingungen des Algorithmus in den Arbeitsstufen f = 2 u. 3 (in Prozent, s. Kap. 2.3.3, 5.3.1 und 5.3.2).	Kommunikationsmodul

Variablenname	Beschreibung	Schreibender Zugriff
GK_Anteil_fiktiv_i	Prozentsatz fiktiver Aktivitäten in Planungsperioden 1-3 (in Prozent).	Kommunikationsmodul
GK_DeltaAuslas_max	Maximale prozentual zugelassene durchschnittliche Abweichung aller Ressourcenauslastungen von der Minimalvorgabe in *G_Performer[]*.	Kommunikationsmodul
$GK\_GewFakt_{\eta}$	Gewichtungsfaktoren zur Festlegung der Anzahl von Workflow-instanzen, deren Liefertermin ressourcenbedingt in nächste Planungsperiode verschoben wird; η = 1, 2, 3, 4 (s. Kapitel 6.5.1).	Kommunikationsmodul
$GK\_OG\_Durchlaufzeit_a$	Durchlaufzeitobergrenzenfaktor für einen Aktivitätentyp a (reelle Zahl).	Kommunikationsmodul
$GK\_OG\_Flexibilität_a$	Faktor zur Festlegung der maximalen Anzahl von Einsätzen erfahrener Ressourcen für Aktivitäten desselben Aktivitätentyps (reelle Zahl).	Kommunikationsmodul
$GK\_OG\_Kosten_a$	Kostenobergrenzfaktor pro Aktivitätentyp (reelle Zahl).	Kommunikationsmodul
GK_OG_krit_AktTyp	Schwellwert für Aktivitätsquotienten f_{ia}, ab wann ein Aktivitätentyp als kritisch einzustufen ist (reelle Zahl, s. Kap. 6.3.6).	Kommunikationsmodul
GK_Überstunden	Anzahl Überstunden pro Ressource und Tag, die vom Prognosemodul eigenständig angeordnet werden können (ganzzahlig, Angabe in Anzahl von Zeitintervallen).	Kommunikationsmodul
$GK\_UG\_Flexibilität_{\lambda}$	Flexibilitätsuntergrenze: Faktor zur Festlegung der minimalen Anzahl von Schülereinsätzen pro Zukunftsrelevanzgrad λ im Planungszeitraum (reelle Zahl).	Kommunikationsmodul
$GK\_Verz\_WfInst_w$	Anzahl von Zeitintervallen, die eine Instanz des Workflows w im Falle eines Ressourcenmangels verschoben wird (ganzzahlig, Defaultwert: 1).	Kommunikationsmodul
$GK\_VerzAkt_w$	Anzahl von Zeitintervallen, die der Liefertermin einer Aktivität vom Workflow w planerisch verschoben wird, wenn der ursprünglich vorgesehene Termin nicht gehalten wird (ganzzahlig, Defaultwert: 1).	Kommunikationsmodul

Variablenname	Beschreibung	Schreibender Zugriff
GS_aktuell	Aktuelles Zeitintervall (ganzzahlig).	Prognosemodul
GS_Planungsende	Letztes Zeitintervall der Planung (ganzzahlig).	Prognosemodul

Tabelle 50: Globale Konfigurationsvariabeln

Tabellenname	Beschreibung	Schreibender Zugriff
G_Reassign_Workitem[]	Zuordnung eines bereits zugeordneten Workitems von einer Ressource zu einer anderen.	Kommunikationsmodul, Planungsmodul
G_Res_Ausplanen[]	Ressourcen, die in vorgegebenem Zeitraum nicht einzuplanen bzw. wieder auszuplanen sind.	Kommunikationsmodul, Prognosemodul
G_Res_Ausplanen_Archiv[]	Wenn Ausplanung noch morgen erfolgt, dann Übertrag in *G_Res_Ausplanen[]*.	Kommunikationsmodul, Prognosemodul
G_Res_BearbAblauf[]	Vom Planungsmodul geplante Bearbeitungsreihenfolge der Aktivitäten für jede Ressource.	Kommunikationsmodul, Prognosemodul
G_WfMS_Zustand[]	Aktuelle Status der Workflowinstanzen im WfMS.	Kommunikationsmodul, Prognosemodul
GK_Res_Verf[][]	Verfügbarkeit der Ressourcen in jedem Zeitintervall über den gesamten Planungszeitraum.	Kommunikationsmodul
GP_Ergebnis[]	Zwischenspeicherung der Lösungen des LOP im Planungsmodul.	Planungsmodul
GS_Report_Disponent[]	Kurzübersicht aus vergangenem Zeitintervall, um später Report für Disponent anzufertigen.	Prognosemodul

Tabelle 51: Globale Tabellen

10.6 Attribute der globalen Tabellen

G_WfMS_Zustand[]	(maximal WfInst_max Workflowinstanzen)
W_Name_Wf	Name des übergeordneten Workflows.
F_Status	Flag, ob Workflowinstanz vom Prognosemodul bearbeitet wurde.

G_WfMS_Zustand[]	(maximal WfInst_max Workflowinstanzen)
W_ID_Wf	Identifier des übergeordneten Workflows.
W_ID_WfInst	Identifier der Workflowinstanz.
W_Wf_Status	Status der Workflowinstanz.
E_Akt	Anzahl zugehöriger Aktivitäten.
E_Akt []	
W_Name_AktTyp	Name des übergeordneten Aktivitätentyps im WfMS.
W_ID_Akt	Identifier der Aktivität.
W_Akt_Status	Zustand der Aktivität.

Tabelle 52: Die globale Tabelle *G_WfMS_Zustand[]*

G_Res_Ausplanen[]	(identisch mit *G_Res_Ausplanen_Archiv[]*)
K_Res_ID	Identifier der auszuplanenden Ressource.
K_Start_Aus	Zeitintervall, in welchem Ausplanung beginnt.
K_Ende_Aus	Zeitintervall, in welchem Ausplanung endet.

Tabelle 53: Die globale Tabelle *G_Res_Ausplanen[]*

GK_Res_Verf[][]	(Verfügbarkeit pro Zeitintervall und Ressource)
K_Start	Erstes Zeitintervall, für welches Ressourcenverfügbarkeiten in der Matrix K_Res angegeben werden.
K_Res[Res][Intervall]	Indizes der Ressourcen entsprechend G_Performer[], das Intervall 0 entspricht K_Start.

Tabelle 54: Die globale Tabelle *GK_Res_Verf[][]*

GP_Ergebnis[]	
P_Effizienzquotient	Summe Effizienzquotienten von effizientester Lösung
P_Anz_Akt	Anzahl von Aktivitäten im Planungszeitraum.
P_Akt []	
W_ID_Akt	Identifier der Aktivität im WfMS.
P_Index_Perf[]	Index des oder der eingeplanten Bearbeiter in *G_Performer[]*.
P_Start	geplantes Zeitintervall für Bearbeitungsstart.
P_Ende	geplantes Zeitintervall für Bearbeitungsende.

Tabelle 55: Die globale Tabelle *GP_Ergebnis[]*

G_Res_BearbAblauf[]	(Indizes entsprechend der Ressourcen in G_Performer[])
S_Anz_Akt	Anzahl von Ressource zu bearbeitender Aktivitäten.
S_Akt[]	
S_ID_Akt	Identifier der Aktivität.
S_P_Start	geplanter Bearbeitungsstart.
S_P_Ende	geplantes Bearbeitungsende.
S_Nr_Ablauf	Geplante Position in Bearbeitungsablauf.

Tabelle 56: Die Tabelle *G_Res_BearbAblauf[]*

G_Reassign_Workitem[]	
S_Anz_WItem	Anzahl neu zuzuordnender Workitems.
S_Akt[]	(A_Akt[0]=START; A_Akt[n]=ENDE).
S_ID_Akt	Identifier der Aktivität.
S_ID_Res_alt	Identifier der bisherigen Ressource.
S_ID_Res_neu	Identifier der neu zugeordneten Ressource.

Tabelle 57: Die Tabellen *G_Reassign_Workitem[]*

GS_Report_Disponent[]	(für jedes Zeitintervall)
S_Anz_WfInst_Ende	Anzahl beendeter Workflowinstanzen.
S_WfInst_Ende[]	
S_ID_WfInst	Identifier der beendeten Workflowinstanz.
S_Anz_WfInst_neu	Anzahl neuer Workflowinstanzen.
S_S_WfInst_neu[]	
S_ID_WfInst	Identifier der neuen Workflowinstanz.
S_Anz_Akt_Verz	Anzahl zum Planungstermin verzögerter Aktivitäten.
S_Akt_Verz[]	
S_ID_Akt	Identifier der verzögerten Aktivität.
S_Anz_Ressourcen	Anzahl von Ressourcen mit Auffälligkeiten.
S_Ressource[]	
S_ID_Ressource	Identifier der Ressource, deren Bearbeitungsdauer über der vorgegebenen Obergrenze liegt.
S_ID_AktTyp	Identifier des Aktivitätentyps, bei der Grenze überschritten wurde.
S_Bearb_Dauer	Benötigte Bearbeitungsdauer.
S_Reihenfolge	vorgegebene Bearbeitungsabfolge eingehalten/ nicht eingehalten.
S_Anz_Wf_krit	Anzahl als kritisch eingestufter Workflows.
S_Wf_krit[]	
S_ID_Wf	ID des Workflows, in welcher als kritisch eingestufte Aktivitätentypen vorkommen.
S_Anz_krit_AktTyp	Anzahl als kritisch eingestufter Aktivitätentypen.
S_AktTyp[]	
S_ID_AktTyp	ID der als kritisch eingestuften Aktivitätentypen.
S_f_Quotient	Quotient f_{ia} des entsprechenden Aktivitätentyps.
A_Anz_WfInst_krit	Anzahl untergeordneter Workflowinstanzen.
A_WfInst_krit[]	
S_ID_WfInst	Identifier der untergeordneten Workflowinstanz.
S_Maßnahme	Empfohlenen Maßnahme: unverändert bearbeiten, Liefertermin verschieben oder stoppen.
S_Res_Ausgeplanung[]	Ressourcen, welche auf Anordnung des Disponenten ausgeplant wurden inklusive Intervall des Start- und Endzeitpunkts der Ausplanung.
S_P_Lösung	Übertrag von GP_Erg_Planung aus GP_Ergebnis[].

Tabelle 58: Die Tabelle *GS_Report_Disponent[]*

10.7 Lokale Variabeln und Tabellen

10.7.1 Das Prognosemodul

Variablenname	Beschreibung
LS_Anz_Res_Einsatz	Anzahl an Ressourcen, die im vorangegangenen Zeitintervall eingesetzt waren.
LS_Gegenmaßnahmen[i]	Ermittelte Maßnahmen, die in den einzelnen Planungsperioden bei der Erstellung der Planungsdatensätze berücksichtigt werden sollen.
$T_{i, Ende}$	Letztes Zeitintervall der Planungsperiode i.

Tabelle 59: Lokale Variabeln des Prognosemoduls

Tabellenname	Beschreibung
LS_Akt_end[]	im vorangegangenen Zeitintervall beendete Aktivitäten.
LS_Akt_PDS[]	Während Erstellung der PDS erstellt Prognosemodul pro PDS Tabelle, um zu jedem Aktivitätentyp die untergeordneten Aktivitäten festzuhalten.
LS_Akt_Verz[]	Aktivitäten, deren geplanter Start- oder Endtermin überschritten wurde.
LS_Betriebszustand[i]	Ermittelter Betriebszustand in der jeweiligen Planungsperiode: Normalbetrieb, Ressourcenengpass 1 (kann mit alternativen Ressourcen umgangen werden) und 2 sowie Ressourcenmangel.
LS_krit_Wf$_i$[]	Workflows, in denen das Prognosemodul kritische Aktivitätentypen hinsichtlich verfügbarer Ressourcen für die Bearbeitung in Planungsperiode i identifiziert hat.
LS_Res_Anforderung[]	Ressourcenanforderungsprofil im Prognosemodul wird mittels der lokalen Tabelle berechnet.
LS_Res_Reihe[]	Ressourcen, welche die vorgegebene Bearbeitungsreihenfolge nicht einhalten.
LS_Sonder_WfInst[]	Für jeden kritisch eingestuften Workflow, Eintrag der untergeordneten Workflowinstanzen mit empfohlener Maßnahme und damit verbundenen Pönalen.
LS_WfInst_end[]	im vorangegangenen Zeitintervall beendete Workflowinstanzen.
LS_WfInst_neu[]	im vorangegangenen Zeitintervall instanziierte Workflowinstanzen.

Tabelle 60: Lokale Tabellen des Prognosemoduls

LS_Akt_PDS[]	(Indizes entsprechend der Aktivitätentypen in GM_Aktivitätentyp[])
S_Anz_Akt	Anzahl Aktivitäten des übergeordneten Aktivitätentyps.
A_Akt[]	
S_ID_Akt	Identifier der Aktivität.
S_Index_WfInst	Index der übergeordneten Workflowinstanz in *GS_WfInstanz []*.

LS_Akt_PDS[]	(Indizes entsprechend der Aktivitätentypen in GM_Aktivitätentyp[])
S_Index_Akt	Index der Aktivität innerhalb der Workflowinstanz in *GS_WfInstanz[]*.

Tabelle 61: Die Tabellen LS_Akt_PDS[]

LS_Res_Anforderung[]	(Einträge erfolgen parallel zu *GM_Aktivitätentyp[]*)
S_Anz_Inst[i]	Anzahl zu bearbeitender Zeitintervalle in Periode i.
S_Anz_Akt	Anzahl untergeordneter Aktivitäten.
S_Akt[]	
W_ID_Akt	Identifier der Aktivität im WfMS.
S_Akt_Start	Frühester Bearbeitungsstart der Instanz.
S_Akt_Ende	Spätestes Bearbeitungsende der Instanz.
S_Bearb_Fakt	Bearbeitungsfaktor.
S_Anz_Inst[i]	Anzahl zu bearbeitender Zeitintervalle in Periode i.

Tabelle 62: Attribute der Tabelle *LS_Res_Anforderung[]*

LS_krit_Wf$_i$[]	
W_ID_Wf	ID des Workflows, in welcher als kritisch eingestufte Aktivitätentypen vorkommen.
S_Anz_krit_AktTyp	Anzahl als kritisch eingestufter Aktivitätentypen.
S_ AktTyp[]	
S_ID_AktTyp	ID der kritisch eingestuften Aktivitätentypen.
S_f_Quotient	Quotient f_{ia} des entsprechenden Aktivitätentyps.

Tabelle 63: Attribute der Tabelle *LS_krit_Wf$_i$[]*

LS_Res_Reihe[]	
S_ID_Res	Identifier der Ressource, die geplante Bearbeitungsreihenfolge nicht einhält.
S_ID_Akt	Identifier der Aktivität, die momentan bearbeitet wird.

Tabelle 64: Attribute der Tabelle *LS_Res_Reihe[]*

LS_Sonder_WfInst[]	(Indizes entsprechend der Workflows in GM_Workflow[])
S_Anz_WfInst_krit	Anzahl der untergeordneten kritischen Workflowinstanzen.
S_WfInst_krit[]	
S_ID_WfInst	Identifier der Workflowinstanz im WfMS.
S_Kosten_var	bisher entstandene variable Kosten.
D_Pönale_Verz	Pönale für Lieferterminverschiebung.
D_Pönale_Nicht	Pönale bei Nichterfüllung.
S_Maßnahme	Empfehlung: unverändert bearbeiten, Liefertermin verschieben oder stoppen.

Tabelle 65: Attribute der Tabelle *LS_Sonder_WfInst[]*

10.7.2 Das Kommunikationsmodul

Tabellenname	Beschreibung
LK_update_Reihenfolge[]	Enthält Identifier der Ressourcen, deren Zuordnung im aktuellen Zeitintervall an WfMS Kommuniziert wurde.

Tabelle 66: Lokale Tabelle *LK_update_Reihenfolge[]*

11 Anhang 2 – AMPL

In Anhang 2 wird die Umsetzung des LOP in AMPL vorgestellt. Vor dem Aufzeigen der eigentlichen Implementierung wird in Mapping-Tabellen gezeigt, welche Namen die Symbole aus dem LOP in den AMPL-Skripten haben.

11.1 Implementierung des Algorithmus mit AMPL

Der Algorithmus wurde mittels AMPL (A Modeling Language for Mathematical Programs) und dem Solver CPLEX der Firma ILOG auf Konsistenz und benötigte Rechenzeit zur Lösung eines Planungsproblems hin überprüft. Auf welcher Grundlage von AMPL die Implementierung erfolgte, ist Gegenstand dieses Abschnitts.

11.1.1 Solver

Bei dem im Rahmen der Arbeit zu lösenden Problems handelt es sich um ein binäres lineares Optimierungsproblem. Für „integer programs“ ist innerhalb von AMPL der Solver CPLEX vorgesehen und wurde für alle Testreihen eingesetzt (siehe Kapitel 5.4.1).

11.1.2 Modell- und Datendateien

AMPL kann in zwei Modi arbeiten, dem Modell-Modus und dem Datenmodus. Im Modellmodus erfolgt die Modellierung des eigentlichen Problems sowie die Deklaration der Parameter, Mengen und Variabeln. Im Datenmodus werden die (Start-)Werte der Mengen und Parameter festgelegt. Die Inhalte können entweder manuell im Befehlsmodus eingegeben oder in Textdateien abgespeichert und im entsprechenden Modus eingelesen werden.

In der Modelldatei (main.mo) erfolgen die Definition aller Parameter, Mengen und Variablen sowie die Formulierung der drei Zielfunktionen und aller Nebenbedingungen.

Die Datendatei entspricht im Algorithmus den vom Prognosemodul erstellten Planungsdatensätzen.

11.2 Mapping der Symbole in AMPL

11.2.1 Besonderheiten bei der Implementierung mit AMPL

Eine Besonderheit in der AMPL-Implementierung ist die Matrix M_LINKS, in welcher explizit für jede Ressource definiert wird, welche Aktivität diese bearbeiten kann. M_LINKS wird vom Prognosemodul an Hand des Meta-Modells erstellt und im Planungsdatensatz an das Planungsmodul übergeben. Details sind im entsprechenden Kapitel des Prognosemoduls nachzulesen: M_LINKS:= M_LINKS [RES, INST].

11.2.2 Mengen

Symbol	AMPL	Erklärung
B	-	Für die Menge möglicher Qualifikation einer Ressource (b_1: Lehrer, b_2: Bearbeiter, b_3: Schüler; b_4: Alternativ) werden in AMPL entsprechende Werte gesetzt, die in den Nebenbedingungen zur Berechnung verwendet werden.
J	INST	Menge aller im WfMS instanziierten Aktivitäten j
A	ACT	Menge aller im Workflow-Modell definierten Aktivitätentypen.
S	RES	Menge aller im WfMS zu steuernden Ressourcen.
T	-	Zu optimierende Planungsintervalle von jetzt bis Planungsende; $\mathcal{T} = \{T_0, T_0+1, .., T_{end}\}$ – in AMPL indirekt über aktuelles Zeitintervall und Planungsende definiert.
Λ	LAM	Menge möglicher Stufen, inwiefern ein Aktivitätentyp und dessen Instanzen in Zukunft nachgefragt werden.

Tabelle 67: AMPL Mapping-Tabelle für Mengen

11.2.3 Parameter aus dem Prognosemodul

Symbol	AMPL	Erklärung
d_{sa}	S_Bearb_Dauer [M_LINKS]	durchschnittliche Bearbeitungsdauer einer Ressource (Bearbeiter, Lehrer) für einen Aktivitätentyp; für Schüler erfolgt Vorgabe in V_Bearb_Dauer [RES, INST].
DA_a	S_Bearb_Dauer_Act [ACT]	durchschnittliche Bearbeitungsdauer (in Zeitintervallen) aller qualifizierten Ressourcen eines Aktivitätentyps.
K_a	S_Bearb_Kosten_Act [ACT]	direkt zurechenbare Durchschnittskosten zu einem Aktivitätentyp.
FS_j	S_Bearb_Start [INST]	frühestes Startintervall einer Aktivität.
SE_j	S_Bearb_Ende [INST]	spätestes Endintervall einer Aktivität.

Tabelle 68: AMPL Mapping-Tabelle für Parameter aus dem Prognosemodul

11.2.4 Verfügbarkeit und Kosten von Ressourcen

Symbol	AMPL	Erklärung
a_{st}	R_Verf [RES, t_0 - T]	Verfügbarkeit der Ressource s im gesamten Planungszeitraum; 0: *nicht verfügbar*, 1 = *verfügbar*
k_s	R_Kost [RES]	direkt zurechenbare Kosten einer Ressource pro Zeitintervall

Tabelle 69: AMPL Mapping-Tabelle für Parameter aus dem HR-System

11.2.5 Parameter und Mengen aus dem Workflowmodell

Symbol	AMPL	Erklärung
B_{sa}	M_ Res_Qual [RES, INST]	Qualifikation einer Ressource s für die Bearbeitung eines Aktivitätentyps a; in AMPL wird vom Prognosemodul die Ressourcenqualifikation bereits auf Instanzebene aufbereitet.
AZ_{λ}	-	Menge aller Aktivitätentypen, die vom Disponenten bzgl. Zukunftsrelevanz mit λ eingestuft werden. (s. M_L_Typ_I[LAM,INST])
-	M_L_Typ_I[LAM,INST]	Einordnung der Aktivitäten hinsichtlich Zukunftsrelevanzgrad λ; Einstufung wird durch Prognosemodul in PDS vom übergeordneten Aktivitätentyp übertragen.
J_a	M_A_Typ_I [ACT, INST]	Menge aller Aktivitäten j, welche dem Aktivitätentyp a zugeordnet sind; $J_a \in J$.
J_{λ}	-	Menge aller Aktivitäten j, welche einem Aktivitätentyp a untergeordnet sind, der hinsichtlich Zukunftsrelevanz als λ eingestuft ist. (s. Anz_Schuel_Act[LAM])
	Anz_Schuel_Act[LAM]	Anzahl potenzieller Schüler pro Zukunftsrelevanzgrad λ – ersatzweise für $\mathcal{J}_{\lambda}$
AT_j	-	Aktivitätentyp a, welcher die Aktivität j untergeordnet ist; $AT_j \in A$ (AMPL: wird aus M_A_Typ_I [] abgeleitet)
SA_a	M_A_Typ_R[ACT,RES]	Menge aller Ressourcen s, welche für die Bearbeitung des Aktivitätentyps a entweder die Qualifikation b_1, b_2 oder b_4 aufweisen.
SS_a	-	Menge aller Ressourcen S, welche Qualifikation b_3 (Schüler) haben, um Aktivitätentyp m zu bearbeiten; $SS_a \subseteq S$ (AMPL: wird aus M_A_Typ_R [] abgeleitet)
SR_a		Menge aller Ressourcen s, welche auf Grund ihrer Erfahrung Aktivitäten des Aktivitätentyps a nur in begrenzter Anzahl bearbeiten sollen.
VG_j	M_VORG [INST, INST]	Menge aller direkten Vorgänger der Aktivität; in AMPL durch paarweise Aufteilung abgebildet, so dass mehrere Paare für eine Instanz möglich sein können.

Tabelle 70: AMPL Mapping-Tabelle von Parametern und Mengen

11.2.6 Indizes und dreidimensionale Einsatzmatrix des Algorithmus

Symbol	Erklärung
j, jj	Aktivität; $j \in \mathcal{J}$ (jj, wenn zwei Indizierungen auf Instanzen erforderlich)
A	Aktivitätentyp im Workflowmodell; $a \in \mathcal{A}$

Symbol	Erklärung
S	Ressourcen, welche dem WfMS zur Bearbeitung von Aktivitäten zur Verfügung stehen.
T	Zeitintervall für welches der Einsatz der Ressourcen s zu optimieren ist.
l	Zukunftsrelevanzgrad λ.

Tabelle 71: Indizes in AMPL

Die dreidimensionale Ressourceneinsatzmatrix:

Symbol	AMPL	Erklärung
e_{jst}	Einsatz [RES, INST, t_0 - T]	Ressourceneinsatz in einem Zeitintervall bezüglich einer Aktivität. 0: Bearbeitung erfolgt nicht, 1: Bearbeitung erfolgt.

Tabelle 72: Einsatzvariable e_{jst} in AMPL

11.2.7 Konstanten und Planvariablen

Symbol	AMPL	Erklärung
c_{1a}	OG_Dauer [ACT]	Durchlaufzeitobergrenzenfaktor für Aktivitätentyp a.
c_{2a}	OG_Kosten [ACT]	Kostenobergrenzefaktor für Aktivitätentyp a.
c_{3a}	OG_Instanzen [ACT]	Flexibilitätsobergrenze: Faktor zur Festlegung der minimalen Anzahl von Einsätzen einer Ressource für Aktivitäten desselben Aktivitätentyps.
$c_{4\lambda}$	UG_Schueler [LAM]	Flexibilitätsuntergrenze: Faktor zur Festlegung der minimalen Anzahl von Schülereinsätzen in Abhängigkeit des Zukunftsrelevanzgrades λ.
c_5	UG_Auslastung	Auslastungsuntergrenze für eine Ressource über den zur Verfügung stehenden Zeitraum.
τ	-	Versuchsreihen erfolgten unter der Annahme, dass eine Zeitintervalldauer 150 Sekunden beträgt.
T_0	t_0	Aktuelles Zeitintervall (Vorgabe durch Algorithmus – wird am Ende eines Zeitintervalls jeweils um eins inkrementiert).
T_{end}	T	Intervall am Planungsende, welches täglich um Mitternacht um $\frac{86.400}{\tau}$ Zeitintervalle, also einen Tag inkrementiert wird (siehe Kapitel 4.1.3).

Tabelle 73: AMPL Mapping-Tabelle der Konstanten und Planvariabeln

Die Planungsvariablen sind für das Verständnis der AMPL-Implementierung nicht von Interesse und werden hier nicht weiter betrachtet.

11.3 Die AMPL-Dateien

Im Folgenden wird die Implementierung des Algorithmus in AMPL an Hand der entsprechenden Textdateien main.mo und data.da vorgestellt.

11.3.1 main.mo

```
##########################################################################################
###                    Deklaration von Parametern und Mengen                    ###
##########################################################################################

set RES;                          # zur Verfügung stehende Ressourcen
set ACT;                          # Aktivitätentyp
set INST;                         # Aktivitäten, welche abzuarbeiten sind
set LAM;                          # mögliche Stufen der Zukunftsrelevanz λ
param t0 >= 0;                    # Nummer des Startintervalls
param T >= 0;                     # Anzahl der zu beplanenden Zeitintervalle
param R_Verf {RES, t0..T};        # Verfügbarkeit der Ressource im Planungszeitraum
param R_Kost {RES};               # variable Kosten der Ressourcen RES pro Intervall
param T_Einlern{INST} integer;    # Bearbeitungszeit eines Aktivitätentyps beim 4-Augenprinzip

### Faktoren zur variablen Gestaltung der Ober- und Untergrenzen in den Nebenbedingungen ###
param UG_Auslastung {RES};        # minimale Auslastung der einzuplanenden Ressourcen
param OG_Delta_Auslast;           # Obergrenze für Summe aller Auslastungsabweichungen
param UG_Auslastung;              # minimale Auslastung der einzuplanenden Ressourcen
param OG_Dauer{ACT};              # Faktor für Obergrenze der Bearbeitungsdauer pro Aktivitätentyp
param OG_Kosten{ACT};             # Faktor für Obergrenze der Bearbeitungskosten pro Aktivitätentyp
param OG_Instanzen{ACT};          # Faktor für Bestimmung der maximalen Anzahl von Instanzen
                                  # eines Aktivitätentyp, der von einer Ressource bearbeitet werden
param UG_Schueler;                # Faktor zur Bestimmung der minimalen Anzahl von Schulungen
param R_Erf_A {ACT, RES};         # Angabe, ob Ressource für Aktivitätentyp als „erfahren“ gilt

##########################################################################################
###                    Informationen aus dem META-Modell                    ###
##########################################################################################

### Darstellung, welche Ressourcen für den Einsatz von welchen Aktivitäten in        ###
### Betracht gezogen werden können (Bearbeiter, Lehrer und Schüler)                  ###
set M_LINKS within {RES, INST};

### Auflistung der direkten Vorgänger aller Aktivität                                ###
set M_VORG within {INST, INST};

### Zugehörigkeit der Instanzen zu den übergeordneten Aktivitätentypen               ###
param M_A_Typ_I {ACT, INST};

### Zugehörigkeit der Aktivitäten hinsichtlich Zukunftsrelevanzgrad λ                ###
param M_L_Typ_I {LAM, INST};

# Anzahl potenzieller Schüler pro Zukunftsrelevanzgrad λ                             ###
param Anz_Schuel_Act {LAM};

### Qualifikation der Mitarbeiter für mögliche Aktivitäten: Bearbeiter, Lehrer, Schüler ###
param M_Res_Qual {M_LINKS};

### Ressourcen, welche Aktivitätentyp mit Qualifikation Bearbeiter oder Lehrer bearbeiten ###
### können                                                                            ###
param M_A_Typ_R {ACT, RES};
```

```
###############################################################################
###                  Informationen aus dem Prognose-Modul                   ###
###############################################################################
### durchschnittliche Bearbeitungsdauer möglicher Ressourcen für Aktivitäten     ###
param S_Bearb_Dauer {M_LINKS} integer;
### vom Disponent vorgegebene Bearbeitungsdauer einer Akt.-Instanz beim Vieraugenprinzip ###
param V_Bearb_Dauer {M_LINKS} integer;

### vom Prognosemodul berechnete durchschnittliche Bearbeitungsdauer pro Aktivitätentyp ###
param S_Bearb_Dauer_Act {ACT};

### vom Prognosemodul berechnete durchschnittliche Bearbeitungskosten pro Aktivitätentyp ###
param S_Bearb_Kosten_Act {ACT};

### vom Disponenten vorgegebener bzw. vom Prognosemodul berechneter frühester Starttermin ###
param S_Bearb_Start {INST};

### vom Disponenten vorgegebener bzw. vom Prognosemodul berechneter spätester Liefertermin###
param S_Bearb_Ende {INST};

###############################################################################
###                          einzige Variable                               ###
###############################################################################

### dreidimensionale Matrix Einsatz [Ressource] [Instanz] [Intervall]         ###
var Einsatz {M_LINKS, t0..T} binary default 0;

###############################################################################
###                       Hilfsvariabeln für AMPL                           ###
###############################################################################

### Hilfsvariable, welche Ressource s die Instanz j nach Einsatzplan bearbeitet   ###
var H_Ausf {M_LINKS} binary default 0;

### Ressourceneinsatz für Aktivitätentyp wird differenziert bei Schülern (+1) und Bearbeitern ###
### und Lehrern (+1); Nichtbearbeitung eines Aktivitätentyps durch eine Ressource: 0 ###
var H_Eins_Res {a in ACT, s in RES} = sum {(s, j) in M_LINKS} (M_A_Typ_I[a, j] * H_Ausf[s, j])
        * if (M_Res_Qual[s, j] = -1.1) then 1 else -1;

###############################################################################
###     Hilfsvariabeln zur Überprüfung des berechneten Ergebnisses in AMPL      ###
###############################################################################

### Gesamtkosten auf Grund der Einsatzkosten der Ressourcen pro Zeiteinheit      ###
var T_Cost = sum {(s, j) in M_LINKS, t in t0..T} Einsatz [s, j, t] * R_Kost[s];

### Gesamtanzahl Bearbeitungsintervalle
var T_Einsatz = sum {(s, j) in M_LINKS, t in t0..T} Einsatz [s, j, t];

### Geplantes Bearbeitungsstartintervall der einzelnen Instanzen
var I_Start {j in INST} = min {(s, j) in M_LINKS, t in 1..T}
        (if Einsatz[s, j, t]= 1 then Einsatz[s, j, t]*t else T);

### Geplantes Bearbeitungsendintervall der einzelnen Instanzen
var I_Ende {j in INST} = max {(s, j) in M_LINKS, t in 1..T} Einsatz[s, j, t] * t;
```

```
##########################################################################################
###                          Nebenbedingungen (NB)                                     ###
##########################################################################################

### NB 1: Bearbeitungsdauer der zu einem Aktivitätentyp gehörigen Instanzen überschreiten ###
### nicht einen vorgegebenen Grenzwert (in Abhängigkeit vom Durchschnittswert)          ###

### Berechnung der Bearbeitungsdauer pro Aktivität:                                     ###
var T_Dauer_Inst {j in INST} =
        sum {(s, j) in M_LINKS, t in S_Bearb_Start[j]..S_Bearb_Ende[j]} Einsatz[s, j, t] ;

### Berechnung der gesamten Bearbeitungsdauer pro Aktivitätentyp:                       ###
var T_Dauer_Act {a in ACT} = sum {j in INST} T_Dauer_Inst[j] * M_A_Typ_I[a, j] ;

### Bestimmung der Aktivitätenzanzahl pro Aktivitätentyp:                               ###
param Anz_Inst_pro_Act {a in ACT} = sum {j in INST} M_A_Typ_I[a, j];

### Durchschnittliche Bearbeitungsdauern der Instanzen eines Aktivitätentyps liegen unter ###
### vorgegebenem Wert:                                                                  ###
subject to Dauerobergrenze {a in ACT}:
        T_Dauer_Act[a]/Anz_Inst_pro_Act[a] <= S_Bearb_Dauer_Act[a] * OG_Dauer[a] ;

### NB 2: Bearbeitungskosten der zu einem Aktivitätentyp gehörenden Instanzen überschreiten ###
### nicht einen vorgegebenen Grenzwert (in Abh. vom Durchschnittswert)                  ###

### Berechnung der Kosten pro Aktivität:                                                ###
var T_Cost_Inst {j in INST} =
        sum {(s, j) in M_LINKS, t in S_Bearb_Start[j]..S_Bearb_Ende[j]} Einsatz[s,j,t] * R_Kost[s];

### Berechnung der gesamten Kosten pro Aktivitätentyp:                                  ###
var T_Cost_Act {a in ACT} = sum {j in INST} T_Cost_Inst[j] * M_A_Typ_I[a, j];

### Durchschnittskosten der Instanzen eines Aktivitätentyps liegen unter vorgegebenem Wert: ###
subject to Kostenobergrenze {a in ACT}:
        T_Cost_Act[a]/Anz_Inst_pro_Act[a] <= S_Bearb_Kosten_Act[a] * OG_Kosten[a];

### NB 3a: Verteilung der Instanzen eines Aktivitätentyps auf mehrere Ressourcen        ###
### Anzahl durchgeführter Instanzen pro Aktivitätentyp pro Ressource                    ###

### Summe von Instanzen eines Aktivitätentyps, die von einer Ressource bearbeitet werden: ###
var R_Einsatz_A {a in ACT, s in RES} = sum {(s,j) in M_LINKS} (M_A_Typ_I[a,j] * H_Ausf[s,j]);

### Anzahl von Ressourcen, welche Aktivitätentyp a ohne Beaufsichtigung bearbeiten können ###
param R_Bearb_A {a in ACT} = sum {s in RES} M_A_Typ_R[a,s];

subject to R_Einsatz_pro_Aktivitaet {a in ACT, s in RES}:
        if (R_Erf_A [a, s] > 0)
                then R_Einsatz_A [a, s] <= OG_Instanzen [a] * R_Erf_A [a, s] / R_Bearb_A [a];

### NB 3b: Minimalanzahl von Schulungen in Abhängigkeit des Zukunftsrelevanzgrads λ      ###
### Menge geplanter Schülereinsätze in Abhängigkeit der Zukunftsrelevanz LAM            ###
var H_Eins_Schuel {(s, j) in M_LINKS, l in LAM} =
        H_Ausf[s, j] * M_L_Typ_I [l,j] * if (M_Res_Qual[s, j] = -1.1) then 1 else 0;

### Anzahl Aktivitäten mit Zukunftsrelevanz LAM                                         ###
param H_Inst_Lam {l in LAM} = sum {j in INST} M_L_Typ_I [l,j];

subject to Min_Anz_Schueler {l in LAM}:
        sum {(s,j) in M_LINKS} H_Eins_Schuel [s,j,l]
                >= UG_Schueler [l] * round (Anz_Schuel_Act [l] /H_Inst_Lam [l]);
```

```
### NB 4: Geplanter Bearbeitungsstart einer Aktivität liegt nach dem vom Prognosemodul     ###
### berechneten oder vom Disponenten vorgegebenen frühesten Starttermin.                   ###
subject to Bearbeitungsstart {j in INST}:
        sum {(s, j) in M_LINKS, t in 1..S_Bearb_Start[j]-1} Einsatz[s, j, t] = 0;

### NB 5: geplantes Bearbeitungsende der Instanz liegt vor dem Liefertermin, welcher entweder ###
### vom Prognosemodul berechnetet wurde oder im WfMS vorgegebenen ist.                     ###
subject to Bearbeitungsende {j in INST}:
        sum {(s, j) in M_LINKS, t in S_Bearb_Ende[j]+ t0..T} Einsatz[s, j, t] = 0;

### NB 6: Instanzen sind in der im Meta-Modell vorgegebenen Reihenfolge durchzuführen       ###
subject to Reihenfolge {(j, jj) in M_VORG}:
        sum {(s, jj) in M_LINKS, t in t0..S_Bearb_Ende[j]} Einsatz[s, jj, t] = 0;

### NB 7: Verfügbarkeit gliedert sich in zwei Komponenten                                  ###
###    7a: die Ressource seht zum vorgesehenen Intervall zur Verfügung                     ###
subject to Verf {(s, j) in M_LINKS, t in t0..T}:
        R_Verf[s, t] - Einsatz [s, j, t] >= 0 ;
###    7b: eine Ressource bearbeitet maximal eine Instanz pro Zeitintervall                ###
subject to R_Einsatz {s in RES, t in t0..T}:
        sum {(s, j) in M_LINKS} Einsatz[s, j, t] <= 1;

### NB 8: „Anzahl" gliedert sich in 2 Komponenten                                          ###
###    8a: Eine Aktivität wird maximal von 2 Ressourcen bearbeitet                         ###
subject to Bearb_Inst {j in INST}:
        sum {(s, j) in M_LINKS} H_Ausf[s, j] <= 2;

###    8b: Qualifikation der eingesetzten Ressourcen: 1 Ressource -> Arbeiter oder Lehrer,  ###
###                                          2 Ressourcen -> 1 Lehrer und 1 Schüler        ###

### Prüfung erfolgt durch Aufsummieren der Qualifikationen von den bearbeitenden Ressourcen###
### der Instanz:                                                                           ###
### - 1 Ressource: Summe = 1 (Arbeiter) oder 1,1 (Lehrer)                                  ###
### - 2 Ressourcen: Summe = 0 (Lehrer + Schüler = 1,1 + (-1,1) = 0)                        ###
subject to Qualifikation {j in INST}:
        0 <= sum {(s,j) in M_LINKS} (H_Ausf[s,j] * M_Res_Qual[s,j]) <= 1.1 ;

### NB 9: Ressourcen bearbeiten jeweilige Instanzen vollständig                            ###
var R_Eins_Dauer {(s, j) in M_LINKS} = sum {t in t0..T} Einsatz[s, j, t] ;

### Prüfung der Bearbeitungsdauer durch Setzten von Ober- und Untergrenzen                 ###
### - Bearbeiter und Alternativ: Ober- und Untergrenze entsprechen der durchschnittlichen   ###
###   Bearbeitungsdauer des Arbeiters                                                      ###
### - Schüler: Ober- u. Untergrenze entspricht vom Disponent vorgegebener Bearbeitungsdauer ###
###   (4-Augenprinzip)                                                                     ###
### - Lehrer: Untergrenze entspricht eigener durchschnittlicher Bearbeitungsdauer, Obergrenze ###
###   dem Vieraugenprinzip                                                                 ###
subject to Res_Einsatzdauer_min {(s, j) in M_LINKS}:
        R_Eins_Dauer[s, j] >= H_Ausf[s, j] * S_Bearb_Dauer [s, j] ;
subject to Res_Einsatzdauer_max {(s, j) in M_LINKS}:
        R_Eins_Dauer[s, j] <= H_Ausf[s, j] * V_Bearb_Dauer [s, j] ;

### NB 10: Schüler bearbeitet die Instanz in keinem Zeitintervall ohne Aufsicht             ###
subject to Vieraugenprinzip {j in INST, t in t0..T}:
        sum {(s, j) in M_LINKS} (Einsatz[s, j, t] * M_Res_Qual[s, j]) >= 0;

### NB 11: Summierte Abweichung aller Ressourcenauslastungen von der individuell vorge-     ###
###        gebenen liegt unterhalb der vorgegebenen Delta-Auslastungsuntergrenze.          ###
var R_Delta_Auslast {s in RES} = UG_Auslastung [s] - R_Auslastung [s];
subject to Delta_Auslastung {s in RES}:
        R_Delta_Auslast [s] / card(RES) <= OG_Delta_Auslast;
```

```
##########################################################################################
###                 erforderliche Zusatzbedingungen: alle Instanzen werden bearbeitet              ###
##########################################################################################
subject to Inst_Ausfuehren {j in INST}:
        sum {(s, j) in M_LINKS} H_Ausf[s, j] >= 1;

##########################################################################################
###                              Zielfunktion Einsatzdauer                                         ###
##########################################################################################

### (1): Minimierung der Einsatzintervalle                                                         ###
minimize Total_Einsatzzeit:
        sum {(s, j) in M_LINKS, t in t0..T} Einsatz[s, j, t] ;

##########################################################################################
###                              Zielfunktion Einsatzkosten                                        ###
##########################################################################################

### (2): Minimierung der Einsatzkosten                                                             ###
minimize Total_Kosten:
        sum {(s, j) in M_LINKS, t in t0..T} Einsatz[s, j, t] * R_Kost [s] ;

##########################################################################################
###                              Zielfunktion Flexibilität                                         ###
##########################################################################################

### (3) Flexibilität:                                                                              ###

### Schülereinsätze im Rahmen des Vieraugenprinzips sollen unter den gegeben Rahmenbe-          ###
### dingungen unterstützt werden; Lehrer und Arbeitereinsätze sind in H_Eins_Schüler mit -1      ###
### dargestellt, Schülereinsätze mit +1                                                            ###
### → Flexibilität = 0 (keine Schülereinsätze), Flexibilität = x < 0 (x Schülereinsätze)          ###
maximize Flexibilitaet:
        sum {m in ACT, s in RES} H_Eins_Res [m, s];
```

11.3.2 Die Datendatei data.da

Beispielhaft wird hier die Datei data.da gezeigt, welche einen Workflow aufweist, von dem drei Workflowinstanzen instanziiert werden.

```
##########################################################################################
###                 Daten aus WfMS und entsprechendem Meta Modell                                  ###
##########################################################################################

### Deklaration der einzuplanenden Ressourcen:                                                    ###
set RES:=
R1 R2 R3 R4
;

### Deklaration der Aktivitätentypen der drei Workflows:                                          ###
set ACT :=
A1 A2 A3
;

### Deklaration möglicher Stufen der Zukunftsrelevanz                                             ###
set LAM :=
        L1 L2;
```

```
### Deklaration der entsprechenden Instanzen:                                    ###
set INST:=
        I01     I02     I03
        I11     I12     I13
        I21     I22     I23
;

### Zugehörigkeit der Instanzen zu übergeordnetem Aktivitätentyp nach Meta-Modell ###
param M_A_Typ_I :   I01   I02   I03   I11   I12   I13   I21   I22   I23
:=
        A1          1     0     0     1     0     0     1     0     0
        A2          0     1     0     0     1     0     0     1     0
        A3          0     0     1     0     0     1     0     0     1
;

# Anzahl vom Aktivitätentypen pro Zukunftsrelevanzgrad
param Anz_Schuel_Act :=
        L1      1
        L2      2
;

# Einstufung der Aktivitäten hinsichtlich Zukunftsrelevanz
param M_L_Typ_I :=
        L1      I01     0
        L1      I02     1
        L1      I03     0

        L1      I11     0
        L1      I12     1
        L1      I13     0

        L1      I21     0
        L1      I22     1
        L1      I23     0

        L2      I01     1
        L2      I02     0
        L2      I03     1

        L2      I11     1
        L2      I12     0
        L2      I13     1

        L2      I21     1
        L2      I22     0
        L2      I23     1
;

### M_LINKS: mögliche Kombinationen von Ressourcen und Instanzen                     ###
### M_Res_Qual: Qualifikation der Ressourcen für Instanzen (1.1 Lehrer, -1.1 Schüler, ###
### 1 Bearbeiter)                                                                    ###
### S_Bearb_Dauer: durchschnittliche Bearbeitungsdauer der Ressource für eine Instanz ###
### V_Bearb_Dauer: vorgegebene Bearbeitungsdauer beim Vieraugenprinzip (bei Arbeitern ###
### identisch mit S_Bearb_Dauer                                                      ###
param: M_LINKS:     M_Res_Qual    S_Bearb_Dauer  V_Bearb_Dauer :=
        R1      I01     1             3              3
        R1      I02     1             4              4
        R1      I03     1             3              3
        R2      I01     1             4              4
        R2      I02     1             2              2
        R2      I03     1.1           2              4
```

```
        R3      I02     1.1         3           4
        R3      I03     -1.1        5           5
        R4      I01     1           3           3
        R4      I02     -1.1        3           3
        R4      I03     -1.1        4           4

        R1      I11     1           3           3
        R1      I12     1           4           4
        R1      I13     1           3           3
        R2      I11     1           4           4
        R2      I12     1           2           2
        R2      I13     1.1         2           4
        R3      I12     1.1         3           4
        R3      I13     -1.1        5           5
        R4      I11     1           3           3
        R4      I12     -1.1        3           3
        R4      I13     -1.1        4           4

        R1      I21     1           3           3
        R1      I22     1           4           4
        R1      I23     1           3           3
        R2      I21     1           4           4
        R2      I22     1           2           2
        R2      I23     1.1         2           4
        R3      I22     1.1         3           4
        R3      I23     -1.1        5           5
        R4      I21     1           3           3
        R4      I22     -1.1        3           3
        R4      I23     -1.1        4           4
;

### Übersicht, welche Ressourcen einen Aktivitätentyp ohne Beaufsichtigung bearbeiten     ###
### können (ohne Schüler)                                                                  ###
param M_A_Typ_R :   R1      R2      R3      R4      :=
                A1  1       1       0       1
                A2  1       1       1       0
                A3  1       1       0       0
;

### Liste, ob Ressource für angegebenen Aktivitätentyp als erfahren zählt.                ###
param: R_Erf_A :=
        A1      R1      0
        A1      R2      0
        A1      R3      0
        A1      R4      0
        A2      R1      0
        A2      R2      1
        A2      R3      0
        A2      R4      0
        A3      R1      0
        A3      R2      0
        A3      R3      0
        A3      R4      0
;

### Festlegung der aus Meta-Modell vorgegeben direkten Vorgänger einer Instanz            ###
set M_VORG :=
        (I01,I02) (I02,I03)
        (I11,I12) (I12,I13)
        (I21,I22) (I22,I23)
;
```

```
##########################################################################################
###                    Ressourcenverfügbarkeiten aus HR-System                         ###
##########################################################################################

### Verfügbarkeit der Ressourcen: 1 = anwesend, 0 = abwesend
param R_Verf:
        0    1    2    3    4    5    6    7    8    9    10   11
        12   13   14   15   16   17   18   19   20
:=
R1      1    1    1    1    1    1    1    1    1    1    1    1
        1    1    1    1    1    1    1    1    1
R2      1    1    1    1    1    1    1    1    1    1    1    1
        1    1    1    1    1    1    1    1    1
R3      1    1    1    1    1    1    1    1    1    1    1    1
        1    1    1    1    1    1    1    1    1
R4      1    1    1    1    1    1    1    1    1    1    1    1
        1    1    1    1    1    1    1    1    1
;

##########################################################################################
###                 Parameter und Sets aus dem Prognose-Modell                         ###
##########################################################################################

### vorgegebenes Bearbeitungsende der Instanzen                                        ###
Param:  S_Bearb_Start   S_Bearb_Ende :=
        I01     0       8
        I02     0       13
        I03     0       18

        I11     0       8
        I12     0       13
        I13     0       18

        I21     0       8
        I22     0       13
        I23     0       18
;

### durchschnittliche Bearbeitungskosten und -dauer pro Aktivitätentyp
param:          S_Bearb_Kosten_Act      S_Bearb_Dauer_Act :=
        A1      14.5                    3.5
        A2      10.3                    3.0
        A3      11.3                    3.3
;

##########################################################################################
###                     Festlegen der Parameter und Sets                               ###
##########################################################################################

### Festlegung des Planungshorizonts:                                                  ###
param t0:= 0;                   # Nummer des Startintervalls
param T:= 20;                   # Anzahl zu beplanender Intervalle

### Festlegung der Flexibilitätsuntergrenze pro Zukunftsrelevanzgrad λ                 ###
param UG_Schueler :=
        L1      2
        L2      1
;

### Parameter zur Festlegung der Auslastungsuntergrenze und der maximalen Abweichung   ###
param OG_Delta_Auslast = 6;
```

```
param: UG_Auslastung    :=
        R1      40
        R2      30
        R3      40
        R4      40
;

param:          OG_Dauer        OG_Kosten       OG_Instanzen :=
        A1      4.2             4               6
        A2      4               4               3
        A3      4               4               4
;

### variable Kosten der Ressourcen pro Intervall t                              ###
param: R_Kost :=
        R1      3
        R2      5
        R3      3
        R4      3
;

##########################################################################################
```

Literaturverzeichnis

Aalst, W. van der; Hee, K. van 2002 /Workflow/
Workflow Management: Models, Methods, and Systems, 2. Auflage, Massachusetts, 2002.

Berthold, A.; Mende, U.; Schuster, H. 2000 /Workflow/
SAP Business Workflow – Konzept, Anwendung, Entwicklung, 2. Auflage, München - Boston, 2000.

Becker, H. 1999 /Produktivitätssteigerungen/
Produktivitätssteigerungen durch Workflow Management: Kombination organisatorischer und technischer Maßnahmen zur Prozeßgestaltung, Köln, 1999.

Becker, J.; Luczak, H. 2003 /Workflow/
Workflow-Management in der Produktionsplanung und Steuerung – Qualität und Effizienz in der Auftragsabwicklung steigern, Berlin – Heidelberg, 2003.

Biethahn, J.; Mucksch, H.; Ruf, W. 2000 /Informationsmanagement/
Ganzheitliches Informationsmanagement – Band I: Grundlagen, 5. Auflage, München - Wien, 2000.

Blazewicz, J.; Lenstra, J.K.; Rinnoy Kan, A. 1983 /Scheduling/
Scheduling projects subject to resource constraints: classification and complexity. In: Discrete Applied Mathematics 5 (1983), S. 11 – 24.

Bock, S. 2004 /Echtzeitsteuerung/
Echtzeitfähige Steuerung von Speditionsnetzwerken, 1. Auflage, Wiesbaden, 2004.

Bowers, J. A. 1995 /Networks/
Criticality in resource-constrained networks. In: Journal of the Operational Research Society 46 (1995), S. 80 – 91.

Brucker, P.; Knust, S. 2006 /Scheduling/
Complex Scheduling. 1. Auflage, Berlin 2006.

Burkard, R. E. 1992 /Optimierung/
Ganzzahlige Optimierung. In: Gal, T. (Hrsg.): Grundlagen des Operations Research 2 – Graphen und Netzwerke, Netzplantechnik, Transportptobleme, Ganzzahlige Optimierung, S. 361 – 444, 1992.

Busch, A.; Dangelmaier, W. 2004 /Supply Chain Management/
Integriertes Supply Chain Management - Theorie und Praxis unternehmensübergreifender Geschäftsprozesse, 2. Auflage, Wiesbaden, 2004.

Champy, J. 1997 /Reengineering/
Reengineering im Management – Die Radikalkur für die Unternehmensführung, München, 1997.

Cormen, T. H.; Leiserson, C. E.; Rivest, R. L. 2007 /Algorithmen/
Algorithmen – Eine Einführung, 2. Auflage, München, 2007.

Corsten, H. 2001 /Unternehmensnetzwerke/
Unternehmungsnetzwerke – Formen unternehmensübergreifender Zusammenarbeit, München - Wien, 2001.

Corsten, H. 2000 /Projektmanagement/
Projektmanagement, München - Wien, 2000.

Corsten, H.; Gössinger, R. 2001 /Supply Chain Management/
Einführung in das Supply Chain Management, München - Wien, 2001.

Cummins, F. A. 1999 /Facility/
Workflow Resource Management Facility: Request for Proposal. In: Object Management Group (Dokument 99-04-01.pdf unter http://www.omg.org/docs/bom), 1999.

Dangelmaier, W.; Rosenberg, O.; Bock, S. 2003 /Planung/
Sonderforschungsbereich 376 - Teilprojekt C2: Echtzeitnahe, hierarchische Planung und Steuerung vernetzter Produktionssysteme (Dokumentation unter http://wwwcs.uni-paderborn.de/SFB376/projects/c2), 2003.

Demeulemeester, E. L., Herroelen, W. S. 2002 /Project scheduling/
Project scheduling – a research handbook, Berlin, 2002.

Domschke, W.; Drexl, A. 2005 /Operations-Research/
Einführung in Operations-Research, 6. Auflage, Berlin – Heidelberg – New York, 2005.

Fandel, G.; François, P.; Gubitz, K.-M. 1997 /PPS-Systeme/
PPS- und integrierte betriebliche Softwaresysteme – Grundlagen, Methoden, Marktanalyse, 2. Auflage, Berlin – Heidelberg - New York, 1997.

Fischer, L. 2003 /Excellence/
Excellence in Practice – Volume V –Innovation and Excellence in Workflow and Business Process Management, Lighthouse Point FL, 2003.

Fourer, R.; Gay, D. M.; Kernighan, B. W. 2003 /AMPL/
AMPL – A Modeling Language for Mathematical Programming, 2. Auflage, Pacific Grove (Ca), 2003.

Gadatsch, A. 2007 /Geschäftsprozesse/
Management von Geschäftsprozessen – Methoden und Werkzeuge für die IT-Praxis: Eine Einführung für Studenten und Praktiker, 7. Auflage, Braunschweig – Wiesbaden, 2007.

Geiger, M. J. 2005 /Ablaufplanung/
Multikriterielle Ablaufplanung: Multikriterielle Modellierung und Lösung mittels lokaler Suchheuristiken, 1. Auflage, Wiesbaden, 2005.

Gendreau, M.; Guertin, F.; Potvin, J-Y.; Taillard, E. 1999 /tabu search/
Parallel Tabu Search for Real-Time Vehicle Routing and Dispatching, In: Transportation Science, 33:381 - 390, 1999.

Glaser, H.; Geiger, W.; Rohde, V. 1992 /PPS/
PPS – Produktionsplanung und –steuerung, 2. Auflage, Wiesbaden, 1992.

Governatori, G.; Rotolo, A.; Sadiq, S. 2004 /Allocation/
A Model of Dynamic Resource Allocation in Workflow Systems. In: Schewe, K.-D.; Williams, E. W. (Hrsg.): Database Technology: Fifteenth Australian Database Conference (ADC2004), o.O., S. 197 – 206, 2004.

Hahn, D.; Laßmann, G. 1999 /Produktionswirtschaft/
Produktionswirtschaft – Controlling industrieller Produktion, Band 2, 3. Auflage, Heidelberg, 1999.

Hammer, R.M. 1998 /Unternehmensplanung/
Unternehmensplanung – Lehrbuch der Planung und der strategischen Unternehmensführung, 7. Auflage, München - Wien, 1998.

Hammer, M.; Champy, J. 2005 /Reengineering/
Reengineering the corporation – a manifesto for business revolution, New York, 2005.

Hansen, H. R.; Neumann, G. 2002 /Wirtschaftsinformatik/
Wirtschaftsinformatik I – Grundlagen betrieblicher Informationsverarbeitung, 8. Auflage, Stuttgart, 2002.

Hartmann, S. 1999 /Scheduling/
Project Scheduling under Limited Resources – Models, Methods, and Applications, Berlin et al., 1999.

Hollingsworth, D. 1995 /Model/
Workflow Management Coalition: The Workflow Reference Model (Dokument TC00-1003 unter http://www.wfmc.org/standards/docs), 1995.

Jablonski, S.; Böhm, M.; Schulze, W. 1999 /Workflow/
Workflow Management: Entwicklung von Anwendungen und Systemen; Facetten einer neuen Technologie, Heidelberg, 1999.

Jung, H. 2005 /Personalwirtschaft/
Personalwirtschaft, 6. Auflage, München – Oldenbourg, 2005.

Kahle, E. 2001 /Entscheidungen/
Betriebliche Entscheidungen, 6. Auflage, München – Wien, 2001.

Kaplan, L. A. 1988 /RCPSP/
Resource-Constrained Project Scheduling with Preemption of Jobs, unveröffentliches Ph.D. an der University of Michigan.

Kiener, S.; Maier-Scheubeck, N.; Weiß, M. 2002 /Produktions-Management/
Produktions-Management – Grundlagen der Produktionsplanug und -steuerung, 7. Auflage, München – Wien – Oldenbourg, 2002.

Klein, R. 2000 /Scheduling/
Scheduling of resource-constrained projects, Boston, 2000.

Kreplin, K.-D. 2005 /Konkordanz/
Konkordanz englischer und deutscher Begriffe des Workflow Management (Dokument Glossary_German.pdf unter http://www.wfmc.org/standards/docs), 2005.

Küpper, H.-U.; Helber, S. 2004 /Ablauforganisation/
Ablauforganisation in Produktion und Logistik, 3. Auflage, Krugzell – Schäffer-Poeschel, 2004.

Küpper, H.-U. 1979 /Produktionsfunktion/
Dynamische Produktionsfunktion der Unternehmung auf der Basis des Input-Output-Ansatzes. In: Zeitschrift für Betriebswirtschaft, Vol. 49, S. 93-106.

Laux, H. 2005 /Entscheidungstheorie/
Entscheidungstheorie, 6. Auflage, Berlin – Heidelberg, 2005.

Matthes, W. 2008 /Produktionsfunktion/
Produktionsfunktion / Prozessmodell vom Typ G – Erweiterung der Produktionsfunktion vom Typ F – eine Zusammenfassung. In: Betriebswirtschaftlicher Forschungsbericht Nr. 13, Wuppertal 2008

Matthes, W. 1989 /KOLLPROG/
KOLLPROG – Module eines kollektiven Prognosesystems zur Entwicklungsplanung der Unternehmung. In: Beuermann, G.; Wolff, M.R. (Hrsg.): Mikrorechnereinsatz in den Wirtschaftswissenschaften, S. 149-174, 1989.

Mayer, H. 2006 /Statistik/
Beschreibende Statistik, 4. Auflage, München, 2006.

Momotko, M.; Subieta, K. 2002 /Changes/
Dynamic Changes in Workflow Participant Assignment. In: Manolopoulos, Y.; Návrat, P. (Hrsg.): Advances in Databases and Information Systems: 6th East European Conference - ADBIS 2002, Berlin, S. 175-184, 2002.

zur Mühlen, M. 2004 /Applications/
Organizational Management in Workflow Applications – Issues and Perspectives. In: Information Technology and Management Journal, Band 5 (Nummer 3-4), S. 271-291, 2004.

zur Mühlen, M. 1999 /Modeling/
Resource Modeling in Workflow Applications. In: Becker, J. (Hrsg.): Proceedings of the 1999 Workflow Management Conference Workflow Based Applications, Münster, S. 137-153, 1999.

Müller, B. F.; Stolp, P. 1999 /Workflow-Management/
Workflow-Management in der industriellen Praxis: vom Buzzword zum Hight-Tech-Instrument", Berlin et al., 1999.

Oberweis, A. 1996 /Modellierung/
Modellierung und Ausführung von Workflows mit Petri-Netzen", Stuttgart – Leipzig, 1996.

OMG 2000 /Facility/
Workflow Management Facility: Specification, V1.2. In: Object Management Group (Dokument 00-05-02.pdf unter http://www.omg.org/docs/formal/), 2000.

Österle, H.; Vogler, P. 1996 /Workflow/
Praxis des Workflow-Managements: Grundlagen, Vorgehen, Beispiele, Braunschweig – Wiesbaden, 1996.

Ottmann, T.; Widmayer, P. 2002 /Algorithmen/
Algorithmen und Datenstrukturen, 4. Auflage, Heidelberg – Berlin, 2002.

Pfohl, H.-C.; Stölzle, W. 1997 /Planung/
Planung und Kontrolle – Konzeption, Gestaltung und Kontrolle, 2. Auflage, München, 1997.

Pibernik, R.; Sucky, E. 2005 /Planning/
Master Planning in Supply Chains. In: Günther, H.-O. (Hrsg.): Supply Chain Management und Logistik: Optimierung, Simulation, Decision Support, Heidelberg, 2004, S. 69 – 93.

Pibernik, R. 2001 /Flexibilitätsplanung/
Flexibilitätsplanung in Wertschöpfungsnetzwerken, 1. Auflage, Wiesbaden, 2001.

Power, D. 2011 /Real-Time/
Theories of Real-Time Decision Support. In: Supporting Real Time Decision-Making - The Role of Context in Decision Support on the Move, 1. Auflage, New York - Dordrecht - Heidelberg - London, 2011.

Pritsker, A.A.B.; Walters, L.J.; Wolfe, P.M. 1969 /Scheduling/
Multiproject scheduling with limited resources: A zero-one programming approach, In: Managament Science, 16:93 - 107, 1969.

Purvis, M.; Purvis, M.; Lemalu, S. 2001 /Framework/
A Framework for Distributed Workflow Systems. In: IEEE Computer Society, Sprague, R. H. (Hrsg.): Proceedings of the 34th Annual Hawaii International Conference on System Sciences, Los Alamitos, S. 9039, 2001.

Richter-von Hagen, C.; Stucky, W. 2004 /Process/
Business-Process - und Workflow-Management: Prozessverbesserung durch Prozess-Management, 1. Auflage, Stuttgart – Leipzig – Wiesbaden, 2004.

Rickayzen, A.; Dart, J.; Brennecke, C.; Schneider, M. 2006 /Workflow/
Workflow-Management mit SAP: effektive Geschäftsprozesse mit SAPs WebFlow Engine, 1. Auflage, 3. Nachdruck, Bonn, 2006.

Sauermann, H.; Selten, R. 1962 /Anspruchsanpassungstheorie/
Anspruchsanpassungstheorie der Unternehmung. In: Zeitschrift für die gesamte Staatswissenschaft, Vol. 118, S. 577-597.

Scheer, A.-W.; Jost, W. 2002 /ARIS/
ARIS in der Praxis: Gestaltung, Implementierung und Optimierung von Geschäftsprozessen, Berlin – Heidelberg – New York, 2002.

Schneeweiß, C. 2002 /Produktionswirtschaft/
Einführung in die Produktionswirtschaft, 8. Auflage, Berlin – Heidelberg – New York, 2002.

Scholz-Reiter, B.; de Beer, C.; Freitag, M.; Hamann T.; Rekersbrink, H.; Tervo, J. 2008 /Dynamik/
Dynamik logistischer Systeme. In: Nyhuis, P. (Hrsg.): Beiträge zu einer Theorie der Logistik, S. 110 - 136.

Schulte, G. 2001 /Logistikmanagement/
Material- und Logistikmanagement, 2. Auflage, München - Oldenbourg, 2001.

Schwarzer, B.; Krcmar, H. 2004 /Wirtschaftsinformatik/
Wirtschaftsinformatik – Grundzüge der betrieblichen Datenverarbeitung, 3. Auflage, Stuttgart, 2004.

Séguin, R.; Potvin, J-Y.; Gendreau, M.; Crainic, TG.; Marcotte, P. 1997 /Real-time/
Real-time decision problems: an operational research perspective, In: Joutnal of Operational Research Society, 48:162 - 174, 1997.

Seidlmeier, H. 2002 /Prozessmodellierung/
Prozessmodellierung mit ARIS®: Eine beispielorientierte Einführung für Studium und Praxis, 1. Auflage, Wiesbaden, 2002.

Shen, M.; Tzeng, G.-H.; Liu, D.-R. 2002 /Assignment/
Multi-Criteria Task Assignment in Workflow Management Systems. In: IEEE Computer Society, Sprague, R. H. (Hrsg.): Proceedings of the 36th Annual Hawaii International Conference on System Sciences, Los Alamitos, S. 202b, 2002.

Smith, H.; Fingar, P. 2003 /Process/
Business Process Management: The Third Wave, Tampa, 2002.

Stahlknecht, P.; Hasenkamp, U. 2003 /Wirtschaftsinformatik/
Einführung in die Wirtschaftsinformatik, 11. Auflage, Berlin – Heidelberg – New York, 2003.

Voß, S.; Gutenschwager, K. 2001 /Informationsmanagement/
Informationsmanagement, Berlin Heidelberg, 2001.

Wannenwetsch, H.; Nicolai, S. 2004 /Supply/
E-Supply-Chain-Management: Grundlagen – Strategien – Praxisanwendungen", 2. Auflage, Wiesbaden, 2004.

Weglarz, J. 1999 /Scheduling/
Project Scheduling: Recent Models, Algorithms and Applications", Boston, 1999.

WfMC 1998 /Application/
Workflow Management Application Programming Interface (Interface 2&3): Specification (Dokument WFMC TC-1009 unter http://www.wfmc.org/standards/docs), 1998.

WfMC 1999 /Terminology/
Workflow Management Coalition: Terminology & Glossary (Dokument WFMC TC-1011 unter http://www.wfmc.org/standards/docs), 1999.

WfMC 1998 /Interchange/
Workflow Management Coalition Interface 1: Process Definition Interchange Organisational Model, (Dokument WfMC TC-1016-O unter http://www.wfmc.org/standards/docs), 1998.

WfMC 1999 /Process/
Workflow Management Coalition Interface 1: Process Definition Interchange Process Model (Dokument WfMC TC-1016-P unter http://www.wfmc.org/standards/docs), 1999.

WfMC 1999 /Examples/
Workflow Management Coalition Interface 1: Process Definition Interchange – Q&A and Examples, Dokument WfMC TC-1016-X unter http://www.wfmc.org/standards/docs), 1999.

WfMC 2006 /Interface/
Workflow Management Coalition: WfMC Documents and Interfaces (Internetseite "docs.htm" unter http://www.wfmc.org/standards), 2006.

Wiest, J. D. 1967 /Model/
A heuristic model for scheduling large projects. In: Management Science, Band 13, Nummer 6, S. B359-B377, 1967.

Wöhe, G. 2005 /Betriebswirtschaftslehre/
Einführung in die Allgemeine Betriebswirtschaftslehre, 22. Auflage, München, 2005.

Zäpfel, G. 2000 /Produktionsmanagement/
Strategisches Produktionsmanagement, 2. Auflage, München – Wien – Oldenbourg, 2000.

Zäpfel, G. 2000 /Taktisches Produktionsmanagement/
Taktisches Produktionsmanagement, 2. Auflage, München – Wien – Oldenbourg, 2000.

Zimmermann, W.; Stache, U. 2001 /Entscheidungsvorbereitung/
Operations Research – Quantitative Methoden zur Entscheidungsvorbereitung, 10. Auflage, München – Wien – Oldenbourg, 2001.inhalts